U0367655

计算机应用基础项目化教程

主　编　金　强　杨　妍　王松涛
副主编　周铂焱　王泽贤

南京大学出版社

内容提要

本书采用项目化方式组织教学内容，强调理论与实践相结合，通过单元、项目、任务三层写法，着重培养读者实际操作 MS Office 办公软件的技能，帮助读者解决实际工作中遇到的问题。本书共分为五个单元，内容涵盖认识与使用计算机、Windows 10 操作系统、文字处理、电子表格处理、演示文稿制作。

本书内容丰富，与时俱进，实用性强。在编写过程中参考了《全国计算机等级考试大纲》中一级 MS Office 的相关要求，既可作为高等职业教育专科学校"计算机应用基础"课程的教材，也可作为全国计算机等级考试一级 MS Office 的学习用书。

图书在版编目(CIP)数据

计算机应用基础项目化教程 / 金强，杨妍，王松涛主编. -- 南京：南京大学出版社，2024.8. -- ISBN 978-7-305-28371-0

Ⅰ. TP39

中国国家版本馆 CIP 数据核字第 20243UQ373 号

出版发行	南京大学出版社
社　　址	南京市汉口路 22 号　　邮　　编　210093

书　　名　**计算机应用基础项目化教程**
　　　　　JISUANJI YINGYONG JICHU XIANGMUHUA JIAOCHENG
主　　编　金　强　杨　妍　王松涛
责任编辑　吕家慧　　　　编辑热线　025-83597482

照　　排　南京布克文化发展有限公司
印　　刷　南京百花彩色印刷广告制作有限责任公司
开　　本　787mm×1092mm　1/16　印张 19.5　字数 499 千
版　　次　2024 年 8 月第 1 版　2024 年 8 月第 1 次印刷
ISBN　978-7-305-28371-0
定　　价　59.80 元

网　　址　http://www.njupco.com
官方微博　http://weibo.com/njupco
官方微信　njuyuexue
销售咨询热线　025-83594756

前言

Preface

随着信息技术的不断发展，计算机已经成为人们工作、学习和生活的基本工具。"计算机应用基础"课程作为一门基础必修课程，以培养学生计算机技能、信息化素养、计算思维能力为目标。计算机与信息技术的应用涉及所有学科和专业，熟练地操作并运用计算机进行信息处理已成为当代大学生必备的能力。

编者将计算机应用技术发展的新动态与长期积累的教学和企业培训经验进行了深度融合，采用项目化教学的方式对本书内容进行了组织。本书将实际工作中产生的多个项目纳入传统的教学单元中。全书分为五个单元，十一个项目。项目一：认识计算机，介绍了计算机与信息技术基础知识和基本概念；项目二：选购与安装计算机，介绍了计算机软硬件及工作原理，如何配置个人计算机；项目三：个人计算机的使用与维护，介绍了多媒体、计算机信息安全、组建与使用办公局域网，因特网使用技巧及收发电子邮件的操作；项目四：定制个性化工作环境，介绍了 Windows 10 操作系统的基本原理及操作，文件与文件夹的管理，个性化工作桌面的设置；项目五：制作校园文化艺术节朗诵比赛的通知，介绍了 Word 的文档录入及文本、段落、图文、页面排版的操作；项目六：制作公司面试评价表，介绍了 Word 的表格编辑及美化的基本操作；项目七：编排职业学院学生毕业论文文档，介绍了 Word 排版大型文档的操作；项目八：设计学生信息表，介绍了 Excel 表格制作、美化、管理与打印的基本操作；项目九：计算装修公司客户装修数据，介绍了 Excel 公式、函数使用的基本知识与基本操作；项目十：管理与分析装修公司客户家装工程预算，介绍了 Excel 基本数据分析工具的使用及 Excel 图表的操作；项目十一：制作"计算机基础"演示文稿，介绍了演示文稿创建、设计、动态效果设置等基本操作。

本书具有以下特点。

一、项目引领，任务驱动。本书采用项目化方式组织教学内容，强调理论与实践相结合，通过单元、项目、任务三层结构，每个单元分解为多个项目，每个项目分解为多个任务，每个任务包含"任务分析""任务目标""必备知识""任务实施"四部分，每个项目有"项目总结"和"项目练习"或"项目拓展"，让读者通过案例任务掌握相关知识的实际应用。

二、工作任务的设计突出实用场景。书中很多任务案例具有很强的适用性，通过将知识点融入实践案例，可让读者在完成任务和项目拓展的过程中轻松掌握相关知识与技能，并学以致用。

三、适应考试需求。本书综合了全国一级 MS Office 的知识考点，基本将各个知识点融入项目的任务中,兼顾能力培养与应试的需求。

四、每个单元学习之后,增设"思政小课堂"环节,抛砖引玉,引导读者树立正确的世界观、人生观和价值观。

五、本书将"互联网＋"思想融入教材,读者借助手机或其他移动设备扫描"二维码"即可观看操作视频,提高学习效率。

本书编写队伍:

本书由金强、杨妍、王松涛担任主编,周铂焱、王泽贤担任副主编。编写分工如下:单元一、单元四由金强编写;单元二、单元三由杨妍、王松涛共同编写;单元五由周铂焱、王泽贤共同编写,全书由金强统稿。

在本书的编写过程中,编者参考了大量的文献资料,在此向这些文献资料的作者表示诚挚的谢意。

计算机学科知识更新较快,由于编者水平有限,加之时间仓促,书中存在的不当之处,恳请广大读者批评指正。

目录
Contents

单元四　电子表格处理

单元五　演示文稿制作

单元一
认识与使用计算机

项目一 认识计算机

21世纪是信息化时代，计算机在当今社会起着越来越重要的作用。为了适应现代社会的发展，越来越多的人准备配置一台自己的计算机。如何合理地配置一台令人满意的计算机呢？本单元通过对计算机基础知识及其软、硬件的介绍，让读者了解计算机的分类，清楚计算机各个配件的作用，为读者日后合理选购和使用计算机提供帮助。

项目描述

从第一台计算机问世到今天，短短几十年，人类从生产到生活发生了巨大变化，以计算机为核心的信息技术作为一种崭新的生产力，正向社会的各个领域渗透。本项目通过对计算机基础知识的介绍，揭开计算机的"神秘面纱"，使读者对计算机有更深刻的认识，为后续学习计算机知识打下良好的基础。本项目具体通过以下两个任务完成。

任务一 了解计算机及其发展与应用

任务二 认识计算机中的数

任务一 了解计算机及其发展与应用

任务分析

计算机问世之初，主要用于数值计算，"计算机"也因此得名。今天的计算机几乎和所有学科相结合，在社会各个领域起着越来越重要的作用。我国虽然起步晚一些，但在改革开放后也取得了很大的进步，缩小了与世界的距离。现在，计算机在交通、金融、企业管理、教育、邮电、商业等各行各业中得到了广泛的应用。本次任务主要介绍计算机的发展、应用领域和特点，从而帮助读者系统地认识计算机。

任务目标

➢了解计算机的诞生、发展及未来发展趋势。

➢了解计算机的应用领域。

➢了解计算机的特点及分类。

➤熟悉计算机系统的组成。

 **必备知识**

1. 计算机的诞生及发展

1）计算机的诞生

1946 年,世界上第一台电子数字式计算机于美国宾夕法利亚大学正式投入运行。它称作 ENIAC(electronic numerical integrator and computer),中文译为"埃尼阿克",它起初被应用于炮火弹道的计算,后来经过改进,成为通用计算机,能用于多种科学数值计算。

在当时看来,ENIAC 的数值和逻辑运算的运算速度和精度是最好的,所以常用于军事和科技运算中,ENIAC 的问世标志着现代计算机的诞生,是计算机发展史上的里程碑。第一台计算机如图 1-1 所示。

图 1-1　第一台通用电子计算机(ENIAC)

2）计算机的发展

目前,计算机的发展已逾半个世纪,构成计算机的电子器件发生了几次重大的技术革命,使得计算机的性能得到迅猛发展。一般根据电子计算机采用的电子器件的发展,将电子计算机的发展分成如下四个阶段。

（1）第一代电子计算机时代(1946 年第一台计算机研制成功至 20 世纪 50 年代后期)

第一代电子计算机是电子管计算机,其基本特征如下。

①采用电子管作为主要元件。

②输入/输出方式主要采用穿孔卡片。

③运算速度仅为每秒几千次。

④用汇编语言或机器语言编写程序。

第一代电子计算机体积大、耗电量大、可靠性差、价格昂贵、维修复杂,主要用于军事和科学研究工作。

（2）第二代电子计算机（20世纪50年代中期至20世纪60年代中期）

第二代电子计算机是晶体管计算机，其基本特征如下。

①采用晶体管作为主要元件。

②内存元件使用了磁芯存储器。

③运算速度达到了每秒几十万次。

④出现了FORTRAN、COBOL等编程语言。

与第一代电子计算机相比，晶体管计算机体积小、重量轻、耗电量小、可靠性大大提高，不仅用于数值计算，还用于许多事务处理，主要用在工业领域。

（3）第三代电子计算机（20世纪60年代中期至20世纪70年代前期）

第三代电子计算机是集成电路计算机，其基本特征如下。

①采用集成电路作为主要元件。

②运算速度达到了每秒几百万次。

③出现了半导体存储器。

④程序设计语言得到了很大发展。

第三代电子计算机体积更小、耗电量更小、可靠性更强，广泛应用于生产和生活的各个领域。

（4）第四代电子计算机（20世纪70年代至今）

第四代电子计算机是大规模集成电路计算机，其基本特征如下。

①采用大规模集成电路和超大规模集成电路作为主要元件。

②运算速度达到了每秒几亿次甚至数百亿次。

③主存全部采用半导体存储器。

④高级语言、数据库、系统软件、网络软件日臻完善。

第四代电子计算机体积小、耗电量极小、可靠性强，其应用领域进一步扩展，特别是微型计算机的出现和网络的应用，使计算机深入社会发展及人们生活的各个方面，成为信息社会的标志性工具。

2. 计算机的特点

自1946年第一台计算机诞生至今，计算机之所以能随着微电子技术的演变而不断更新换代，性能不断增强，应用越来越广泛，是因为计算机具有以下独到的特点。

（1）处理速度快

计算机最显著的特点是能以极高的速度进行运算。现在的计算机已经可以达到每秒运行百亿次、千亿次，甚至万亿次。这种高速运算功能使得计算机可以在军事、气象、金融、交通、通信等领域提供实时、快速的服务。

（2）运算精度高

计算机具有很高的运算精度，一般可达十几位、几十位，甚至几百位以上的有效数字精度。计算机的高精度性使其能广泛应用于航天航空、核物理等方面的数值计算。

（3）存储容量大

存储容量代表存储设备可以保存多少信息。随着微电子技术的发展，计算机的存储容量越来越大，例如：它可以轻易地"记住"一个大型图书馆的所有资料。计算机强大的存储能力不但表现在空间上,还表现在时间上。对于需要长期保存的数据和资料,无论是以文字形式还是以图像形式存在,计算机都可以长期保存。

（4）具有逻辑判断能力

计算机在执行指令的过程中会根据上一步的执行结果,运用逻辑判断方法自动确定下一步的执行命令。计算机正因为具有这种逻辑判断能力,所以不但能解决数值计算问题,而且能解决非数值计算问题,如信息检索和图像识别等。

（5）高度自动化

在使用者将编写好的程序输入计算机后,计算机能在程序的控制下自动完成全部运算并输出结果。

3. 计算机的分类

计算机的分类方法较多,根据处理的对象、用途和规模不同可有不同的分类方法,下面介绍常用的分类方法。

（1）根据处理对象划分

根据信息的表现形式和处理对象的不同,可以将计算机分为模拟计算机、数字计算机和混合计算机。

①模拟计算机。模拟计算机是根据相似原理,以一种连续变化的模拟量（如温度、电压、速度等）作为处理对象的计算机。其特点是以并行计算为基础,计算速度较快。模拟计算机以电子线路构成基本运算部件,受元器件影响,计算精度较低,应用范围较窄。模拟计算机目前已很少生产。

②数字计算机。数字计算机是以数字数据为处理对象的计算机。其主要特点是参与运算的数值用离散的数字量表示,具有逻辑判断等功能。由于数字计算机是以近似人类大脑的思维方式工作的,所以又被称为"电脑"。

③混合计算机。混合计算机是把模拟计算机与数字计算机组合在一起应用于系统仿真的计算机,它综合了两者的优点,既能处理模拟量,又能处理数字量。

（2）根据计算机的用途划分

根据计算机的用途不同,可以将计算机分为通用计算机和专用计算机。

①通用计算机。通用计算机适用于解决一般问题,如科学计算、数据处理和过程控制等。其适应性强,应用面广。

②专用计算机。专用计算机是针对某一特定领域或面向某种算法而专门设计的计算机。其特点是解决特定问题时速度快、可靠性高,并且结构简单、价格便宜。专用计算机一般用于自动化控制、工业仪表、军事等领域。

（3）根据计算机的规模划分

根据计算机的规模大小和功能强弱,可以将计算机分为巨型计算机、大型计算机、小型计算机和微型计算机等。

①巨型计算机。巨型计算机（简称巨型机）也称超级计算机,是速度最快、处理能力最强、体积最大、价格最贵的计算机。巨型机可以每秒进行几万亿甚至十几万亿次浮点运算。它是衡量一个国家经济实力与科学水平的重要标志,主要用于尖端科技、战略武器、石油勘探、社会主义经济模拟等方面。

我国是世界上少数几个能生产巨型计算机的国家之一,在巨型计算机的研发和生产上取得了不错的成绩,成功研制了"银河""曙光""天河""神威"等巨型计算机。如图 1-2 所示为"神威·太湖之光"巨型计算机。

②大型计算机。大型计算机(简称大型机或大型主机),见图 1-3,虽然在量级上不及巨型计算机,但也具有较快的处理速度和较强的处理能力。大型计算机一般作为"客户机/服务器"系统的服务器或"终端/主机"系统中的主机,主要用于政府部门、大型企业(如银行)、规模较大的高等学校和科研院所等,用于复杂事务处理、海量信息管理、大型数据库管理和数据通信等。

图 1-2 "神威·太湖之光"巨型计算机　　　　　　图 1-3 大型计算机

③小型计算机。小型计算机(简称小型机)的规模比大型机小,其特点是结构简单、可靠性高、维护成本低,用户无须经过长期培训即可维护和使用,所以小型机更容易推广和普及。小型机的应用范围很广,可以用于工业自动化控制、大型分析仪器、测量仪器、医疗设备中的数据采集与分析计算等,也可作为巨型机、大型机的辅助机,还可用于企业管理、高等学校及科研院所的科学计算等。目前,小型机已逐渐被微型计算机取代。

④微型计算机。微型计算机(简称微机)是当今使用最普遍的一类计算机。1971 年,Intel 公司的工程师马西安·霍夫成功地组装了世界上第一台 4 位微型计算机——MCS-4。随后,各公司相继推出了 8 位、16 位、32 位、64 位的做处理器。微型机以其体积轻巧、功能齐全、性价比高等优点,迅速发展成为计算机的主流。

微型计算机的应用遍及社会的各个领域,从工厂的生产控制到政府部门的办公自动化,从商店的数据处理到家庭的信息管理,微型计算机几乎无所不在。按结构和性能的不同,微型计算机又可分为单片机、单板机、个人计算机(personal computer,PC)、工作站和服务器等几种类型。其中,个人计算机包括台式计算机、笔记本电脑、一体机和平板电脑等,如图 1-4 所示。

台式计算机　　　　笔记本电脑　　　　一体机　　　　平板电脑

图 1-4 个人计算机

有一种特殊的个人计算机,称为工作站(workstation)。这是一种介于小型机和微型机之间的高端微机系统,与网络系统中的工作站在含义上有所不同(网络系统中的工作站泛指连接到网络上的个人计算机,以区别网络服务器)。自 1980 年美国 Apollo 公司推出世界上第一个工作站 DN100 以来,工作站迅速发展,成为专门处理某类特殊事务的一种独立的计算机类型。工作站通常配有高分辨率的大屏幕显示器和大容量的内、外部存储器,具有较强的数据处理能力及高性能的图形、图像处理功能。工作站的应用领域主要有科学和工程计算、图形和图像处理、计算机辅助制造、工程设计和应用、过程控制和信息管理等。

4. 计算机的应用领域

计算机的应用非常广泛,已渗透到社会的各个领域,从国防、科研、生产到学习、娱乐、家庭生活等,都涉及计算机技术。下面就从科学计算、信息处理、自动控制、辅助系统、人工智能(artificial intelligence,AI)、网络通信和电子商务等方面加以叙述。

(1) 科学计算

科学计算是指科学研究和工程技术中所遇到的数学问题的求解,又称数值计算。研制计算机的最初目的就是使人们从大量烦琐而枯燥的计算工作中解脱出来,用计算机解决一些复杂或实时过程中靠人工难以解决或不可能解决的计算问题,如人造卫星轨道计算、水坝应力的求解、生物医学中的人工合成蛋白质技术等。目前科学计算仍是计算机的主要应用领域之一。

(2) 信息处理

信息处理又称数据处理,是计算机最广泛的应用领域。统计资料显示,世界上 80% 左右的计算机主要用于信息处理。其目的是对大批数据进行分析、加工、处理,并以更适合人们阅读、理解的形式输出结果。

(3) 自动控制

自动控制是生产自动化的重要技术内容和手段,指计算机对采集到的数据分析处理后,按照某种最佳的生产方法发出控制信号,输送给指定的设备,以控制生产过程。一般来说,这类控制对计算机的要求并不高,通常使用微处理芯片做成嵌入式的装置来实现。计算机自动控制已经在冶金、机械、航天、汽车等领域得到广泛的应用。

(4) 辅助系统

计算机辅助系统就是用计算机辅助人们共同完成某项工作的计算机系统,主要包括计算机辅助设计(computer aided design,CAD)、计算机辅助制造(computer aided manufacturing,CAM)、计算机辅助教学(computer aided instruction,CAI)和计算机辅助测试(computer aided test,CAT)。

(5) AI

AI 是计算机应用的一个前沿领域,是用计算机来模拟人的某些智能活动,使其具有学习、判断、理解、推理、问题求解等功能。AI 的研究方向主要有模式识别、自然语言理解、知识表达、专家系统、机器人、智能检索等。现在 AI 的研究已取得不少成果,有些已经开始走向实用阶段,如能模拟高水平医学专家进行疾病诊疗的专家系统、具有一定"思维"能力的机器人等。

（6）网络通信

计算机技术与现代通信技术的结合构成了计算机网络。利用计算机网络，可使不同地区的计算机之间实现软硬件资源共享，可以大大促进和发展地区间、国际的通信，以及各种数据的传输和处理。现代计算机的应用已离不开计算机网络。

（7）电子商务

电子商务是指利用计算机系统和网络进行的商务活动。它是在 Internet 技术成熟与信息系统资源相结合的背景下产生的，是一种网上开展的相互关联的动态商务活动。它作为一种新型的商务方式，将企业和消费者带入一个数字化生存的新天地，让人们通过网络以一种简单的方式完成过去较为烦琐的商务活动。由于电子商务具有效率高、成本低、收益高的优势，目前世界上很多公司已经开始通过 Internet 来进行商务交易。

5. 未来计算机的发展趋势

（1）电子计算机的发展方向

计算机科学是有史以来发展最快的学科，为了迎合人们对计算机不同层次的应用需求，计算机正朝着巨型化、微型化、网络化和智能化的方向发展。

①巨型化。指研制速度更快的、存储量更大的和功能更强的巨型计算机。主要应用于天文、气象、地质和核技术、航天飞机和卫星轨道计算等尖端科学技术领域，研制巨型计算机的技术水平是衡量一个国家科学技术和工业发展水平的重要标志。

②微型化。指体积进一步降低。计算机的微型化已成为计算机发展的重要方向，各种笔记本电脑和 PDA 的大量面世和使用，是计算机微型化的一个标志。

③网络化。网络化可以更好地管理网上的资源，它把整个互联网虚拟成一台空前强大的一体化信息系统，犹如一台巨型机，在这个动态变化的网络环境中，实现计算资源、存储资源、数据资源、信息资源、知识资源、专家资源的全面共享，从而让用户从中享受可灵活控制的、智能的、协作式的信息服务，并获得前所未有的使用方便性和超强能力。

④智能化。计算机智能化是指使计算机具有模拟人的感觉和思维过程的能力。智能化的研究包括模拟识别、物形分析、自然语言的生成和理解、博弈、定理自动证明、自动程序设计、专家系统、学习系统和智能机器人等。目前已研制出多种具有人的部分智能的机器人，可以代替人在一些危险的工作岗位上工作。有人预测，家庭智能化的机器人将是继 PC 机之后下一个家庭普及的信息化产品。

（2）现代计算机

进入 21 世纪以来，计算机技术的发展非常迅速，产品不断升级换代，融入了各项新技术，使得计算机功能越来越强大。计算机在各个领域的广泛应用，也积极地推动了社会的发展和科学技术的进步，促进了计算机技术的更新和发展。因而产生了新一代计算机，如神经网络计算机、生物计算机、光子计算机等。

①神经网络计算机。神经网络计算机是一种模拟人脑神经网络工作原理的新型计算机。与前几代传统计算机的理念截然不同，神经网络计算机旨在模拟人脑，以神经细胞为单位，通过神经细胞的"互联网"来传递、处理信息。神经网络计算机具有自我组织功能，能实现自我学习和联想记忆，适用于模式识别、自动控制优化和预测等领域。神经网络技术由于具有强适应性和信息融合能力，将会成为智能化当中一个强有力的工具。

②生物计算机。生物计算机也称仿生计算机,是一种以生物酶及生物操作作为信息处理工具,以生物界处理问题的方式为模型的计算机。其主要原材料是生物工程技术产生的蛋白质分子,并以此作为生物芯片来代替半导体芯片。生物计算机的运算过程就是蛋白质分子与周围物理化学介质相互作用的过程。计算机的转换开关由酶来充当,而程序则在酶合成系统本身和蛋白质的结构中极其明显地表示出来。

③光子计算机。1990 年初,美国贝尔实验室研制成功世界上第一台光子计算机。光子计算机是一种由光信号进行数字运算、逻辑操作、信息存储和处理的新型计算机。用光子作为传递信息的载体,能制造出性能更优异的计算机,并且光的并行、高速特点决定了光子计算机的并行处理能力很强,因此具有超高的运算速度。随着现代光学与计算机技术、微电子技术相结合,在不久的将来,光子计算机将成为人类普遍的工具。

新一代计算机主要是将信息采集、存储、加工、通信和人工智能结合在一起,突破了传统计算机的结构模式,注重智能化,对数据进行处理的同时还具备模拟的功能。

6. 计算机的组成

计算机系统由硬件系统和软件系统两部分组成,如图 1-5 所示。

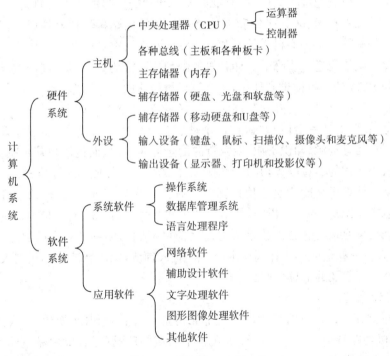

图 1-5　计算机系统的组成

（1）计算机硬件系统

20 世纪 30 年代中期,数学家冯·诺依曼提出了电子计算机存储程序理论。直到今天,计算机内部依然采用这种机制。根据冯·诺依曼理论,计算机的硬件系统由控制器、运算器、存储器、输入设备和输出设备 5 大部分组成。计算机的硬件系统及工作流程如图 1-6 所示。

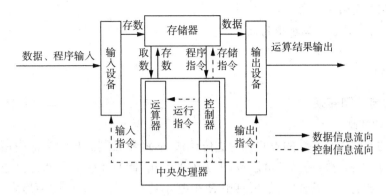

图1-6 "冯·诺依曼"计算机的硬件体系结构及工作流程

（2）计算机软件系统

只有硬件系统的计算机称为"裸机"，必须为它装上必要的软件才能执行用户指定的工作。计算机软件系统由系统软件和应用软件组成。系统软件是计算机系统必备的软件，通常包括操作系统、语言处理系统、数据库管理系统、各种辅助程序等。它的主要功能是管理和维护计算机软、硬件资源。操作系统是位于底层的系统软件，其他系统软件和应用软件都是在操作系统上运行的。计算机操作系统主要有DOS、Windows、UNIX、Mac OS和Linux等，它们是应用软件与计算机硬件之间的"桥梁"。应用软件是为解决各种计算机应用问题而编制的应用程序，常见的有办公软件、绘图软件、动画制作软件等。

 **任务实施**

（1）分组讨论学校机房安装的系统软件和应用软件各有哪些。

（2）利用百度搜索目前计算机硬件体系有哪些。

任务二　认识计算机中的数

 **任务分析**

日常生活中，我们通常使用十进制计数，即在计算时逢十进一。但也并非只有十进制，如1年等于12个月，这是十二进制，1小时等于60分，1分等于60秒，这是六十进制。可见使用什么进制完全取决于人们的需要。

本次任务主要介绍计算机中常用数制及其相互之间的转换方法，以及计算机中信息的表示。

 **任务目标**

➤熟悉计算机中的常用数制及其相互之间的转换方法。

➤熟悉计算机中信息的表示方法。

➢熟悉 ASCII 码。

➢了解中文字符在计算机中的表示。

必备知识

1. 数制与数制转换

1）进位计数制

按进位的原则进行计数的方法称为进位计数制，简称数制。日常生活中用得最多的是十进制数，而计算机存放的是二进制数，为了方便使用，同时还引入了八进制数和十六进制数。在进位计数的数字系统中，如果只用 R 个基本符号（如 $0,1,2\cdots\cdots R$）来表示数值，则称其为基 R 数制。R 称为该数制的基数，而数制中每一固定位置对应的单位值称为权。例如，十进制的基数 $R=10$，二进制的基数 $R=2$。

（1）十进制数

十进制数是生活中最常使用的记数制。它有 $0,1,2,3,4,5,6,7,8,9$ 共 10 个数字符号，基数是 10，权是 10^i。例如：十进制数 123.45 按权展开如下。

$$(123.45)_{10}=1\times10^2+2\times10^1+3\times10^0+4\times10^{-1}+5\times10^{-2}$$

十进制使用"逢十进一""借一当十"的记数规则。

（2）二进制数

数值、字符、指令等数据在计算机内部的存放和处理都采用二进制数的形式。二进制数有 0 和 1 两个基本符号，采用"逢二进一"的原则进行计数。为了与其他数制区别开来，在二进制数的外面加括号，且在其右下方加注 2，或者在其后面加"B"，表示前面的数是二进制数。

任何一个二进制数都可表示成各位数字与其对应权的乘积的总和。其整数部分的权由低向高依次是 $2^0,2^1,2^2,2^3,2^4\cdots\cdots$其小数部分的权由高向低依次是 $2^{-1},2^{-2}\cdots\cdots$例如：

$$(1100.1101)_2=1\times2^3+1\times2^2+0\times2^1+0\times2^0+1\times2^{-1}+1\times2^{-2}+0\times2^{-3}+1\times2^{-4}。$$

（3）八进制数

八进制数是由 $0,1,2,3,4,5,6,7$ 任意组合构成的，其特点是"逢八进一"。为了与其他数制区别开来，在八进制数的外面加括号，且在其右下方加注 8，或者在其后面加"O"，表示前面的数是八进制数。

八进制数的基数是 8，任何一个八进制数都可表示成各位数字与其对应权的乘积的总和。其整数部分的权由低向高依次是 $8^0,8^1,8^2,8^3,8^4\cdots\cdots$其小数部分的权由高向低依次是 $8^{-1},8^{-2}\cdots\cdots$

（4）十六进制数

十六进制数是由 $0,1,2,3,4,5,6,7,8,9,A,B,C,D,E,F$ 任意组合构成的，其特点是"逢十六进一"。为了与其他数制区别开来，在十六进制数的外面加括号，且在其右下方加注 16，或者在其后面加"H"，表示前面的数是十六进制数。

十六进制数的基数是 16，任何一个十六进制数可表示成各位数字与其对应权的乘积的总和。其整数部分的权由低向高依次是 $16^0,16^1,16^2,16^3,16^4\cdots\cdots$其小数部分的权由高向

低依次是 $16^{-1}, 16^{-2} \cdots\cdots$

常用记数制对照如表 1-1 所示。

表 1-1 常用记数制对照表

十进制	二进制	八进制	十六进制	十进制	二进制	八进制	十六进制
0	0000	0	0	9	1001	11	9
1	0001	1	1	10	1010	12	A
2	0010	2	2	11	1011	13	B
3	0011	3	3	12	1100	14	C
4	0100	4	4	13	1101	15	D
5	0101	5	5	14	1110	16	E
6	0110	6	6	15	1111	17	F
7	0111	7	7	16	10000	20	10
8	1000	10	8	17	10001	21	11

2）数制间的相互转换

计算机领域中常用的数制有十进制、二进制、八进制和十六进制，它们之间的相互转换分为以下几种情况。

（1）R 进制数转换成十进制数

基数为 R 的数字，只要将各位数字与它的权相乘，然后将其各项相加，其结果就是一个十进制数。

【例 1-1】 分别将 $(1101.1)_2$、$(45.6)_8$、$(3AC)_{16}$、$(10F.A)_{16}$ 转换成十进制数。

$$(1101.1)_2 = 1 \times 2^3 + 1 \times 2^2 + 0 \times 2^1 + 1 \times 2^0 + 1 \times 2^{-1}$$
$$= 8 + 4 + 0 + 1 + 0.5$$
$$= 13.5$$

$$(45.6)_8 = 4 \times 8^1 + 5 \times 8^0 + 6 \times 8^{-1}$$
$$= 32 + 5 + 0.75$$
$$= 37.75$$

$$(3AC)_{16} = 3 \times 16^2 + A \times 16^1 + C \times 16^0$$
$$= 3 \times 16^2 + 10 \times 16^1 + 12 \times 16^0$$
$$= 940$$

$$(10F.A)_{16} = 1 \times 16^2 + 0 \times 16^1 + F \times 16^0 + 10 \times 16^{-1}$$
$$= 256 + 15 + 0.625$$
$$= 271.625$$

（2）十进制数转换成 R 进制数

将十进制数转换为 R 进制数时，需要先将十进制数分成整数部分和小数部分分别进行转换，然后将其拼接起来。具体规则如下。

①整数部分。整数部分遵循"除 R 取余，逆序排列"的规则。

②小数部分。小数部分遵循"乘 R 取整,顺序排列"的规则。

【例 1-2】 将十进制数 43.625 转换为二进制数。

将 43.625 的整数部分和小数部分分开处理:

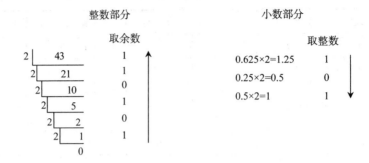

结果:$(43.625)_{10} = (101011.101)_2$

(3)二进制数转换成八进制数

由于存在着 $2^3 = 8^1$ 这样的关系,三位二进制数正好可以用一位八进制数表示,所以将二进制数转换成八进制数时,只要将二进制数按照三个一组,每组转换成一个八进制数即可。具体方法:将二进制数以小数点为界,整数部分从右向左数,每三位一组进行转换,不足三位的在左边用 0 补足;小数部分从左向右数,每三位一组进行转换,不足三位的在右边用 0 补足。

【例 1-3】 将二进制数 10110011.01011 转换成相应的八进制数。

$$(\underline{010} \quad \underline{110} \quad \underline{011}.\underline{010} \quad \underline{110})_2$$
$$(\quad 2 \quad\quad 6 \quad\quad 3 \quad . \quad 2 \quad\quad 6 \quad)_8$$

所以,$(10110011.01011)_2 = (263.26)_8$。

(4)八进制数转换成二进制数

八进制数的一位相当于二进制数的三位,因此转换时只要将八进制数中的每个数字用相应的二进制数替换即可。

【例 1-4】 将八进制数 731.3 转换成相应的二进制数。

$$(\quad \underline{7} \quad\quad \underline{3} \quad\quad \underline{1} \quad .\underline{3}\quad)_8$$
$$(\quad 111 \quad 011 \quad 001 \quad 011 \quad\quad)_2$$

所以,$(731.3)_8 = (111011001.011)_2$。

(5)二进制数转换成十六进制数

由于存在着 $2^4 = 16^1$ 这样的关系,四位二进制数正好可以用一位十六进制数表示,所以将二进制数转换成十六进制数时,只要将二进制数按照四个一组,每组转换成一个十六进制数即可。具体方法:将二进制数以小数点为界,整数部分从右向左数,每四位一组进行转换,不足四位的在左边用 0 补足;小数部分从左向右数,每四位一组进行转换,不足四位的在右边用 0 补足。

【例 1-5】 将二进制数 1010110.10101 转换成相应的十六进制数。

$$(\underline{0101} \quad \underline{0110} \quad . \quad \underline{1010} \quad \underline{1000})_2$$
$$(\quad 5 \quad\quad 6 \quad . \quad A \quad\quad 8 \quad)_{16}$$

所以，$(1010110.10101)_2 = (56.A8)_{16}$。

（6）十六进制数转换成二进制数

八进制数的一位相当于二进制数的四位，只要将十六进制数中的每个数字用相应的二进制数替换即可。

【例 1-6】　将十六进制数 5B2.F 转换成相应的二进制数。

$$(\quad \underline{5} \quad \underline{B} \quad \underline{2} \ . \ \underline{F} \ )_{16}$$
$$(\ 0101 \quad 1011 \quad 0010 \ . \ 1111 \ )_2$$

所以，$(5B2.F)_{16} = (10110110010.1111)_2$。

2. 原码、反码和补码表示法

在计算机中，机器数也有不同的表示方法，常用的有原码、反码和补码三种方式。任何正数的原码、反码和补码的形式完全相同，负数则不同。

（1）原码

在原码中，正数的符号用"0"表示，负数的符号位用"1"表示，数值部分用二进制形式表示。原码与机器数相同。例如：用 8 位二进制数表示十进制整数 +5 和 -5 时，其原码分别为

$$[+5]_原 = 0 \ \underline{0000101}\text{B} \qquad [-5]_原 = 1 \ \underline{0000101}\text{B}$$
　　　　　↑　　↑　　　　　　　　↑　　↑
　　　符号位　数值位　　　　　　符号位　数值位

下面来看一个特例，即 +0 和 -0 的原码形式。

$[+0]_原 = 0 \ 0000000\text{B}$　　$[-0]_原 = 1 \ 0000000\text{B}$

可以看出，+0 和 -0 的原码形式不一致，但是从人们的常规意识和运算角度而言，+0 和 -0 的数值、表示形式和存储形式应该是一致的。这种不一致性在计算机处理过程中可能会带来不便。因此，计算机中的数通常不采用原码表示形式。

（2）反码

正数的反码和原码相同，负数的反码是对该数的原码中除符号位之外的其余各位按位取反。例如：用 8 位二进制数表示十进制整数 +5 和 -5 时，其反码分别为

$$[+5]_反 = 0 \ \underline{0000101}\text{B} \qquad [-5]_反 = 1 \ \underline{1111010}\text{B}$$
　　↑　　　↑　　　　　　　　↑　　↑
　符号位　数值位　　　　　符号位　数值位

下面来看一个特例，即 +0 和 -0 的反码形式。

$[+0]_反 = 0 \ 0000000\text{B}$　　$[-0]_反 = 1 \ 1111111\text{B}$

可以看出，+0 和 -0 的反码形式不一致，这种不一致性在计算机处理过程中可能会带来不便。因此，计算机中的数通常不采用反码表示形式。

（3）补码

在普通的钟表上，18 时和 6 时表针所指的位置是相同的，因为它们对于 12 具有相同的余数，简称同余。补码是根据同余的概念引入的。对于二进制而言，正数的补码和原码相同，负数的补码是其反码加 1。例如：用 8 位二进制数表示十进制整数 +5 和 -5 时，其补码分别为

$$[+5]_补 = 0 \ \underline{0000101}\text{B} \qquad [-5]_补 = 1 \ \underline{1111011}\text{B}$$
　　↑　　　↑　　　　　　　　↑　　↑
　符号位　数值位　　　　　符号位　数值位

下面来看一个特例,即+0和−0的补码形式。

$[+0]_{补} = 0\ 0000000B$ $[-0]_{补} = 0\ 0000000B$

可以看出,+0和−0的补码形式具有一致性。这既符合人们的常规意识和运算规则,同时对计算机处理而言又具有很大的方便性。因此,计算机中的数通常采用补码形式进行存储和运算。

3. 信息的编码

1) 计算机中的数据单位

在计算机中,所有数据都以二进制形式存储,其最基本的存储单位是"位"和"字节"。

(1) 位

位是计算机中度量数据的最小单位,用"bit"表示,简称"b"。一个二进制位只可以表示"0"或"1",两个二进制位可以表示四种状态(00、01、10、11)。位越多,所表示的状态越多。

(2) 字节

字节是计算机中数据处理和数据存储的基本单位,用"byte"表示,简称"B"。一个字节由8个二进制位组成,即1 B=8 bit,通常,一个英文字母占一个字节,一个汉字占两个字节。

随着计算机技术的发展,字节已不足以描述计算机中数据的大小或存储空间的容量,于是就出现了千字节(KB)、兆字节(MB)、吉字节(GB)和太字节(TB)等数据单位。

它们之间的换算关系如下:

千字节:1 KB=1 024 B=2^{10} B

兆字节:1 MB=1 024 KB=2^{20} B

吉字节:1 GB=1 024 MB=2^{30} B

太字节:1 TB=1 024 GB=2^{40} B

(3) 字

计算机处理数据时,CPU通过数据总线一次存取、处理和传送的数据称为字。一个字通常由一个或多个字节构成。字长是一个字包含的位数,计算机的字长决定了CPU一次操作处理实际位数的多少。计算机的字长越长,其性能就越优越。

2) 计算机中的数值表示

无论是数值数据还是非数值数据,计算机内部都会采用一定的编码标准先将其转换成二进制数,再进行下一步运算。对于数值数据,可以很方便地将其转换成二进制数据,而对于非数值数据(如英文字母、各种符号、中文字符等),可按特定的规则进行二进制编码。常见的编码方式主要有以下几种。

(1) ASCII码

目前普遍采用的西文字符编码 ASCII 码(American standard code for information interchange,美国标准信息交换码)。ASCII 码有7位码和8位码两种版本,国际通用的是7位 ASCII 码,也称标准 ASCII 码。它用7位二进制数表示一个字符的编码,共有 2^7=128 个不同的编码值,相应地可以表示128个不同字符,如表1-2所示。

表 1-2　7 位 ASCII 码编码表

$d_3d_2d_1d_4$ 位	$d_6d_5d_4$ 位							
	000	001	010	011	100	101	110	111
0000	NUL	DLE	SP	0	@	P	`	p
0001	SOH	DC1	!	1	A	Q	a	q
0010	STX	DC2	"	2	B	R	b	r
0011	ETX	DC3	#	3	C	S	c	s
0100	EOT	DC4	$	4	D	T	d	t
0101	ENQ	NAK	%	5	E	U	e	u
0110	ACK	SYN	&	6	F	V	f	v
0111	BEL	ETB	'	7	G	W	g	w
1000	BS	CAN	(	8	H	X	h	x
1001	HT	EM	)	9	I	Y	i	y
1010	LF	SUB	*	:	J	Z	j	z
1011	VT	ESC	+	;	K	[	k	{
1100	FF	FS	,	<	L	\	l	|
1101	CR	GS	—	=	M	]	m	}
1110	SO	RS	.	>	N	∧	n	~
1111	SI	US	/	?	O		o	DE

（2）汉字编码

计算机在处理汉字时，必须先将汉字代码化，即对汉字进行编码。汉字数量繁多，编码比较困难，因此在一个汉字处理系统中，对汉字采用不同的编码：输入时采用输入码；交换汉字时采用交换码；处理汉字时采用机内码；显示汉字时采用字形码。

①汉字外码。汉字外码也称汉字输入码，是将汉字通过键盘输入到计算机采用的代码。根据编码规则不同，汉字输入码可以分为流水码、音码、形码和音形结合码。

②汉字交换码。汉字交换码是汉字信息处理系统之间或通信系统之间进行信息交换的汉字代码，简称交换码。1980 年，我国制定颁布了第一个汉字编码字符集标准，即《信息交换用汉字编码字符集·基本集》（GB 2312—80），也称国标码。国标码适用于一般汉字处理、汉字通信等系统之间的信息交换。

国标码中共收录了 6 763 个汉字（包括一级汉字 3 755 个和二级汉字 3 008 个）和 682 个常用图形符号（如序号、数字、罗马数字、英文字母、日文假名、俄文字母和汉语注音等），奠定了中文信息处理的基础，在中文信息技术领域发挥了里程碑式的重要作用。

国标码 GB 2312 是由区位码转换而来，区位码是国家规定的 94×94 的一个方阵，其中每行叫做一个区，每列叫做一个位，组合起来就组成了区位码，我们可以在相关网站查询某个汉字的区位码，例如，汉字"我"的区位码是 4650，标识"我"在 46 区，50 位。

$$国标码＝16 进制的区位码＋2020H$$

上述"我"的区位码是 4650，其十进制转换为十六进制为 2E32H（46＝2E，50＝32），国标码为 2E32H＋2020H＝4E52H。

③汉字机内码。汉字机内码又称汉字 ASCII 码,是指计算机内部存储、处理加工和传输汉字所用的代码。汉字机内码是汉字最基本的编码,每一个汉字输入计算机后都要转换成机内码才能在计算机中存储和处理。

国标码不能直接在计算机中使用,因为它没有考虑与 ASCII 码的冲突。例如,有两个字节的内容是 30H 和 21H,既可以表示汉字"啊"的国标码,又可以表示西文"0"和"!"的 ASCII 码。为了避免国标码与 ASCII 码同时使用时产生二义性问题,大部分汉字系统都采用将国标码每个字节的最高位加上 1 作为汉字机内码,即

汉字机内码＝国标码＋8080H

上述"啊"的国标码是 3021H,其汉字机内码为 3021H＋8080H＝B0A1H。

④汉字字形码。汉字字形码也称汉字字模或汉字输出码,是将汉字显示到屏幕或打印到纸上所需要的图形数据。汉字字形码通常有两种字形编码:点阵码和矢量码。

点阵码是一种用点阵表示汉字字形的编码。根据输出汉字的要求不同,点阵的多少也不同。点阵越多,汉字笔画越平滑,字符就越精美,但所占的存储空间也越大。一个 16×16 点阵的汉字需要占用 32 个字节。点阵字符的缺点是在逐渐放大的过程中会逐渐失真,变得模糊。

矢量码是用一组数学矢量来记录汉字的轮廓特征。矢量码克服了点阵码失真的特点,可以随意缩放字符而不失真,且所需存储量和字符大小无关。

 任务实施

【扫码观看操作视频】

(1)将其他进制数转换为十进制数

分别将二进制数 11100101、八进制数 125 和十六进制数 3A 转化为 10 进制数。

(2)将二进制数转换为八进制数和十六进制数

将二进制数 10101101.11011 分别转换为八进制数和十六进制数。

 项目总结

✎计算机采用的基本结构是冯·诺依曼型,其基本工作原理仍是存储程序和程序控制。根据采用的物理元器件的不同,将计算机的发展划分为四个阶段。

✎计算机有不同分类方法,在各个等领域得到了广泛应用。

✎计算机中数据的最小单位是"位",存储器的基本单位是"字节"。

✎数值、字符、指令等数据在计算机内部的存放和处理都采用二进制数的形式。

项目练习

单选题

1. 世界上第一台计算机诞生于哪一年?（　　）

A. 1945 年   B. 1956 年

C. 1935 年   D. 1946 年

2. 第 4 代电子计算机使用的电子元件是（　　　）。

A. 晶体管

B. 电子管

C. 中、小规模集成电路

D. 大规模和超大规模集成电路

3. 二进制数 110000 转换成十六进制数是（　　　）。

A. 77

B. 7

C. 8

D. 30

4. 与十进制数 4625 等值的十六进制数为（　　　）。

A. 1211

B. 1121

C. 1122

D. 1221

5. 在 24×24 点阵字库中，每个汉字的字模信息存储在多少个字节中？（　　　）

A. 24

B. 48

C. 72

D. 12

6. 下列字符中，其 ASCII 码值最小的是（　　　）。

A. A

B. a

C. k

D. m

7. 微型计算机中，普遍使用的字符编码是（　　　）。

A. 补码

B. 原码

C. ASCII 码

D. 汉字编码

8. 下列文字中不是计算机特点的是（　　　）。

A. 高速、精确的运算能力

B. 科学计算

C. 准确的逻辑判断能力

D. 自动功能

9. 二进制数 1010.101 对应的十进制数是（　　　）。

A. 11.33

B. 10.625

C. 12.755

D. 16.75

10. 某汉字的区位码是 2534，它的国际码是（　　　）。

A. 4563H

B. 3942H

C. 3345H

D. 6566H

11. 电子计算机的发展按其所采用的逻辑器件可分为几个阶段？（　　　）

A. 2 个

B. 3 个

C. 4 个

D. 5 个

项目二 选购与安装计算机

　　小金是一位平面设计师,最近他想配置两台计算机,一台用于给父母浏览网页用作休闲娱乐,一台用于给自己进行平面广告设计、日常办公和丰富娱乐生活。小金如何选购到合适的计算机呢? 购买到计算机后,小金如何进行硬盘分区、安装操作系统、驱动程序、应用软件等一系列操作,搭建计算机平台满足需要呢?

📖 项目描述

　　本项目通过了解计算机的硬件组成,认识计算机的主要配件,熟悉计算机主要配件的参数指标,达到独立选购个人电脑的技能;通过组装电脑硬件、安装操作系统及常用软件,完整实现了一台个人电脑所需的软硬件环境。本项目具体通过以下三个任务完成。

　　任务一　了解计算机硬件系统
　　任务二　配置个人计算机
　　任务三　了解计算机软件

任务一　了解计算机硬件系统

🖥 任务分析

　　通过前面的学习,我们知道冯·诺依曼型计算机由输入、存储、运算、控制和输出五个部分组成,它们不是孤立存在的,它们在处理信息的过程中需要相互连接和传输。本次任务主要通过中央处理器、存储器、输入和输出、总线等硬件介绍,帮助读者系统地认识计算机硬件系统。

🎯 任务目标

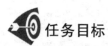

➤掌握计算机硬件的基本结构。
➤了解微型计算机的硬件结构。
➤了解微型计算机的主要外围设备。

**必备知识**

1. 计算机的基本硬件组成

(1) 中央处理器

中央处理器(central processing unit,CPU)是计算机的主要设备之一,是整个计算机系统的控制中心,其功能主要是解释计算机指令及处理计算机软件中的数据,其外形如图 2-1 所示。CPU 由运算器(arithmetic unit)和控制器(control unit)两部分组成。CPU 内部结构如图 2-2 所示,运算器负责对数据进行算术和逻辑运算;控制器负责对程序所规定的指令进行分析、控制,并协调输入、输出操作或对内存的访问。

图 2-1　CPU　　　　　　　图 2-2　CPU 内部结构

(2) 存储器

存储器是计算机的记忆和存储部件,用来存放信息。存储器按功能可分为内存储器(简称内存或主存)和外存储器(简称外存或辅存)。内存存取速度快,但容量较小;外存相对存取速度慢,但容量较大。

①内存储器

内存储器主要用于存放当前执行的程序和数据,一般由半导体器件构成。内存可以与CPU、输入/输出设备直接交换信息,CPU 需要的指令和数据必须从内存中读取,而不能从其他输入/输出设备中获得,因此,内存是 CPU 和外部设备的枢纽。内存根据基本功能的不同分为随机存取存储器(random access memory,RAM)、只读存储器(read only memory,ROM)和高速缓冲存储器(cache,简称高速缓存)。

随机存储器(RAM)。特点是其中存放的内容可随时供 CPU 读写,但断电后存放的信息就会完全丢失。

只读存储器(ROM)。是一种在计算机运行过程中只能读出、不能写入和修改的存储器。它的最大特点就是信息在断电或关机后不会丢失,因此常用来存放重要的、常用的程序和数据,如检测程序、BIOS 及其他系统程序等。

高速缓冲存储器(cache)。CPU 的运算速度越来越快,而主存中数据访问的速度相对来说要慢得多,这一现象严重影响了计算机的运行速度。为此,引入了 cache,它的存取速度与 CPU 的速度相当。cache 在逻辑上位于 CPU 与内存之间,其作用是加快 CPU 与RAM 之间的数据交换速率。

②外存储器

外存储器相对于内存来说,容量大、价格便宜,但存取速度慢,主要用于存放待运行的或需要永久保存的程序和数据。CPU 不能直接访问外存储器,只有在外存储器中的内容被调入内存后,才能对其进行读取。现在常用的外存有硬盘、光盘和 USB 闪存驱动器等。

(3) 输入/输出

输入/输出(input/output,I/O)子系统一般包括 I/O 接口电路与 I/O 设备。输入/输出接口电路是介于计算机和外部设备之间的电路,负责各种电气特性不同的外部设备与计算机之间进行信号的变换和缓存,使各种速度的外部设备与计算机速度相适应,使外部设备的输入/输出与计算机操作同步。微型计算机中常用的输入设备有键盘和鼠标,输出设备有显示器、打印机及绘图仪等。

(4) 总线

总线是一组公共的信息传输线,用以连接计算机的各个部件。位于芯片内部的总线称为内部总线;反之,称为外部总线。外部总线把中央处理器、存储器和 I/O 设备连接起来,用于传输各部件之间的通信信息。按照信号的性质划分,总线可分为地址总线、数据总线和控制总线,其特点如下。

①数据总线(data bus):用于各部件之间传输数据信息,数据可朝两个方向传送,属于双向总线。

②地址总线(address bus):用于传输通信所需的地址,以指明数据的来源和目的,属于单向总线。

③控制总线(control bus):用于传送 CPU 对存储器或 I/O 设备的控制命令和 I/O 设备对 CPU 的请求信号,使计算机各部件能够协调工作,属于双向总线。

计算机采用标准总线结构,使整个系统中各部件之间的相互关系变为面向总线的单一关系。凡是符合总线标准的功能部件和设备都可以互换和互连,提高了计算机的通用性和可扩展性。

2. 主机内部硬件

微型计算机从外观上讲,由主机和外围设备组成,如图 2-3 所示。

图 2-3　微型计算机

其中,主机是对机箱和机箱内所有计算机配件的总称,这些配件包括主板、CPU、存储器(内存和硬盘)、光驱和显卡等,图 2-4 和图 2-5 所示分别是主机外部和主机内部的结构。

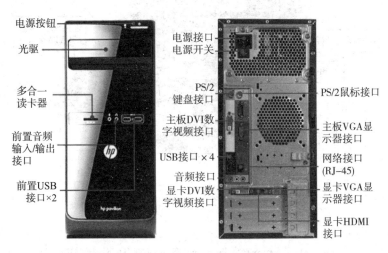

电源按钮
光驱
多合一读卡器
前置音频输入/输出接口
前置USB接口×2

电源接口
电源开关
PS/2键盘接口
主板DVI数字视频接口
USB接口×4
音频接口
显卡DVI数字视频接口

PS/2鼠标接口
主板VGA显示器接口
网络接口(RJ-45)
显卡VGA显示器接口
显卡HDMI接口

图 2-4　主机外部结构

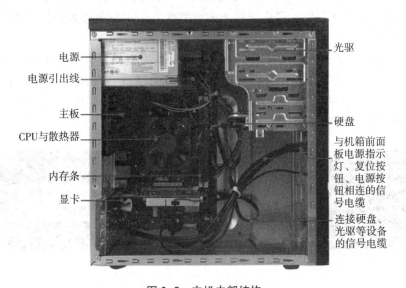

电源
电源引出线
主板
CPU与散热器
内存条
显卡

光驱
硬盘
与机箱前面板电源指示灯、复位按钮、电源按钮相连的信号电缆
连接硬盘、光驱等设备的信号电缆

图 2-5　主机内部结构

(1) 主板

主板又称母板,它是一块印刷电路板,是计算机其他组件的载体,在各组件中起着协调工作的作用,如图 2-6 所示。主板主要由 CPU 插座、总线和总线扩展槽(如内存插槽、显卡插槽)、输入输出(I/O)接口、缓存、电池及各种集成电路等组成。

输入输出(I/O)接口主要用来连接计算机的各种外设,包括 PS/2 接口(用来连接鼠标和键盘)和 USB 接口等。其中,USB 接口是计算机中最常用的接口,可以用来连接键盘、鼠标、打印机、扫描仪、摄像机、数码相机、U 盘等设备,具有传输数据速度快,可在开机状态下插拔(即热插拔)设备等优点。

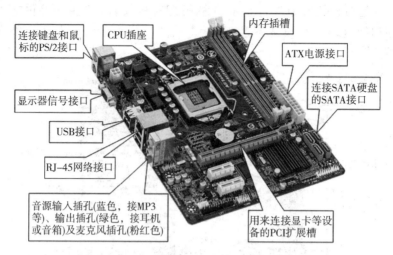

图 2-6　主板

（2）CPU

CPU 是计算机系统的核心，CPU 的速度主要取决于其主频、核心数和高速缓存容量。主频一般以 GHz 为单位，表示每秒运算的次数。主频越高，计算机的运算速度越快。例如：采用酷睿 3.0 GHz 处理器的计算机要快于采用酷睿 2.0 GHz 处理器的计算机。

（3）内存条

内存是计算机的主存储器，它属于随机存储器，如图 2-7 所示，它的特点是可读可写，主要用于临时存储程序和数据，关机后在其中存储的信息会自动消失。在计算机中，除 CPU、主板外，内存的优劣与容量是决定计算机性能的另一个重要因素。目前，主流内存的容量有 8 GB、16 GB 和 32 GB 等。

图 2-7　内存条

（4）硬盘

硬盘固定在主机机箱内，并通过主板的 SATA 接口与主板连接，是计算机最主要的外存储器，计算机中的大多数文件都存储在硬盘中。例如：为计算机安装操作系统及应用软件，实际上就是将相关文件"复制"到硬盘中。此外，对于一些有价值的图像、文档等，也通常将其保存在硬盘中。

硬盘主要有机械硬盘（HDD，见图 2-8）和固态硬盘（SSD，见图 2-9）两种类型。机械硬盘采用磁性碟片来存储数据，其特点是存储容量大但读写速度慢；固态硬盘采用闪存颗粒来存储数据，其特点是存储容量小但读写速度快。目前，主流机械硬盘的存储容量有 1 TB、

2 TB、4 TB 和 6 TB 等；主流固态硬盘的存储容量有 256 GB、512 GB 和 1 TB 等。

图 2-8　机械硬盘　　　　　　　　　　图 2-9　固态硬盘

（5）光驱

光驱用来读取或写入光盘数据，如图 2-10 所示。目前光驱大都为 DVD 光驱，可以读取 CD 和 DVD 光盘数据。有一类光驱称为刻录机，它具有读取和写入光盘数据的功能。

图 2-10　光驱

光盘用来存储需要备份或移动的数据。常见的光盘分为 CD、DVD、BD 几种类型：CD 光盘的容量一般为 650 MB；DVD 光盘的容量一般为 4.7 GB 或更大；BD 光盘即蓝光光盘，是目前最先进的大容量光盘，存储容量为 25 GB 或更大。

根据其使用特点，光盘又分为只读光盘和刻录光盘两种类型。只读光盘（CD-ROM 和 DVD-ROM）只能从中读取信息而不能写入信息，通常这些信息是由厂家预先写入的；刻录光盘分为一次性写入光盘（CD-R、DVD-R）和可擦写光盘（CD-RW、DVD-RW），用户可将信息刻录（写入）到此类光盘中，其中可擦写光盘可多次擦除和写入信息。

（6）显卡

早期显卡的作用是将 CPU 处理过的信息转换成字符、图形和颜色等传送到显示器上显示。后来，显卡拥有了独立的图形处理功能，所以也可以称其为图形加速卡。

显卡分为独立显卡和集成显卡两种类型。集成显卡是指集成在 CPU 中的一块显示芯片，由主板提供与显示器连接的接口。集成显卡没有独立的显存，而是使用系统的一部分内存作为显存。独立显卡如图 2-11 所示，它插在主板的显卡插槽上，比集成显卡的性能更好；衡量显卡性能的参数主要有显示芯片类型和显存大小等。

图 2-11　显卡

图 2-12　电源

（7）电源

电源是安装在一个金属壳体内的独立部件，其作用是为主机中的各种部件和键盘等提供工作所需的电源，如图 2-12 所示。

3. 外围设备

微型计算机的外围设备由输入设备、输出设备和其他设备组成。输入设备是用户用来向计算机输入各种信息（如文字、数字和指令等）的设备。计算机最基本的输入设备是键盘和鼠标，其他常见的计算机输入设备还有扫描仪、手写板和麦克风等。

输出设备用于将计算机的各种计算结果转换成用户能够识别的字符、图像和声音等形式并输出。计算机最基本的输出设备是显示器，其他常见的输出设备还有音箱、打印机、投影仪和绘图仪等。

（1）键盘

键盘是计算机的基本输入设备之一，用于向计算机输入字符和命令，如图 2-13 所示。键盘按键位数可分为 101 键、104 键和 107 键。键盘与主机的连接方式有通过 PS/2 接口连接（趋于淘汰）、通过 USB 接口连接和无线连接三种方式。

（2）鼠标

鼠标也是计算机的基本输入设备之一，用于向计算机输入各种命令，如图 2-14 所示。它一般由左键、滚轮（中键）和右键组成。鼠标与主机的连接方式也有通过 PS/2 接口连接、通过 USB 接口连接和无线连接三种方式。

图 2-13　键盘

图 2-14　鼠标

（3）显示器

显示器是计算机最基本的输出设备，如图 2-15 所示。它在屏幕上反映了使用者操作键盘和鼠标的情况，以及程序运行过程和结果等。

目前主流的显示器是液晶显示器,根据屏幕对角线长度可分为 21 英寸、23 英寸和 27 英寸等规格。显示器主要通过后面板上 DVI、HDMI 或 VGA 接口与主机机箱上的显卡接口连接。

(4) 音箱和耳麦

如图 2-16 所示,音箱与计算机的音频输出接口连接,用于输出计算机中的音频;耳麦一般都具有麦克风和耳机的功能,它与计算机的音频输入和输出接口连接,用于向计算机输入音频或将计算机中的音频输出。

图 2-15　显示器　　　　　　　图 2-16　音箱和耳麦

(5) 打印机

打印机是一种将计算机中的信息输出到纸张等介质上的输出设备,如图 2-17 所示,其一般需要专用线缆与计算机的 USB 接口连接,并安装相应的驱动程序后才能正常工作。常见的打印机按工作原理分为针式打印机(主要用来打印票据)、喷墨打印机和激光打印机;按输出色彩可分为黑白打印机和彩色打印机。此外,近年来集打印、扫描、传真、复印等功能的一体机的发展速度很快,品种繁多,无线打印机也层出不穷。

针式打印机　　　　　　喷墨打印机　　　　　　激光打印机

图 2-17　打印机

(6) 可移动存储设备

可移动存储设备包括 U 盘和移动硬盘等。其中,U 盘是一种小巧玲珑、易于携带的移动存储设备,其通过 USB 接口与计算机连接,如图 2-18 所示;移动硬盘由普通硬盘和硬盘盒组成。硬盘盒除了起到保护硬盘的作用外,更重要的作用是将硬盘的 SATA 接口转换成可以热插拔的 USB 或其他标准接口与计算机连接,从而实现移动存储,如图 2-19 所示。

图 2-18　U 盘　　　　　　　　　　　　图 2-19　移动硬盘

 **任务实施**

通过京东网站搜索一台主流 PC 主机的硬件组成。

任务二　配置个人计算机

 **任务分析**

在任务一中,我们已经熟悉了计算机的基本硬件组成,一台微型计算机主要包括 CPU、内存、主板、硬盘、显卡、光驱、键盘、鼠标、机箱、电源等。本次任务中,小金将根据两种不同的需求来选购计算机。计算机的选购通常有两种方式,一种是购买已经组装好的品牌台式电脑或者笔记本电脑,另一种是自己组装,即通过购买基本硬件来组装电脑。本次任务将通过选购两种不同配置的台式电脑来学习组装个人计算机硬件系统。

 **任务目标**

➤掌握选购计算机基本硬件设备。
➤掌握安装个人计算机硬件系统。

 **必备知识**

1. 计算机的选购

选购个人计算机首先要认清自己的需求,杜绝盲目浪费,许多时候你用不到那么好的电脑。一台电脑中的主机主要有 CPU、主板、内存、显卡、硬盘、散热器、电源、机箱等"八大件",其中 CPU、主板和显卡是价格的大头,大多数情况下,一台电脑的性能表现就由它们决定,其余的基本是辅助。

(1) 选购 CPU

CPU 的选购主要从字长、主频、核心数等方面考虑。

①字长

字长是指 CPU 一次能并行处理的二进制位数,字长总是 8 的整数倍,通常个人计算机的字长为 16 位、32 位、64 位。字长越长,数据精度也就越高,在完成同样精度的运算时,其数据处理速度也就越快。当前 CPU 的字长普遍为 64 位。

②主频

主频即 CPU 工作频率,也称为时钟频率,单位是兆赫(MHz)或吉赫(GHz),用于衡量计算机运算速度的主要参数,目前 CPU 的主频都在 2.0 GHz 以上。

③核心数

多核处理器是指一枚处理器中集成两个或多个完整的计算机引擎(内核),目前市场上较为主流的是四核 CPU,也不乏六核或八核等更高性能的 CPU。英特尔(Intel)和超威半导体(AMD)是目前较为知名的两大 CPU 品牌。

定位方面,Intel 和 AMD 有各自的系列命名,具体如表 2-1 所示。

表 2-1　两大主流 CPU

Intel/AMD	性能	用途
奔腾/速龙	低性能	面向日常使用
i3/R3	入门性能	面向轻度游戏与办公
i5/R5	主流性能	面向主流游戏与办公
i7/R7	高性能	面向高体验游戏与内容创作
i9/R9	发烧性能	面向发烧级游戏与专业内容创作

CPU 的型号格式通常是"系列命名(i5)"+"型号(9400)"+"后缀(F)",型号的第一位是"代"数,9400 表示 9 代,代数越大,性能越高。目前 CPU 的后缀如表 2-2 所示。

表 2-2　CPU 后缀含义

Intel 的 CPU 后缀		AMD 的 CPU 后缀	
F	不集成显卡(不带 F 默认有集成显卡)	G	有集成显卡(带 G 默认有集成显卡)
T	低功耗版,用于一体机等紧凑场景	E	低功耗版,用于一体机等紧凑场景
K	不锁倍频,也就是说可以超频	GE	G 与 E 的结合,顾名思义
KF	K 与 F 的结合,顾名思义	X	体质特挑,超频性能更强
KS	S 代表 special,体质特挑,超频性能更强	AMD 全系 CPU 均不锁倍频	

在整个计算机系统中,CPU 应该是最先选购的配件,只有确定 CPU,才能选购相应的主板。从 CPU 性能、用途、性价比、质保等多方面综合考虑,小金决定给父母选购 Intel Core i3 9100F 的 CPU,给自己选购 Intel Core i7 9700 的 CPU。

(2)选购主板

主板是电脑各种配件的母板,基本所有配件都会与主板上的插口相连。主板经常被视为和 CPU 一体,因为它的插槽与 CPU 针脚存在一一对应关系,Intel 的 CPU 不能插 AMD 的主板。而且即便插槽对上了,也存在兼容性问题,因此可以购买 CPU+主板的套装。虽然主板厂商品牌众多,但核心芯片组仍由 Intel 和 AMD 提供,因此还是可以划分为 Intel 和 AMD 主板。

主板的型号通常是"品牌商(华硕)"＋芯片组型号(B360)＋后缀(M)＋品牌商自命名,目前在售的主板芯片组型号如表 2-3 所示,主板的后缀如表 2-4 所示。

表 2-3　主板型号

	H310	入门定位	一般用于搭配奔腾/i3	不可超频	原生支持 Win7
Intel 主板芯片组	B360	主流中定位	一般用于搭配 i5/i7	不可超频	
	B365	主流定位	一般用于搭配 i5/i7	不可超频	支持磁盘阵列 原生支持 Win7
	Z370	高端定位	一般用于搭配带 K 后缀系列	支持超频	原生支持 Win7
	Z390	高端定位	一般用于搭配带 K 后缀系列	支持超频	
AMD 芯片组	A520	入门定位	一般用于搭配锐龙 R3	不可超频	AMD 全系主板 均不原生支持 Win7
	B450	主流定位	一般用于搭配 R5/R7	支持超频	
	X470	高端定位	一般用于搭配 R7/R9	支持超频	
	X570	高端定位	一般用于搭配 R7/R9	支持超频	

表 2-4　主板后缀含义

M	M-ATX 中型板	大小和扩展性中等	最主流的后缀	价格适中
I	ITX 小型板	大小和扩展性最小	用于 ITX 装机	价格通常较贵
无后缀	ATX 大型板	大小和扩展性最大	—	价格通常较贵

主板的档次一般看做工和供电,不过其实对大多数普通用户而言,这个好坏并不会上升到能影响 CPU 性能的地步,一般建议购买价位在中端的。市场上主流的主板品牌有华硕、技嘉、微星、华擎、映泰等。小金根据所选择的 CPU 型号,经过挑选,决定给父母选用华擎 H310CM 主板,给自己选用华擎 Z370 主板。

(3) 选购显卡

显卡又称显示卡(video card),是计算机中一个重要的组成部分,承担输出显示图形的任务,对喜欢玩游戏和从事专业图形设计的人来说,显卡非常重要。主流显卡的显示芯片主要由英伟达(NVIDIA)和超威半导体(AMD)两大厂商制造,通常将采用 NVIDIA 显示芯片的显卡称为 N 卡,而将采用 AMD 显示芯片的显卡称为 A 卡。

显卡的型号格式通常是"系列命名(RTX)"＋"型号(2060)"＋"后缀(Super)",目前 N卡型号前缀分别为 GT、GTX、RTX 三种形式开头,A 卡型号前缀目前都是以 RX 开头,如表 2-5 所示。

显卡的价格从几百到几千元不等,在选购显卡时,一方面要注意显示芯片和显存,另一方面也要考虑品牌的因数。在预算充裕的时候,均衡搭配无疑是最佳方案,即 CPU 和显卡基本按一个等级来搭配,例如:中端主流级 CPU 搭配中端主流级或者中上端显卡,本次小金给父母选购了铭瑄 GT 1030 变形金刚 4G 显卡,给自己选购了影驰 GTX 1650 4G 大将显卡。

表 2-5　显卡型号

	前缀	使用场景	数字型号	后缀	表示
NVIDIA 卡	GT	低端入门	越大性能越强	Ti	加强版本
	GTX	中低端或者中端主流		Super	超级版
	RTX	中端或者以上			
AMD 卡	RX	所有	越高性能越强	XT	加强版本

（4）选购内存

内存是 CPU 的"工作台"，它决定电脑能同时承载多少任务。不同代数的内存接口不一致，不能混用。目前流行的内存几乎都是 DDR4 和 DDR5，选购内存时容量优先：一般 4 GB、日用 8 GB、游戏 16 GB、服务器 32 GB 起步上不封顶；其次满足通道数，家用主板普遍支持双通道，因此双 8 GB 优于单 16 GB；最后考虑频率以及颗粒质量等。小金此次为父母选购了一根光威悍将 8 GB DDR4 2666 内存条，为自己选购了 2 根 8 GB DDR4 2666 金士顿内存条。

（5）选购硬盘

硬盘是电脑的"仓库"，它决定电脑能容纳多少内容。硬盘分固态硬盘和机械硬盘，前者速度快、容量小、价格贵；后者速度慢、容量大、价格便宜。一般固态硬盘是必需的，用来安装操作系统、浏览器等重要软件；机械硬盘则作为扩充存储选配。固态硬盘的档次由主控和颗粒决定，主控可以理解成硬盘内部的小型处理器。选购硬盘依然是容量优先，其次看主控，再后才是颗粒。硬盘的容量方面存在一个"甜品区"，固态目前一般是 500 GB，机械则是 2 TB，低于甜品区的性价比反而不高。品牌选择方面，三星、希捷、西部数据是机械硬盘大厂。本次小金给父母选择了三星 SSD 500 GB 固态硬盘，给自己选购了三星 SSD 500 GB 固态硬盘和希捷 2TB 7200 转 256MB SATA 机械硬盘。

（6）选购散热器

CPU 和显卡都是功耗大户，因此需要散热降温。显卡是自带散热风扇的，所以一般所说的散热器，通常指的是 CPU 散热器。各种散热器的效果：分体式水冷＞360 一体式水冷＞240 一体式水冷≈5～6 热管风冷＞3～4 热管风冷＞120 一体式水冷≈2 热管风冷＞铜芯风冷＞纯铝风冷，一般奔腾/速龙 CPU 用户使用纯铝即可；i3/R3 用户使用 2 热管，i5/R5 用户使用 3～4 热管，i7/R7 用户使用 5～6 热管或 240 水冷，i9/R9 用户使用 360 水冷。散热器比较知名的品牌有猫头鹰、利民、采融；追求性价比高的用户则可以考虑九州风神、超频三、酷冷至尊。小金此次给父母选用的是酷冷至尊 T410R，给自己选用的是利民 AX120plus。

（7）选购电源

电源是一种安装在主机箱内的封闭式独立部件，它的作用是将交流电变换为＋5 V、−5 V、＋12 V、−12 V、＋3.3 V、−3.3 V 等不同电压、稳定可靠的直流电，供给主机箱内的系统板、各种适配器和扩展卡、硬盘驱动器、光盘驱动器等系统部件及键盘和鼠标使用。电源的指标是功率，需要重点关注的是＋12 V 的输出功率，因为 CPU 和显卡两个耗电大头都是从这里取的电。正常而言，＋12 V 输出功率满足大于 CPU 满载功耗＋显卡满载功耗即可。此次小金给父母选购的是额定功率 450 W 的航嘉电源，给自己选购的是 650 W 的航嘉金牌电源。

（8）选购机箱

机箱作为电脑配件中的一部分，它的主要作用是放置和固定各电脑配件，起到一个承托和保护作用，此外，电脑机箱还具有屏蔽电磁辐射的重要作用。

机箱一般包括外壳、支架、面板上的各种开关、指示灯等。外壳用钢板和塑料结合制成，硬度高，主要起保护机箱内部元件的作用；支架主要用于固定主板、电源和各种驱动器。

机箱的选择，个人审美观占了很大比重。需要注意的就是与主板的搭配，小机箱装不进大主板；与散热器的搭配，某些机箱对散热器有限高；与电源的搭配，小机箱可能需要与之搭配的小尺寸电源。机箱与机箱风扇常常也被视为一体，高性能的机器 CPU 及显卡发热大，除了各自的散热器外，还需要一套合理的风道才能有效散热。一般建议至少装 2 个风扇，前进后出。目前主流的是中塔式机箱，能容纳大多数尺寸的主板与散热器。此次小金给父母和自己选购了爱国者 A15 主机箱。

（9）其他外围设备的选购

除了电脑主机外，小金还选购了 2 台戴尔 27 英寸 2K 防蓝光显示器和 2 套双飞燕（A4TECH）WKM-1000 键鼠套装，最终的计算机配置清单见表 2-6 所示。

表 2-6　计算机配置清单

配件名称	父母	自己
	配件型号	
CPU	Intel Corei3 9100F	Intel Core i7 9700
主板	华擎 H310CM	华擎 Z370
显卡	铭瑄 GT1030 变形金刚 4 G	影驰 GTX 1650 4 G
内存条	光威悍将 8 GB DDR4 2666	2 根 8 GB DDR4 2666 金士顿
硬盘	三星 SSD 500 G 固态硬盘	三星 SSD 500 G 固态硬盘 希捷 2 TB 7200 转机械硬盘
散热器	酷冷至尊 T410R	利民 AX120plus
电源	450 W 航嘉电源	650 W 航嘉金牌电源
机箱	爱国者 A15	爱国者 A15
显示器	戴尔 27 英寸防蓝光	戴尔 27 英寸防蓝光
键盘鼠标	双飞燕 WKM-1000 键鼠套装	双飞燕 WKM-1000 键鼠套装

2. 组装个人计算机

计算机配件采购回来之后，需要将各个部件安装到计算机机箱中并连接外部设备，经检查后才能安装计算机操作系统和其他软件。

（1）常用工具

螺丝刀：组装电脑的最基本工具就是螺丝刀。最好购买带有磁性的螺丝刀，这样会在安装各种部件的时候带来方便。电脑中的大部分配件都是使用"十"字型螺丝刀，选用带磁性的螺丝刀的一个好处就是方便吸住螺丝，以用于在狭小的空间中安装。

尖嘴钳：用于固定支撑主板的金属柱，也可用来拆卸机箱后面的板卡挡板，当螺丝钉拧不动时、当有些线过长时，使用尖嘴钳剪会很方便。

镊子:镊子在取出小号螺丝,以及在狭小空间中插线时特别方便。镊子还可用于夹取掉落到机箱死角的物体,也可以用来设置硬件上的跳线。

小毛刷:用于清理硬件设备中的灰尘,避免因灰尘引起接触性故障。

吹风球:用于吹去硬件上的灰尘。在用毛刷刷过之后,可以用吹风球吹去灰尘,不可用嘴吹,防止水汽导致设备短路。

橡皮擦:用于擦除显卡、内存条等金手指上的氧化膜。

万用表:用于检查电源的输出电压、电源线和数据电缆的通断等。

小器皿:用于分类存放各种规格的螺钉,以防丢失或误用。

(2)配件及材料准备

准备配件:主板、CPU、散热器、内存条、硬盘、机箱及电源、显示器、键盘鼠标、数据线、电源线等。

辅助器材:电源插座板、海绵垫等。

耗材:导热硅脂、缝纫机油、焊锡等。

(3)安装工作台

安装时可先准备一张 2 m² 左右的工作台,可参考如图 2-20 所示布置。

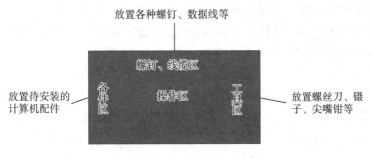

图 2-20 工作台布置

(4)计算机硬件安装注意事项

①释放人体静电:在安装前用手触摸一下接地的导电体或通过洗手释放身体上的静电。

②查阅说明书:把所有配件从包装盒中取出(有静电要求的袋子除外),按照安装顺序排好并仔细阅读说明书,检查是否有特殊要求。

③规范放置配件及工具:把所有配件及工具按要求摆放在工作台上。

④注意安装顺序:在主板装进机箱前,应先装上 CPU 和内存条。

⑤使用正常的安装方法:安装硬件应该小心安装,切不可粗暴安装,注意力度和方向,组装时要适度用力,安插板卡要换方向。

⑥安装部件要稳固:在安装显卡、声卡时,要确定安装是否到位,因为装螺丝时,有些卡会跷起来,造成接触不良甚至损坏。

⑦注意安装测试:测试前,建议开始只安装必要硬件,如 CPU、主板、内存、散热系统、电源、显卡等必要的配件。待测试确定系统正常后再安装其他设备。

⑧通电前注意检查:装完硬件后,要再次检查 CPU、风扇、电源线连接、内存安装方向是否正确,轻轻晃动一下机箱确定有无异常响声,以免有螺钉散落在机箱中造成短路。第一

次安装完成后暂时不要关闭机箱,以便及时解决出现的问题。

 **任务实施**

小金根据计算机配置清单购买了硬件之后,按照以下步骤进行电脑的组装。

步骤1:安装机箱电源。首先对机箱进行拆封,并将电源安装到机箱中,如果机箱较小,也可先安装其他部件后再安装电源。

步骤2:安装CPU和散热器。将CPU安装在主板上的处理器插槽中,安装时注意CPU缺口和底座凸口对准放入。安装散热器时,记得将底部的薄膜撕掉,然后在CPU上均匀涂上散热硅胶(导热硅脂),最后将散热器上的风扇接头安插到主板上对应的针脚上。

步骤3:安装内存条。将内存条插入主板内的内存插槽中。

步骤4:安装M.2 SSD固态硬盘。将M.2装置以约45度角插入主板上的M.2插槽中进行固定。

步骤5:安装主板。首先将I/O保护罩安装到机箱的背面,然后以45度角将主板轻轻地放到机箱里,用螺丝固定。

步骤6:安装显卡。根据显卡接口选择合适的插槽。

步骤7:安装储存装置。将硬盘和光驱固定到机箱中指定的位置。

步骤8:机箱与主板间的连线。包括各种指示灯线、电源开关线、硬盘和光驱的电源线和数据线的连接,注意POWER电源开关线一般有正负2根。

步骤9:连接输入输出设备。将键盘、鼠标和显示器与主机连接。

步骤10:再次检查各连线,准备测试。

步骤11:整理内部连线,用拉链扣或尼龙扣带把电缆紧紧地捆在机箱的背面。

步骤12:开机通电,若显示器能够正常显示,表明硬件安装已经正确。

任务三　了解计算机软件

 **任务分析**

在任务二中,小金已经选购并组装了计算机硬件,所面对的是硬盘没有分区和操作系统未安装的裸机,接下来需要对计算机进行硬盘分区、安装操作系统、设备驱动程序、应用软件等一系列操作,才能搭建好计算机办公软件平台,使之真正发挥作用。本次任务中,我们将通过认识计算机软件的概念、计算机软件系统的组成、常用系统软件和应用软件的概念及功能,帮助小金完成操作系统及常用软件的安装。

任务目标

➢学会硬盘分区、安装操作系统。

➢学会安装应用软件。

 **必备知识**

1. 认识系统软件

计算机系统是由硬件系统和软件系统组成的,硬件系统也称为裸机,裸机只能识别由 0 和 1 组成的机器代码。没有软件系统的计算机是无法工作的。实际上,用户所面对的是经过若干层软件"包装"的计算机,计算机的功能不仅仅取决于硬件系统,在更大程度上由所安装的软件系统决定的。硬件系统和软件系统相互依赖,不可分割。

1) 软件的概念

(1) 软件

软件是指为计算机运行和工作而服务的各种程序、数据及相关资料。软件是计算机的灵魂,是计算机具体功能的体现。软件是用户与硬件的接口,用户是通过软件与计算机进行交互的。

软件是计算机系统设计的重要依据。为了方便用户使用,使计算机系统具有较强的功能,在设计计算机系统时,必须全局考虑软件与硬件的匹配性。

(2) 程序

程序是按照一定顺序执行的、能够完成某一任务的指令集合。

(3) 程序设计语言

编写计算机程序所使用的语言即程序设计语言,它是人与计算机之间进行信息交换的工具,由单词、语句、函数和程序文件等组成。程序设计语言是软件的基础和组成,按照语言处理程序对硬件的依赖程度不同,一般可分为机器语言、汇编语言、高级语言。

机器语言:是计算机发展初期使用的语言,是第一代计算机语言,是一种用二进制代码 0 和 1 形式表示的,能被计算机直接识别和执行的语言。例如:0110101001101011 就是典型的机器语言指令。

机器语言是面向机器的低级语言,指令系统与硬件有关,即不同型号计算机的机器语言指令是不同的。用机器语言编写的程序难以记忆、阅读和书写,人们通常不用机器语言直接编写程序。

汇编语言:是一种面向机器的程序设计语言,它是为特定的计算机或计算机系统设计的。汇编语言采用一种助记符来表示机器中的指令和数据,即用助记符代替了二进制形式的机器指令。这种替代使得机器语言符号化,所以该语言也是依赖于机器的低级语言,不同型号的计算机系统一般有不同的汇编语言。由于指令功能不强,用汇编语言编写程序很烦琐,但用汇编语言编写程序的优点是运行效率高,所以,汇编语言主要用于一些底层软件及实时控制软件的编写。

高级语言:是一种接近于自然语言和数学描述语言的程序设计语言。高级语言是为了提高程序员的开发效率而产生的。这些语言主要是面向任务、面向过程、面向对象的,而不是面向机器的,也就是说,高级语言的指令更适用于程序员开发应用程序。

相对于汇编语言,高级语言的编程更加容易,可移植性更强。目前常用的高级语言有 Visual Basic(简称 VB)、C、C++、C♯、Java 和 Python 等。

机器语言是可以直接在计算机上执行的程序语言,而汇编语言和高级语言需要翻译成机器语言后才能在计算机上执行。

2）系统软件

系统软件是计算机得以运行的保障。其他软件一般都是通过系统软件发挥作用的。系统软件是管理、监控、维护和协调计算机内部更有效工作的软件。

（1）系统软件的特点

通用性：其功能不依赖于特定的用户，无论哪个应用领域的用户都要用到它。

基础性：其他软件的编写和运行必须有系统软件的支持。

（2）常用的系统软件

常用的系统软件主要包括操作系统（operating system）、语言处理程序、数据库管理系统和系统辅助处理程序等。

①操作系统

操作系统是最基本、最重要的系统软件，其他软件必须在操作系统的支持下才能运行。它负责管理、监控和维护计算机系统的全部软件资源和硬件资源，使计算机各部分能够协调工作。一般而言，引入操作系统有以下两个主要目的。

一是从用户角度来看，操作系统将裸机改造成一台功能更强、服务质量更高、用户使用起来更加方便灵活、安全可靠的虚拟机，从而提高用户的工作效率。

二是为了合理使用系统内包含的各种软硬件资源，提高整个系统的使用效率和经济效益。操作系统是一个庞大的管理控制程序，它包括五大功能：处理器管理、存储管理、设备管理、文件管理和作业管理。目前，常用的操作系统有 Windows 10、Windows 11、Linux 等，网络操作系统有 Windows Server、Linux、UNIX 等。

②语言处理程序

语言处理程序的作用就是将使用高级语言或汇编语言编写的程序翻译成计算机能执行的程序。

通常，翻译有两种方式：解释方式和编译方式。解释方式是通过相应语言的解释程序将源程序逐条翻译成机器指令，每译完一句、执行一句，直至执行完成整个程序。其特点是便于查错，但效率低，如 BASIC 语言。编译方式是通过相应语言的编译程序将源程序翻译成目标程序，再用连接程序将目标程序与函数库等进行连接，最终生成可执行程序，才可以在机器上运行，如 C 语言等。

③数据库管理系统

数据库管理系统是用户建立、使用和维护数据库的软件，简称 DBMS。目前，常用的数据库管理系统有 Visual FoxPro，Sybase，Oracle，MySQL 和 SQL Server 等。

④系统辅助处理程序

系统辅助处理程序主要是指一些为计算机系统提供服务的工具软件和支撑软件，如编辑程序、调试程序、系统诊断程序等。

2．认识应用软件

应用软件是用户可以使用的各种程序设计语言，以及各种程序设计语言编制的应用程序的集合，分为应用软件包和用户程序。

应用软件的使用范围很广，可以说，哪里有计算机应用，哪里就有应用软件。常用的应用软件有办公自动化软件、多媒体应用软件、辅助设计软件、因特网工具软件等。

（1）办公自动化软件

应用较为广泛的办公自动化软件有 Microsoft 公司开发的 MS Office 软件，它由几个软件组成，如文字处理软件 Word、电子表格处理软件 Excel、电子演示软件 PowerPoint 等。国内优秀的办公自动化软件有 WPS 等。

（2）多媒体应用软件

多媒体是计算机应用的一个主要方向，其应用软件很多，如图像处理软件 Photoshop、动画设计软件 Flash、音频处理软件 Audition、视频处理软件 Premiere、多媒体制作软件 Authorware 等。

（3）因特网工具软件

因特网工具软件是基于 Internet 环境的应用软件，如 Web 服务器软件、Web 浏览器、文件传输工具 FTP、远程访问工具 Telnet、下载工具 Flash-Get 等。

任务实施

了解了系统软件和应用软件的知识后，接下来小金准备安装操作系统和常用的应用软件。小金通过微信公众号"软件管家"App 下载了"微 PE"，在网上商城购买了正版的"Windows 10 家庭中文版"光盘软件包，通过它们来安装 Windows 10 桌面系统。

1. 用 U 盘制作 PE 系统

PE 系统是在 Windows 下制作出来的一个临时紧急系统，当电脑无法正常启动时，可以通过 PE 系统修复电脑里的各种问题，比如删除顽固病毒，修复磁盘引导分区，给硬盘分区，数据备份，安装电脑系统等。具体安装步骤如下。

步骤 1：在电脑上插入一个 U 盘（U 盘的内存不小于 8 GB），选择 U 盘盘符，单击鼠标右键，选择"格式化"，文件系统选择"NTFS"，格式化完成，点击"确定"。

步骤 2：鼠标右击下载好的"PE 工具箱"压缩包，选择"解压到 PE 工具箱"，打开安装包解压后的文件夹，鼠标右击"PE 工具箱"可执行文件，选择"以管理员身份运行"，点击"U 盘图标"如图 2-21 所示，将 PE 系统安装到 U 盘，完成安装后，U 盘盘符会多出一个"EFI"的磁盘。

图 2-21 安装 PE 系统到 U 盘

2. 安装操作系统

步骤 1：用"UltraISO"制作 Windows 10 家庭中文版 ISO 镜像文件。

步骤 2：把 U 盘插到电脑上，将 Win10 镜像拷贝到 PE 系统 U 盘里。

步骤 3：重启电脑，选择电脑从介质（U 盘）启动，进入 PE 系统。

步骤 4：利用分区工具对硬盘进行分区，对于只有 1 个固态硬盘的硬件系统，至少划分出系统分区和软件分区 2 个分区，建议划分出系统、软件、数据 3 个分区；对于 1 个固态、1 个机械硬盘的双硬盘系统，建议把固态硬盘划分为系统和软件 2 个分区，机械硬盘划分为文档、数据备份 2 个分区。

3. 安装应用软件

应用软件的安装相对系统软件安装要简单一些，下面以安装"WPS 教育考试专用版"为例演示安装步骤。

步骤 1：在软件管家公众号的"办公软件"目录下，下载"WPS 教育考试专用版"安装包，并解压到桌面。

步骤 2：打开解压后的文件夹，鼠标右击"教育考试专用 WPS Office"选择"以管理员身份运行"。

步骤 3：勾选"已阅读并同意……"，点击"立即安装"。

步骤 4：点击"开始探索"，点击"启动 WPS"，点击"免费用户"，完成安装。

 **项目总结**

    ✎计算机的硬件主要由中央处理器 CPU、存储器、输入输出接口以及外部设备组成，它们通过总线进行传输信息。

    ✎配置个人计算机要根据不同的用途来选购配件，按照 CPU、主板、显卡、内存的顺序来选择，组装电脑时要做好防静电和正确的安装步骤。

    ✎计算机系统由硬件系统和软件系统两部分组成，计算机软件系统包含系统软件和应用软件，没有安装系统软件的计算机称为"裸机"。

    ✎通常通过安装 PE 系统来安装操作系统。

 **项目练习**

单选题

1. 字长是 CPU 的主要性能指标之一，它表示（　　　）。

A. CPU 一次能处理二进制数据的位数　　　B. 最长的十进制整数的位数

C. 最大的有效数字位数　　　D. 计算结果的有效数字长度

2. 硬盘属于（　　　）。

A. 内部存储器　　　B. 外部存储器

C. 只读存储器　　　D. 输出设备

3. CPU 的中文名称是（　　　）。

A. 控制器　　　B. 不间断电源

C. 算术逻辑部件　　　D. 中央处理器

4. CPU 主要技术性能指标有（　　）。

A. 字长、运算速度和时钟主频　　　　　B. 可靠性和精度

C. 耗电量和效率　　　　　　　　　　　D. 冷却效率

5. ROM 是指（　　）。

A. 随机存储器　　　　　　　　　　　　B. 只读存储器

C. 外存储器　　　　　　　　　　　　　D. 辅助存储器

6. cache 的中文译名是（　　）。

A. 缓冲器　　　　　　　　　　　　　　B. 只读存储器

C. 高速缓冲存储器　　　　　　　　　　D. 可编程只读存储器

7. "32 位微机"中的 32 位指的是（　　）。

A. 微机型号　　　　　　　　　　　　　B. 内存容量

C. 存储单位　　　　　　　　　　　　　D. 机器字长

8. 计算机操作系统的主要功能是（　　）。

A. 对计算机的所有资源进行控制和管理，为用户使用计算机提供方便

B. 对源程序进行翻译

C. 对用户数据文件进行管理

D. 对汇编语言程序进行翻译

9. 关于汇编语言程序（　　）。

A. 相对于高级程序设计语言程序具有良好的可移植性

B. 相对于高级程序设计语言程序具有良好的可读性

C. 相对于机器语言程序具有良好的可移植性

D. 相对于机器语言程序具有较高的执行效率

10. 计算机系统由（　　）组成。

A. 主机和显示器　　　　　　　　　　　B. 微处理器和软件

C. 硬件系统和应用软件　　　　　　　　D. 硬件系统和软件系统

11. 计算机系统软件中最核心的是（　　）。

A. 语言处理系统　　　　　　　　　　　B. 操作系统

C. 数据库管理系统　　　　　　　　　　D. 诊断程序

12. 下列各组软件中，全部属于应用软件的是（　　）。

A. 音频播放系统、语言编译系统、数据库管理系统

B. 文字处理程序、军事指挥程序、Unix

C. 导弹飞行系统、军事信息系统、航天信息系统

D. Word 2010、Photoshop、Windows 7

13. 将汇编源程序翻译成目标程序(. OBJ)的程序称为（　　）。

A. 编辑程序　　　　　　　　　　　　　B. 编译程序

C. 链接程序　　　　　　　　　　　　　D. 汇编程序

14. 微机上广泛使用的 Windows 是（　　）。

A. 多任务操作系统　　　　　　　　　　B. 单任务操作系统

C. 实时操作系统　　　　　　　　　　　D. 批处理操作系统

项目三　个人计算机的使用与维护

当今世界是一个万物互联的时代,因特网、物联网、5G 应用遍地开花,计算机应用软件层出不穷,尤其是多媒体技术的应用软件更是遍地开花,抖音、小视频、在线开放课程等应用比比皆是。互联网应用大规模盛行的同时,网络诈骗、网络勒索病毒等也时刻威胁着我们,因此,掌握个人计算机的使用与维护的基本知识显得尤为重要。

 项目描述

本项目旨在使读者在当今千变万化的互联网时代,能够掌握个人计算机的使用与维护的基本技能,了解计算机信息安全的重要性,利用网络解决日常生活、学习问题,从而能够更好地发挥计算机的作用,为我所用。本项目具体通过以下五个任务完成。

任务一　认识多媒体技术的概念与应用
任务二　组建与使用办公局域网
任务三　利用网络解决日常问题
任务四　收发电子邮件
任务五　了解计算机信息安全

任务一　认识多媒体技术的概念与应用

 任务分析

多媒体在我们的日常生活中随处可见,无论是使用计算机观看影片,听音乐,制作文档,处理图像、音频和视频,还是通过 Internet 与他人进行视频聊天、召开视频会议……它们都属于多媒体技术的范畴。

小金在今后的工作中经常要为公司制作一些多媒体作品,如商品照片和视频等,因此,他需要了解多媒体及多媒体技术的相关知识,以便制作出杰出的多媒体作品。下面我们就来学习这方面的知识。

任务目标

➤掌握多媒体计算机的基本概念、信息类型和特征。

➤了解多媒体技术在现代生活中的应用。

➤了解多媒体计算机硬件设备和软件系统。

➤掌握各种媒体类型的文件格式。

必备知识

1. 了解多媒体技术

（1）多媒体技术的基本概念和特征

多媒体（multimedia）是指多种媒体的综合集成与交互。多媒体技术是指利用计算机对文字、图形、图像、音频、视频和动画等多种媒体信息进行数字化采集、编码、存储、加工等处理，整合在一定的交互式界面上并传播的技术。它具有集成性、多样性、实时性和交互性等特点。

①集成性。多媒体一方面把不同媒体设备集成在一起，形成多媒体系统；另一方面，利用多媒体技术将文本、图形、图像、声音和视频等多种媒体信息集成在一起，综合体现它们的应用。

②多样性。利用多媒体，人们不但可以看到文字说明、静止图像，还能观看视频和动画，以及听到声音等。多媒体技术的应用使信息的表现形式更加丰富。

③实时性。多媒体技术是研究多种媒体集成的技术，其中声音和视频（或其他活动的图像）都与时间有着密切的关系，这就决定了多媒体技术应支持实时处理，如播放时，声音和视频都必须是连续的，不能有停顿现象。

④交互性。参与的各方都可以对多媒体信息进行编辑、控制和传递。多媒体系统一般具有捕捉、编辑、存储、显现和通信功能，用户能够随意控制声音、影像等媒体信息，实现用户和用户之间、用户和计算机之间的双向交流。

（2）多媒体信息的类型

多媒体信息被分为多种类型，常见的多媒体类型有文本、图像、图形、音频、视频和动画等。

①文本（text）：指中文、英文、符号等各种字符，它是计算机文字处理的基础，也是多媒体应用的基础。

②图像（image）：本质上是一组像素点阵的记录信息，记载着构成图案的各个像素的颜色和亮度等，也称位图（bitmap）图像。图像的分辨率越高，组成图像的点阵就越密，图像文件的尺寸就越大。

③图形（graphic）：是由诸如直线、曲线、圆或曲面等几何图形组成的从点、线、面到三维空间的黑白或彩色几何图，也称矢量图。图形的优点是可以任意放大、缩小而不失真，占用存储空间小，缺点是仅能表现对象结构，无法表现对象质感。

④音频（audio）：也泛称声音。除语音、音乐外，还包括动物鸣叫声等自然界的各种声音。无论哪种声音，其本质都是相同的，都是具有振幅和频率的声波。

⑤视频(video)：若干幅内容相互联系的图像连续播放就形成了视频。视频主要源于摄像机拍摄的连续自然场景画面。

⑥动画(animation)：与视频类似，动画也是由多幅连续的、上下关联的画面序列构成，序列中的每幅画面为一"帧"(frame)。

（3）多媒体关键技术

多媒体关键技术是处理文字、声音、图形、图像等媒体的综合技术。在多媒体技术领域内主要涉及以下几种关键技术。

①多媒体数据压缩和编码技术

由于数字化的图像、声音等多媒体数据量非常庞大，给多媒体信息的存储、传输和处理带来了极大的压力，因此多媒体数据压缩和编码技术成为多媒体技术中的核心技术。

②多媒体通信网络技术

是指利用网络技术实现多媒体数据的传输和交互的一种通信方式，它包含语音压缩、图像压缩及多媒体的混合传输技术。

③超文本和超媒体技术

处理大量多媒体信息主要有两种途径，一是利用多媒体数据库系统来存储和检索多媒体信息；二是使用超文本和超媒体。

超文本是一种交叉引用技术，使用超链接连接到其他文本的链接。超文本与传统文本的不同之处在于，它是非线性和多序列的。超媒体是超文本的延伸，它包含多种形式的媒体，如文本、图像、音频或视频，而超文本只基于文本。

④流媒体技术

流媒体技术又称流式媒体技术，它允许音频和视频数据在实时传输过程中连续播放，而不需要等待整个文件下载完成。

⑤虚拟现实技术

简单地说，虚拟现实技术(VR)就是借助计算机技术及相关硬件设备，实现一种人们可以通过视、听、嗅、触等多种手段所感受到的实时的、三维的虚拟环境，使用户完全沉浸在该环境中。

2．多媒体技术的应用

1）多媒体应用领域

近年来，多媒体技术发展迅速，已成为信息社会的主导技术之一。多媒体系统的应用更以极强的渗透力，进入人类生活的各个领域。

①教育培训：如多媒体教学课件、多媒体教学平台。

②商业展示、信息咨询应用：如旅游信息查询、导购信息查询、多媒体广告等。

③电子出版：如电子杂志、电子报纸、电子图书等。

④多媒体通信：如视频会议、视频聊天、电子商务等。

⑤多媒体娱乐和游戏：如在线音乐、在线影院、联网游戏等。

⑥影视制作：如影片中的特技、动画、特效等。

⑦虚拟现实技术：如虚拟驾驶训练、虚拟人体解剖系统等。

2）常用的多媒体文件格式

多媒体信息有多种类型，下面主要介绍常见的图形图像、音频和视频文件格式。

（1）常见的图形图像文件格式

图形图像在多媒体作品中的应用非常广泛，为了适应不同方面的应用，图形图像可以以多种格式进行存储，以下是一些常见的图形图像文件格式。

①BMP 格式。BMP 是 Windows 操作系统中"画图"程序的标准文件格式，此格式与大多数 Windows 和 OS/2 平台的应用程序兼容。由于该格式采用的是无损压缩，图像完全不失真，但是图像文件的尺寸较大。

②JPEG 格式。JPEG 能以很高的压缩比例来保存图像（可选择压缩比例）。虽然它采用的是具有破坏性的压缩算法，但图像质量损失不多，通常用于存储自然风景照、人和动物的各种彩照、大型图像等。

③GIF 格式。GIF 格式图像最多可包含 256 种颜色，颜色模式为索引颜色模式，文件占用的存储空间较小，支持透明背景和多帧，特别适合作为网页图像或网页动画。

④PNG 格式。PNG 是一种新兴的网络图像格式，兼有 GIF 和 JPEG 的特点，采用无损压缩方式来缩小文件的体积，提高图像的显示速度，并能保存图像的透明信息。

⑤TIFF 格式。TIFF 是一种应用非常广泛的图像文件格式，几乎所有的扫描仪和图像处理软件都支持它。TIFF 格式分为压缩和非压缩两大类。

⑥PSD 格式。PSD 是 Photoshop 专用的图像文件格式，可保存图层、通道等信息。其优点是保存的信息量多，便于修改图像；缺点是文件占用的存储空间较大。

⑦WMF 格式。WMF 是一种矢量图形文件格式，文件尺寸很小，可在 CorelDraw、Illustrator 等软件中使用。

⑧CDR 格式。CDR 是 CorelDraw 软件专用的文件格式，其他图形、图像编辑软件无法编辑此类文件。该文件格式可以同时保存矢量图形和位图对象，因而它是一种混合文件格式。

⑨AI 格式。AI 是 Illustrator 软件专用的矢量图形文件格式。

（2）常见的音频文件格式

音频文件格式是指在计算机中存储音频文件的方式，采用不同编码的音频文件，其在计算机中的存储格式、文件大小和音质也不相同。以下是一些常见的音频编码和格式。

①PCM 编码。PCM 即脉冲编码调制，指模拟音频信号经过采样、量化后直接形成数字音频信号，未经过任何压缩处理。PCM 编码音质好，但体积大。在计算机应用中，能够达到音频最高保真水平的就是 PCM 编码。例如：常见的 WAV 格式音频文件及 Audio CD 就采用了 PCM 编码。

②WAV 格式。基于 PCM 编码的 WAV 格式是音质最好的音频文件格式。在 Windows 平台中，几乎所有的音频软件都提供对它的支持。WAV 格式音质很高，因此它是音乐编辑创作的首选格式，适合保存音频素材，缺点是对存储空间需求太大，不便于保存和传播。

③MP3 格式。该格式使用 MP3（全称是 MPEG-1 Audio Layer 3）或 MP3Pro 编码技术。MP3 编码是目前最为普及的音频压缩编码，可以在 12：1 的压缩比下保持较高品质的音质；MP3Pro 编码是对传统 MP3 编码技术的一种改良，它最大的特点是在低码率下保持非常高的音质。MP3 格式的音频文件还支持流技术，可以在线播放。

④WMA 格式。WMA 是使用 Windows Media Audio 编码后的文件格式，由微软公司

开发,其压缩率一般可以达到 18∶1。WMA 格式支持防复制功能,可以限制播放时间和播放次数等,从而防止盗版;WMA 格式还支持流技术,可以在线播放。

⑤RealAudio 格式。RealAudio 是由 RealNetworks 公司推出的一种音频文件格式,它支持多种音频编码,最大的特点是可以实时传输音频信息,尤其是在网速较慢的情况下仍然可以较为流畅地传送数据,提供足够好的音质让用户能在线聆听,因此 RealAudio 主要适用于网络上的在线播放。

⑥APE 格式。该格式使用 APE 编码。APE 编码是一种无损音频编码,可以提供50%~70%的压缩比。

(3) 常见的视频文件格式

视频格式是指对编码后的视频流进行封装的方式。下面是一些常见的视频文件格式。

①AVI。AVI 是微软公司推出的视频格式,可用来封装多种编码的视频流。

②MKV。与 AVI 格式一样,可用来封装多种编码的视频流,被誉为万能封装器。

③MPG。MPG 是 MPEG 编码的默认文件格式。

④MOV。MOV 是苹果公司开发的音视频文件格式,常用来封装 QuickTime 编码的视频流,可以提供体积小、质量高的视频。

⑤WMV。WMV 是微软公司主推的一种网络视频格式,常用来封装采用 WMV、VC-1编码的视频流,具有很高的压缩比。

⑥RM/RMVB。RM/RMVB 用来封装采用 RealVideo 编码的音视频流,具有很高的压缩比,但多数视频编辑软件不支持 RealVideo 编码,需要转码才能使用。

⑦TS。TS 是一种高清视频封装格式,多见于原版的蓝光、HD DVD 转换的视频影片。

⑧MP4。MP4 格式目前被广泛应用于封装 H.264 视频和 ACC 音频。

⑨3GP。3GP 相当于 MP4 格式的简化版,但文件体积更小,是手机上经常使用的视频格式。

任务实施

格式工厂是一款国内开发的多媒体格式转换软件,可以实现大多数视频、音频以及图像不同格式之间的相互转换,并且可根据需要设置文件的输出配置。请利用格式工厂将AVI 格式的视频转换为 MP4 格式。

步骤 1:将格式工厂软件安装在计算机中后,打开其工作界面,如图 3-1 所示。

步骤 2:在工作界面的左侧单击“视频”选项中的“MP4”按钮,打开“MP4”对话框,单击“添加文件”按钮,在打开的对话框中选择要添加的文件,单击“打开”按钮将其添加,如图3-2 所示。

步骤 3:在“MP4”对话框中单击“输出配置”按钮,可在打开的“视频设置”对话框中设置输出视频的视频流、音频流和字幕等参数。此处保持默认参数不变。单击“MP4”对话框中的“确定”按钮,然后单击输出文件夹右侧的按钮,在打开的对话框中设置转换格式后的视频输出文件夹,单击“确定”按钮,完成设置。

步骤 4:如图 3-3 所示,单击“格式工厂”工作界面上方的“开始”按钮,开始转换视频的格式。等待一段时间,即可在选定的文件夹中生成转换格式后的视频文件。

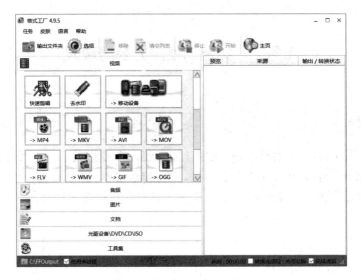

图 3-1 "格式工厂"工作界面

图 3-2 添加 AVI 格式转换文件

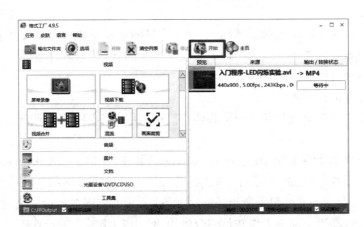

图 3-3 单击"开始"转换按钮

任务二　组建与使用办公局域网

任务分析

　　小金所在的部门有几十台计算机,领导让他组建一个小型的有线/无线混合局域网,以便共享彼此的资源,例如:共享文件和打印机,方便传送资料,协同办公。小金认为,要想完成这项任务,必须了解相关的网络知识,然后才能独立完成组建局域网。

任务目标

➤了解计算机网络基础知识。

➤了解计算机网络体系结构。

➤掌握 Internet 基础知识。

必备知识

1. 计算机网络概述

　　计算机网络是计算机科学技术与通信技术融合的产物,是计算机应用中的一个重要领域,它给人类的生活和工作带来了巨大的便利。如今,人们足不出户就可以在线预订酒店和火车票,进行生活缴费和话费充值,还可以实时查看股市行情并进行买卖交易,以及在电商平台购买家电、服装、日用品等,这些现代人习以为常的生活方式,全都离不开计算机网络的支持。

　　计算机网络是把分布在不同地点且具有独立功能的多台计算机,通过通信设备和通信线路连接起来,并通过功能完善的网络软件实现资源共享和信息传递的系统。计算机网络中各计算机之间的互连主要有两种方式:一种是有线方式,即通过双绞线、电话线和光纤等有形介质连接;另一种是无线方式,即通过微波等无形介质连接。

　　1)计算机网络的组成

　　计算机网络系统由网络硬件和网络软件两部分组成。

　　(1)网络硬件

　　网络硬件是计算机网络的物质基础,一个计算机网络就是通过网络设备和通信线路将不同地点的计算机及其外围设备在物理上实现连接。因此,网络硬件主要由可独立工作的计算机、网络设备和传输介质等组成。

　　①可独立工作的计算机

　　可独立工作的计算机是计算机网络的核心。根据用途不同,可将其分为服务器和网络工作站两种。

　　服务器一般由功能强大的计算机担任,如小型计算机、专用 PC 服务器或高档微机。它向网络用户提供服务,并负责对网络资源进行管理。一个计算机网络系统中可以有一台服务器,也可以有多台服务器。根据所担任的功能不同,又可将服务器分为文件服务器、通信服务器和打印服务器等。网络工作站是一台供用户使用网络的本地计算机。

工作站作为独立的计算机为用户服务,同时又可按照被授予的权限访问服务器。各工作站之间可相互通信,也可共享网络资源。

②网络设备

网络设备是构成计算机网络的部件,如网卡、调制解调器、中继器、网桥、交换机、路由器和网关等。独立工作的计算机可通过网络设备访问计算机网络中的其他计算机。

网卡:是计算机与传输介质的接口。一方面,它负责接收网络传过来的数据包,解包后将数据通过主板上的总线传输给本地计算机;另一方面,它将本地计算机的数据打包后送入网络。

调制解调器:是利用调制解调技术实现数字信号与模拟信号在通信过程中相互转换的设备。确切地说,调制解调器的主要工作是将数据设备送来的数字信号转换成能在模拟信道(如电话交换网)中传输的模拟信号。反之,它也能将来自模拟信道的模拟信号转换为数字信号。

中继器:是最简单的局域网延伸设备,其主要作用是放大传输介质上传输的信号,以便在网络上传输得更远。不同类型的局域网采用不同的中继器。

网桥:用于连接使用相同通信协议、传输介质和寻址方式的网络。

交换机:有多个端口,每个端口都具有桥接功能,可连接一个局域网或一台计算机。交换机的所有端口由专用处理器控制,并由控制总线转发信息。

路由器:用于连接局域网和广域网,有判断网络地址和选择路径的功能。其主要工作是为经过路由器的报文寻找一条最佳路径,并将数据传输到目的站点。

网关:不仅具有路由功能,还能实现不同网络协议之间的转换,并将数据重新分组后传输。

③传输介质

传输介质是网络通信使用的信号线路,它为数据信号传输提供了物理通道。传输介质按其特征可分为有线传输介质和无线传输介质两类。有线传输介质包括双绞线、同轴电缆和光缆等;无线传输介质包括无线电、微波和卫星通信等。它们具有不同的传输速率和传输距离,分别支持不同的网络类型。

(2)网络软件

①网络操作系统

网络操作系统是用于管理网络软硬件资源,提供简单网络管理功能的系统软件。常见的网络操作系统有 UNIX、Windows、Linux 等。

②网络通信协议

网络通信协议是网络中计算机交换信息时的约定,其规定了计算机在网络中互通信息的规则。

③提供网络服务功能的应用软件

提供网络服务功能的应用软件是指在网络环境中能够为用户提供各种服务的软件,如浏览器软件 Microsoft Edge、文件传输软件 CuteFTP、远程登录软件 Telnet、电子邮件管理软件 Foxmail、即时通信软件 QQ 和微信、下载工具软件迅雷等。

2)计算机网络的分类

(1)按覆盖范围分类

按照网络覆盖的地理范围大小,可以把计算机网络分为局域网、城域网和广域网,它们

的关系如图 3-4 所示

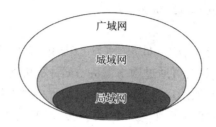

图 3-4　网络类型

①局域网(local area network,LAN):指覆盖范围比较小的计算机网络,如公司内部网络、校园网等。

②城域网(metropolitan area network,MAN):指介于局域网和广域网之间的高速网络,其覆盖的地理范围一般为几千米到几十千米,范围通常在一个城市内。

③广域网(wide area network,WAN):指覆盖广阔地理区域的网络,其覆盖的地理范围可以是一个国家、几个国家甚至于全球。

（2）按照拓扑结构分类

在计算机网络中,把主机、终端和交换机等网络单元抽象为"点",把网络中的电缆等通信介质抽象为"线",这样从拓扑学的观点看计算机网络系统,就形成点和线组成的几何图形,从而抽象出了计算机的网络结构。这种采用拓扑学方法抽象出的网络结构称为计算机网络拓扑结构。常见的网络拓扑结构主要有以下五大类,如图 3-5所示。

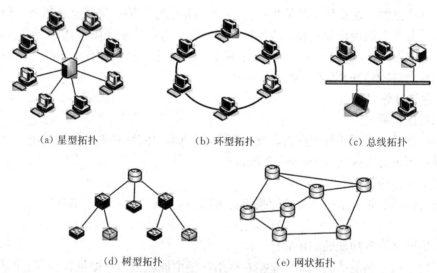

（a）星型拓扑　　　　　（b）环型拓扑　　　　　（c）总线拓扑

（d）树型拓扑　　　　　（e）网状拓扑

图 3-5　网络拓扑结构

①总线型网络

采用单条传输线路作为公共传输线路,支持双向传输。其优点是结构简单,布线容易,可靠性高,易于扩充,节点的故障不会殃及系统,适用于对实时性要求不高的局域网;缺点是出现故障后诊断困难,节点不宜过多。

②星型网络

是以中央节点为中心,把若干外围节点连接起来的辐射式互联结构网络。这种连接方式以双绞线或同轴电缆作为连接线路。其优点是结构简单,容易实现,便于维护和管理(现在常以交换机作为中心节点)。缺点是中心节点是全网络的可靠性瓶颈,中心节点出现故障会导致网络瘫痪。星型结构适用于局域网和广域网。

③环型网络

各个节点通过通信线路组成环状闭合线路,环中只允许沿一个方向传输数据。对于这种网络,信息在每台设备上的延迟时间是固定的,特别适合实时控制的局域网系统。其优点是结构简单,控制简便,结构对称性好,传输速率高。缺点是任意节点出现故障都会造成网络瘫痪。环型结构适用于对实时性要求较高的局域网。

④树型网络

它把星型网络和总线型网络结合起来,形状像一棵倒置的树,顶端有一个带分支的根,每个分支还可以延伸出子分支。

⑤网状型网络

将各网络节点与通信线路互连成不规则的形状,每个节点至少与其他两个节点相连,或者说每个节点至少有两条链路与其他节点相连。大型互联网一般都采用这种结构,如Internet 的主干网就采用网状结构。其优点是几乎每个节点都有冗余链路,可靠性高;可以选择最佳路径,减少时延,改善流量分配,提高网络性能。缺点是线路成本高,结构复杂,不易管理和维护。网状型结构适用于广域网。

2. 计算机网络体系结构

计算机网络体系结构是指为了实现计算机间的通信合作,把计算机互联的功能划分成有明确定义的层次,并规定同层次实体通信的协议及相邻层次之间的接口服务。简单地说,网络体系结构就是网络各层及其协议的集合。

(1) OSI/RM 参考模型

OSI/RM 参考模型是国际标准化组织(ISO)为网络通信制定的模型。根据网络通信的功能要求,它把通信过程分为七层,从低到高分别为物理层、数据链路层、网络层、传输层、会话层、表示层和应用层,如图 3-6 所示。

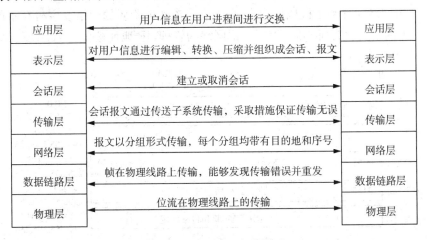

图 3-6 OSI/RM 参考模型

（2）TCP/IP 参考模型

TCP/IP 参考模型是 Internet 使用的参考模型。它将计算机网络划分为四个层次，从低到高分别为网络接口层、网络层、传输层和应用层，如图 3-7 所示。

图 3-7 TCP/IP 参考模型

①网络接口层。TCP/IP 参考模型的底层，面向硬件。

②网络层。处理来自传输层的分组，将分组装入数据包（IP 数据包），并为该数据包进行路径选择，最终将数据包从源主机发送到目的主机。在网络层中，最常用的协议是网际协议 IP，因此也称 IP 层。

③传输层。也称主机至主机层，与 OSI/RM 参考模型的传输层类似，它主要负责主机到主机之间的通信。该层定义了两个主要的协议：传输控制协议（TCP）和用户数据报协议（UDP）。

④应用层。是 TCP/IP 参考模型的最高层。它与 OSI/RM 参考模型中高三层的任务相同，都是用于提供网络服务，如 Web 服务、远程登录、文件传输和域名服务等。

3. IP 地址和域名

（1）IP 地址

当网络中的两台主机进行通信时，必须知道通信双方各自的地址，也就是 Internet 地址，即 IP 地址。IP 地址实际上是一种标识符，是 Internet 上主机的唯一标识。

根据 TCP/IP 协议规定，IP 地址由 32 位二进制数表示，如 11000000 00100000 11011000 00001011。为了方便记忆，可以将 IP 地址的 32 位二进制数进行分段，每段 8 位，然后将每段 8 位二进制数转换为相应的十进制数，中间用"．"号间隔，这种表示方式称为"点分十进制"。也就是说，上述 IP 地址可以表示为 192.32.216.11。

IP 地址由网络地址和主机地址构成，用于表示该地址所属的网络及主机在本网络中所处的位置。因网络规模有所不同，为了方便网络的管理，IP 地址被分为 A、B、C、D、E 五类，如图 3-8 所示。

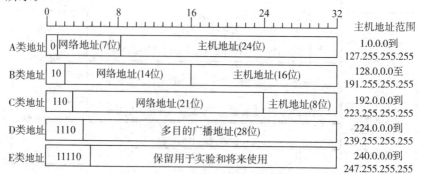

图 3-8 IP 地址的分类

（2）子网掩码

子网掩码又称为网络掩码、地址掩码，用来指明一个 IP 地址的哪些位标识的是主机所在的子网地址，以及哪些位标识的是主机地址。子网掩码不能单独存在，它必须结合 IP 地址一起使用。

子网掩码使用与 IP 地址相同的编址格式，即 32 位长度的二进制比特位，也可分为 4 个 8 位组，并采用点分十进制来表示。在子网掩码中，网络地址都取值为"1"，主机地址都取值为"0"。

（3）域名与域名解析

由于 IP 地址在使用过程中不方便记忆，人们又发明了一种与 IP 地址对应的字符来表示计算机在网络上的地址，这就是域名。Internet 上每一个网站都有自己的域名，并且域名是独一无二的。例如：百度搜索引擎的域名为"www. baidu. com"。

域名信息存放于域名服务器中，由域名服务器提供 IP 地址与域名的转换，这个转换过程称为域名解析。当用户在浏览器中输入域名后，该域名被传送给域名服务器，由域名服务器进行域名解析，即将域名转换为对应的 IP 地址，然后找到相应的服务器，打开相应的网页。

域名系统（domain name system，DNS）是分层次的，一般由主机名、机构名、机构类别与高层域名组成。域名从左到右构造，表示的区域范围从小到大，也就是后面的名字所表示的区域包含前面的名字所表示的区域。例如："econ. pku. edu. cn"域名中各个单词依次表示经济学院、北京大学、教育机构与中国，完整含义就是中国北京大学经济学院的主机。

互联网上的顶级域名分为两大类：一类是国家和特殊地区类，另一类是基本类。常见的互联网顶级域名如表 3-1 所示。

表 3-1　常见的互联网顶级域名

国家和特殊地区类		基本类	
域类	顶级域名	域类	顶级域名
中国	. cn	商业机构	. com
俄罗斯	. ru	政府部门	. gov
澳大利亚	. au	美国军事部门	. mil
韩国	. kr	非营利组织	. org
英国	. uk	网络信息服务组织	. info
法国	. fr	教育机构	. edu
日本	. jp	国际组织	. int
中国香港地区	. hk	网络组织	. net
中国台湾地区	. tw	商业	. biz
中国澳门地区	. mo	会计、律师和医生	. pro

任务实施

组建有线/无线混合局域网需要一台无线宽带路由器。此外,对于使用有线连接的计算机,还需要准备网线;对于使用无线连接的计算机,需要安装无线网卡(一般笔记本电脑都内置无线网卡,若没有,则需另行购买安装)。

组建有线/无线混合局域网的硬件连接如图 3-9 所示。

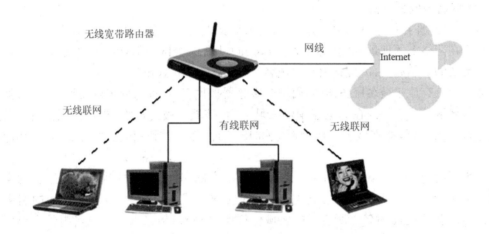

图 3-9 有线/无线混合局域网的硬件连接示意图

1. 有线部分的连接

步骤 1:将网线的一端插入使用有线连接的计算机网络接口,另一端插入无线宽带路由器的普通接口(LAN 接口)。

步骤 2:将无线宽带路由器的 WAN 接口与宽带服务商提供的网络接口连接。无线宽带路由器的传输范围是一个球体,通常所说的传输距离是这个球体的半径,因此把无线宽带路由器放置在房屋中间,让球体直径覆盖各个房间,此时传输效果最理想。

2. 设置计算机名称和工作组

步骤 1:右击桌面上的"此电脑"图标,在弹出的快捷菜单中选择"属性"选项,在打开的"系统"窗口中选择"重命名这台电脑"选项,如图 3-10 所示。

步骤 2:在"系统属性"对话框中,单击"更改"按钮,如图 3-11 所示。

步骤 3:弹出"计算机名/域更改"对话框,在"计算机名"编辑框中输入计算机名称,如输入使用者姓名的拼音(也可以使用汉字),在"工作组"编辑框中输入工作组名称,然后单击"确定"按钮,在后续打开的两个对话框中均单击"确定"按钮,如图 3-12 所示。

步骤 4:返回"系统属性"对话框,可看到计算机名称和工作组更改成功,单击"关闭"按钮,如图 3-13 所示。

步骤 5:打开如图 3-14 所示的对话框,单击"立即重新启动"按钮,系统会自动重启,应用设置。

步骤 6:使用相同的方法,为局域网中的其他计算机设置不同的名称和相同的工作组。

图 3-10 选择"重命名这台电脑"选项

图 3-11 单击"更改"按钮

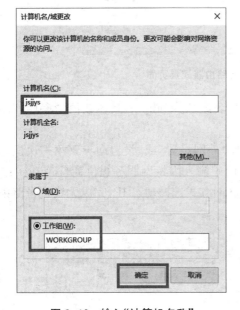

图 3-12 输入"计算机名称"

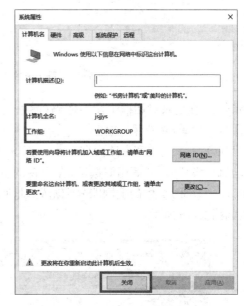

图 3-13 单击"关闭"按钮

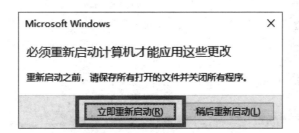

图 3-14 单击"立即重新启动"按钮

3. 配置无线宽带路由器

步骤 1：在局域网中任意一台有线连接的计算机中单击"开始"按钮，在打开的"开始"菜单中选择"Microsoft Edge"选项，打开 Microsoft Edge 浏览器，在地址栏中输入无线宽带路由器管理地址，本例为 192.168.0.1（具体数值请参照产品使用手册），按【Enter】键，打开登录对话框，如图 3-15 所示。

图 3-15　登录无线宽带路由器配置页面

步骤 2：在登录对话框中输入密码（此处用户名默认为 admin，具体数值请参照产品使用手册），然后单击"登录"按钮。

步骤 3：进入无线宽带路由器配置页面，选择"外网设置"或"设置向导"（第一次操作时会自动启动设置向导）等相似选项，在出现的页面中输入因特网服务提供商（internet service provider，ISP）提供的上网账号和密码，此处联网方式选择动态 IP，完成无线宽带路由器设置，如图 3-16 所示。

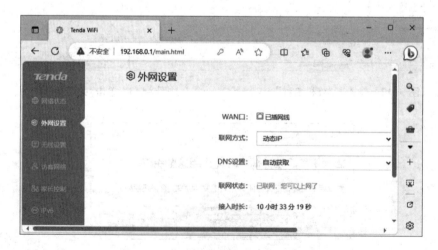

图 3-16　完成无线宽带路由器上网设置

步骤 4：单击无线设置，在出现的页面中设置无线参数。如图 3-17 所示输入无线名称和加密方式，本例选择"WPA/WPA2-PSK"，然后在"无线密码"编辑框中输入密码，无线开关、双频合一、隐藏网络保持默认设置。

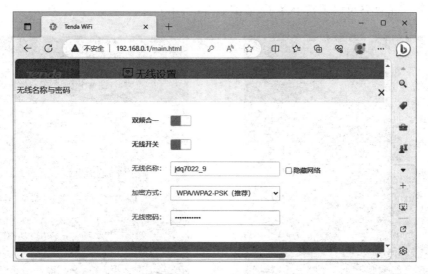

图 3-17　无线网络基本设置

步骤 5：单击系统设置下的局域网设置选项，可修改局域网的 IP 地址，管理 DHCP 服务器（动态获取 IP），手动配置 DNS 服务器地址，如图 3-18 所示。

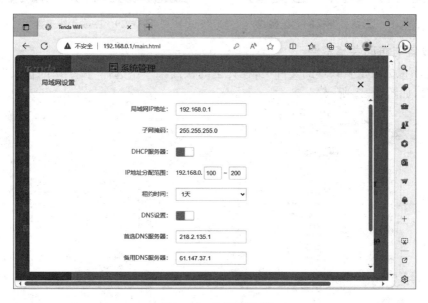

图 3-18　局域网设置

4. 连接无线局域网

加密无线局域网后，无线网卡就无法与无线宽带路由器正常连接了。要将安装有无线网卡的计算机连接到无线局域网，可执行如下操作。

步骤 1:单击桌面右下角的无线网卡工作状态图标 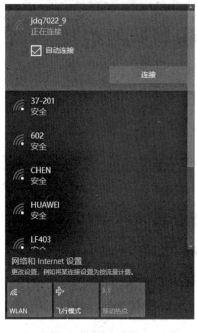,打开无线网络连接菜单,在其中选择要连接的无线网络名称,然后单击"连接"按钮,如图 3-19 所示。

步骤 2:在"输入网络安全密钥"编辑框中输入密钥后单击"下一步"按钮,计算机就连接到无线宽带路由器并可以正常上网了,如图 3-20 所示界面。

图 3-19　选择要连接的无线网络　　　　　图 3-20　完成无线连接

5. 设置与访问共享资源

步骤 1:鼠标右击要共享的文件夹,在弹出的快捷菜单中选择"授予访问权限"→"特定用户"选项,如图 3-21 所示。

图 3-21　选择"授予访问权限"|"特定用户"选项

步骤2:打开"网络访问"设置向导,在"选择要与其共享的用户"编辑框中输入可以访问该文件夹的用户名,或单击编辑框右侧的下拉按钮 ∨,在展开的下拉列表中进行选择,如图3-22,选择"Everyone"选项,表示所有用户都可以访问该文件夹,单击"添加"按钮,将所选用户添加到下方的允许访问列表中。

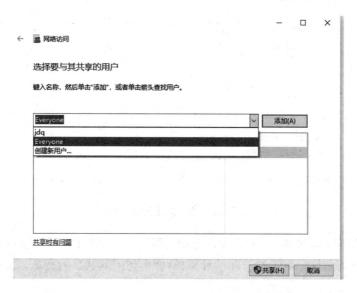

图3-22　添加可以访问共享文件夹的用户

步骤3:单击所添加用户"权限级别"右侧的下拉按钮▼,在展开的下拉列表中选择该用户的访问权限,如图3-23,然后单击"共享"按钮。

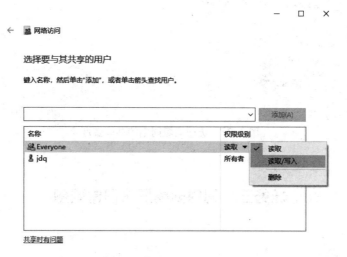

图3-23　设置用户对共享文件夹的访问权限

步骤4:显示完成文件夹共享界面,单击"完成"按钮,如图3-24所示。此时,其他用户就可以通过局域网来访问该文件夹了。

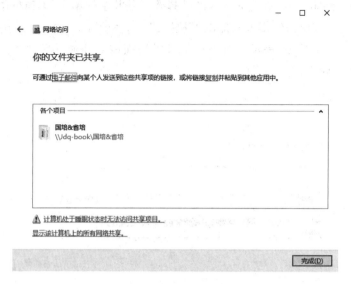

图 3-24　完成文件夹的共享

步骤 5：要访问共享资源，可双击桌面上的"网络"图标，打开"网络"窗口，即可看到局域网中所有计算机的名称。双击要访问的计算机，即可访问其共享的资源，如图 3-25 所示。

图 3-25　访问局域网中的共享资源

任务三　利用网络解决日常问题

 任务分析

计算机连接到 Internet 后，就可以利用 Internet 解决日常问题了，如查找和浏览所需信息，将查找到的有用资源收藏或下载，利用电子邮箱收发电子邮件……

本次任务需要我们认识和了解 Internet 的基本服务和基本概念，掌握使用搜索引擎搜索信息、从网上下载资源、收藏网页等基本操作技能。

任务目标

➤认识 Internet 与万维网。

➤了解 Internet 接入方式。

➤了解 Internet 提供的服务。

必备知识

Internet 上有丰富的信息资源,我们可以通过 Internet 方便地寻求各种信息。在 Internet 计算机存储的信息汇成了信息资源的大海洋。信息内容无所不包,有学科技术的各种专业信息,也有与大众日常工作与生活息息相关的信息;有严肃主题的信息,也有体育、娱乐、旅游、消遣和奇闻逸事一类的信息;有历史档案信息,也有现实世界的信息;有知识性和教育性的信息,也有消息和新闻的传媒信息;有学术、教育、产业和文化方面的信息,也有经济、金融和商业信息等。信息的载体涉及几乎所有媒体,如文档、表格、图形、影像、声音以及它们的合成。信息容量小到几行字符,大到一个图书馆。信息分布在世界各地的计算机上,以各种可能的形式存在,如文件、数据库、公告牌、目录文档和超文本文档等,而且这些信息还在不断地更新和变化。可以说,这里是一个取之不尽用之不竭的大宝库。

1. Internet 概述

Internet 又称因特网,始于 1969 年的美国 ARPANET,后来成为连接高等院校计算机的学术系统,现已经发展成为覆盖全球的开放型计算机网络系统。

1994 年 4 月,我国正式接入 Internet。目前我国最大的、拥有国际线路出口的主干网络包括中国教育和科研计算机网、中国科技网、中国公用计算机互联网和中国金桥网。负责管理我国 Internet 域名注册的机构是中国互联网络信息中心(CNNIC),设立在中国科技网的网络中心。

2. Internet 接入方式

Internet 服务商(简称 ISP)是专门为用户提供 Internet 服务的公司或个人,用户可以借助 ISP,通过电话线、局域网、无线等多种方式将计算机接入 Internet。

(1)利用公共电话网接入

利用一条可以连接 ISP 的电话线、一个账号和调制解调器拨号接入。其优点是简单、成本低廉;缺点是传输速度慢,一般在 56 kbps 左右,线路可靠性差,影响电话通信,随着宽带的发展和普及,这种接入方式已逐步被淘汰。

(2)综合业务数字网(integrated service digital network,ISDN)

窄带 ISDN 以公共电话网为基础,采用同步时分多路复用技术。它由电话综合数字网演变而来,向用户提供端到端的连接,支持一切话音、数字、图像、传真等业务。虽然采用电话线路作为通信介质,但它并不影响正常的电话通信。而宽带 ISDN(B-ISDN)是以光纤干线为传输介质的,使用异步传输通信模式(asynchronous transfer mode,ATM)技术。

(3)DDN 专线

专线的使用是被用户独占的,费用很高,有较高的速率,有固定的 IP 地址,线路运行可靠,连接是永久的。

（4）非对称数字用户线路（asymmetric digital subscriber line，ADSL）

ADSL 是以普通电话线路作为传输介质,在双绞线上实现上行高达 640 kbps～1 Mbps 的传输速度,下行高达 1～8 Mbps 的传输速度,其有效的传输距离在 3～5 km 范围以内,只需在线路两端加装 ADSL 设备,就可获得 ADSL 提供的宽带服务。

（5）有线电视网（cable MODEM）

有线电视网遍布全国,许多地方提供 cable MODEM 接入互联网方式,速率可达 10 Mbps 以上。但是 cable MODEM 是共享带宽的,在繁忙时段会出现速率下降的现象。

（6）光纤接入（FDDI）

利用光纤电缆兴建的高速城域网,主干网络速率很高,并提供宽带接入。光纤可铺设到用户的路边或楼前,可以以 1 000 Mbps 以上的速率接入。

（7）移动通信接入

2024 年主流为第五代通信技术（简称 5G）,5G 速率的下行峰值速率能达到 500 Mbps 及以上,最高的下载速率能达到 1 Gbps,最高的上行速率约为 100 Mbps,是一种具有高速率、低时延和大连接等特点的新一代宽带移动通信技术,它实现了前所未有的网络速度和响应速度,为远程医疗、自动驾驶、智能制造等领域提供了坚实的技术支持。5G 通信设施是实现人机物互联的网络基础设施,其应用已经深入社会的各个方面,成为当前通信技术的主流。

3. Internet 提供的服务

（1）信息浏览 WWW

WWW（world wide web）称为"万维网",又称为全球信息网。它将世界各地信息资源以超文本或超媒体的形式组织成一个巨大的信息网络,是一个全球性的分布式信息系统,用户只要使用 Web 浏览器,就可以随心所欲地在万维网中漫游,获取感兴趣的信息。WWW 信息服务是目前使用最普遍、最受欢迎的服务形式。

（2）文件传输服务

文件传输是指在两台主机之间以文件为单位传输信息,从而实现资源共享的服务方式。最常用的文件传输协议是 FTP（file transfer protocol）,所以文件传输常常被直接称为 FTP。

目前,常见的 FTP 下载工具有 CuteFTP,LeapFTP,AceFTP 等。这些下载工具既可用于文件的下载,也可用于文件的上传。许多 FTP 下载工具具有断点续传功能,即当网络连接意外中断时,正在传输的文件的中断点会被保留起来,再次连接后可从文件的断点处继续传输。许多 FTP 下载工具还可以同时建立多个数据连接,同时传输多个文件,或把一个文件分成几部分同时传输,从而提高传输效率。

（3）远程登录服务

远程登录是指在 Telnet 协议的支持下,使用远距离的计算机系统就像使用本地计算机系统一样。远端的计算机可以在同一间屋子里,也可以远在数千米之外。它在接到远程登录的请求后,就试图把你所在的计算机同远端计算机连接起来。一旦连通,你的计算机就成为远端计算机的终端。你可以正式登录（login）进入系统成为合法用户,执行操作命令,提交作业,使用系统资源。

（4）电子邮件服务

在 Internet 上，电子邮件或称为 E-mail 系统是使用最多的网络通信工具，E-mail 已成为备受欢迎的通信方式。你可以通过 E-mail 系统同世界上任何地方的朋友交换电子邮件。不论对方在哪个地方，只要连入 Internet，发送的信只需要几分钟的时间就可以到达对方的邮箱中。

4. 万维网

万维网可以让 Web 客户端（常用浏览器）访问浏览 Web 服务器上的页面。Web 是一个由许多互相链接的超文本组成的系统，通过互联网进行访问。在这个系统中，每个有用的事物，称为"资源"，并且由一个全局"统一资源定位器"（uniform resource locator，URL）标识；这些资源通过超文本传输协议（hypertext transfer protocol，HTTP）协议传送给用户，而后者通过点击链接来获得资源。

万维网是 Internet 的一部分，它基于以下三个机制向用户提供资源。

（1）协议

万维网通过 HTTP 向用户提供多媒体信息。HTTP 协议采用请求/响应模型，详细规定了浏览器和万维网服务器之间互相通信的规则。

（2）URL 地址

万维网采用 URL 来标识 Web 上的页面和资源。URL 由通信协议、与之通信的主机（服务器）、服务器上资源的路径（如文件名）三部分组成。URL 是世界通用的负责给万维网资源定位的系统。URL 的格式为"通信协议://IP 地址或域名/路径/文件名"。如 https://www.jatc.edu.cn/817/list.htm 是访问江苏航空职业技术学院的 URL，其中的"https"是通信协议，"://"是分隔符，"www.jatc.edu.cn"是江苏航院的 Web 服务器的域名地址，"/817"是路径，"list.htm"是文件名。

（3）超文本标记语言（hyper text markup language，HTML）

超文本标记语言用于创建网页文档，新版本 HTML5 于 2016 年推出。HTML 文档是使用 HTML 标记和元素创建的，此类文件以扩展名 htm 或 html 保存在 Web 服务器上。

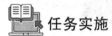 **任务实施**

1. 使用搜索引擎搜索信息

步骤 1：在"开始"菜单中选择"Microsoft Edge"选项，打开 Microsoft Edge 浏览器，在地址栏中输入百度搜索引擎网址"www.baidu.com"，按【Enter】键打开百度主页。

步骤 2：在搜索框中输入与要查找的信息相关的关键词，如"如何选购笔记本电脑"，然后单击"百度一下"按钮，即可搜索出与选购笔记本相关的一些网页，如图 3-26 所示。

步骤 3：找到自己感兴趣的超链接并单击，打开相关网站的页面，该页面可能是包含具体内容的网页，也可能还需要在该页面中继续单击相关超链接来查看具体内容。

2. 从网上下载资源

步骤 1：打开资源的下载页面。例如：要下载 360 杀毒软件，可打开 Microsoft Edge 浏览器，然后在百度主页输入关键词"360 杀毒"，按【Enter】键，如图 3-27 所示。

图 3-26　搜索出与关键词相关的网页

图 3-27　关键词搜索结果

步骤 2：单击软件的某个下载链接，然后在打开的页面中单击"360 杀毒 Pro"按钮（图 3-28），进入下载。

步骤 3：在软件下载页面的右上角会自动显示下载快捷菜单，显示下载进度，单击文件夹图标，可以打开下载文件所在位置，如图 3-29 所示。

步骤 4：或者鼠标右击"360 杀毒 Pro"按钮打开"另存为"对话框，选择下载文件的保存位置，单击"保存"按钮，如图 3-30 所示。

图 3-28 单击"360 杀毒 Pro"按钮

图 3-29 下载快捷菜单

图 3-30 下载文件位置

3．保存网页中的信息

要保存网页或网页中的文本和图片，可执行如下操作。

步骤1：保存网页。在 Microsoft Edge 页面鼠标右键，选择"另存为"，在弹出的对话框选择保存类型，输入文件名即可，如图3-31所示。

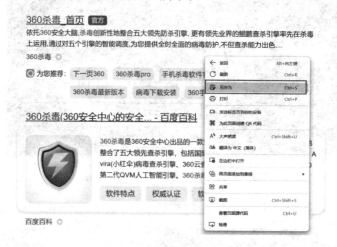

图3-31　保存网页1

或者单击页面右上角小三点，选择更多工具下的将页面另存为选项，同样在弹出的对话框选择保存类型，输入文件名，如图3-32所示。

图3-32　保存网页2

步骤2：保存文本。①利用与在 Word 中选择文本相同的方法，选择需要保存的网页文本，然后右击所选文本，在弹出的快捷菜单中选择"复制"选项（或直接按【Ctrl＋C】组合键）。②打开记事本或 Word 程序，按【Ctrl＋V】组合键，将文本粘贴到记事本或 Word 文档中。③按【Ctrl＋S】组合键，在打开的对话框中设置保存选项保存文件（与保存 Word 文件方法相同）。

步骤3：保存图片。在要保存的图片上鼠标右击，在弹出的快捷菜单中选择"将图片另存为"选项，打开"另存为"对话框，选择图片的保存位置，输入图片名称，最后单击"保存"按钮。

4. 收藏网页

浏览器提供的收藏夹可用于收藏自己喜欢的或常用的网页网址。要把喜欢的网页添加到收藏夹中，可执行如下操作。

步骤 1：打开要收藏的网页，然后单击"将此页面添加到收藏夹"按钮☆，在展开的下拉列表的"名称"编辑框中输入网页名称（也可保持默认），单击"完成"按钮，可将网页保存到收藏夹栏中，如图 3-33 所示。

图 3-33　收藏网页

步骤 2：如果要将网页收藏到其他位置，可单击"更多"按钮，打开"编辑收藏夹"对话框，从中单击"新建文件夹"按钮，输入新文件夹名后单击"保存"按钮，将网页收藏到新创建的文件夹中。

若要打开收藏的网页，可单击"收藏夹"按钮☆，在展开的下拉列表中单击"收藏夹"列表中收藏的网页链接即可，如图 3-34 所示。

图 3-34　打开收藏的网页

任务四　收发电子邮件

任务分析

电子邮件又称 E-mail,是指通过 Internet 传递的邮件。与传统邮件相比,电子邮件具有速度快、成本低、使用方便等优点,利用它可以发送文本、图片和动画等内容。

在本次任务中,我们将学习如何申请并登录邮箱,以及收发电子邮件的方法。

任务目标

➢认识邮件地址。

➢掌握申请电子邮箱的方法。

➢收发电子邮件。

必备知识

1. 电子邮件的工作原理

在 Internet 上,每一个电子邮件用户拥有的电子邮件地址称为 E-mail 地址,它具有统一格式:用户名@电子邮件服务器名。其中,邮件地址格式中的@符号,表示"at";用户名是用户在向互联网服务提供商(internet service provider,ISP)申请注册时获得的;@符号后面是存放邮件用的计算机主机域名。例如:某用户在 ISP 处申请了一个电子邮件账号 Zhangsan55,该账号是建立在邮件服务器 163. com 上的,则电子邮件地址为 Zhangsan55@163. com。用户名区分字母大小写,主机域名不区分字母大小写。E-mail 的使用并不要求用户与注册的主机域名在同一地区。

2. 使用 163 邮箱收发电子邮件

(1)申请电子邮箱

打开 Edge 浏览器,在地址栏输入 http://mail. 163. com/,然后按【Enter】键,进入 163 电子邮箱注册界面,如图 3-35 所示。单击"注册"按钮,在打开的网页中按照提示输入合法的用户名。

(2)收发电子邮件

注册好的 163 邮箱,用户既可以采用 Web 方式来收发邮件,也可以使用邮件客户端来收发邮件,如 OutLook 2016。第 1 次用邮件客户端收发邮件时需要进行邮件协议的配置,其中接收电子邮件的常用协议是 POP3 和 IMAP,发送电子邮件的常用协议是 SMTP,本书采用 Web 方式来介绍邮件的收发。

用户首先在 Edge 浏览器地址栏输入 http://mail. 163. com,在登录窗口填写好自己的用户名和密码,单击"登录"按钮,便可登录到图 3-36 所示界面。

图 3-35　电子邮箱注册

图 3-36　Web 邮箱登录界面

①邮件的接收

在登录电子邮箱界面后，可以在"首页"看到未读邮件的个数，单击"收件箱"按钮，如图 3-37 所示，可查看字体被加粗标记的未读邮件。

可直接用鼠标单击邮件主题阅读邮件，选择"附件"按钮，可打包下载附件，如图 3-38 所示。

图 3-37　查看电子邮件

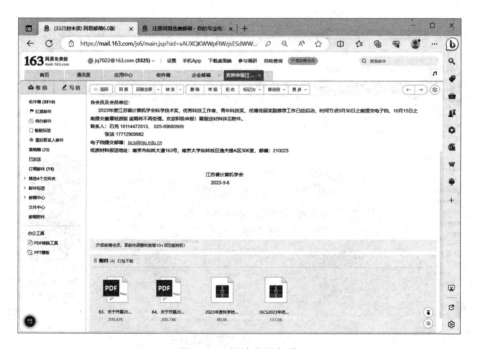

图 3-38　阅读电子邮件

②邮件的发送

单击登录界面左上角的"写信"按钮,在收信人栏内填入对方的邮箱地址,输入信件的主题,在正文中输入邮件内容。如果需要添加附件,如照片、文档等,单击"添加附件"按钮,在打开的对话框中选择要添加的文件即可。单击"发送"按钮,就可以将邮件发送到指定的地址,如图 3-39 所示。

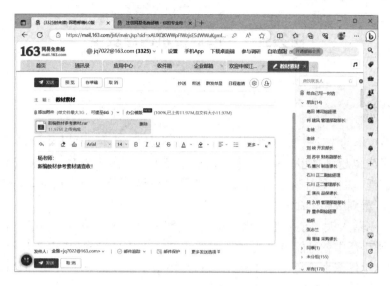

图 3-39 发送电子邮件

📖 **任务实施**

给邮件地址 303567370@qq.com 发送一封邮件,主题为"寻求帮助",正文内容为:"老师,你好,有没有全国计算机一级考试模拟盘,有的话,请发一份给我,谢谢!"插入一张"小黑课堂计算机一级 Office 题库"图片作为附件,并抄送给 jq7022@163.com。

步骤 1:浏览器地址栏输入 http://mail.qq.com,在登录窗口中填写自己的用户名和密码,登录到自己的邮箱。

步骤 2:单击"写信"按钮,在页面内分别输入收件人地址、抄送人地址、添加附件、主题和正文,如图 3-40 所示。

步骤 3:单击"发送"按钮,出现已发送页面,完成邮件的发送。

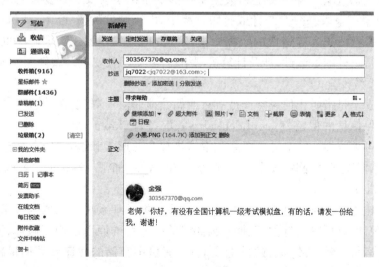

图 3-40 使用 QQ 邮箱发送邮件

任务五　了解计算机信息安全

 **任务分析**

随着科学技术的飞速发展,我们当今的生活越来越便利,但与此同时,我们在个人信息安全方面的隐患也越来越多。如今,个人信息已经不再局限于姓名、年龄、家庭地址等,而是变得更加广泛,如各种社交账号、密码、网购及通信等。泄露个人信息,轻则造成自身经济利益的损失,重则威胁生命安全。

小童作为刚踏入大学校园的一名大学生,心智思想还不够成熟,无法准确识别信息安全隐患,在日常生活中就可能有意无意泄露个人甚至国家的信息,以至于给社会带来严重后果。因此,本次任务主要是帮助小童了解和掌握信息安全的基础知识和技能,理解计算机病毒的危害及其防范措施。

 **任务目标**

➤理解信息安全的相关概念。
➤了解信息安全的法律法规。
➤认识计算机病毒及其防范。

 **必备知识**

1. 理解信息安全的基本概念

信息安全包括信息本身的安全即数据的安全和信息系统的安全两方面内容。

（1）数据安全

数据安全包括数据本身的安全和数据防护的安全两层含义。数据本身的安全是指如何有效防止数据在录入、处理、统计或打印过程中,由于硬件故障、断电、死机、人为的误操作、程序缺陷、病毒或黑客等造成的数据库损坏或数据丢失现象。数据防护的安全是指数据库在系统运行之外的可读性,涉及计算机网络通信的保密、安全及软件保护等问题。

（2）信息系统安全

信息系统安全是指防止信息资产被故意或偶然地非法泄露、更改、破坏,或信息被非法辨识、控制,确保信息的保密性（confidentiality）、完整性（integrity）、可用性（available）、可控性、真实性、可审查性。针对计算机系统中信息存在的形式和运行特点,信息安全包括操作系统安全、数据库安全、网络安全、病毒防护、访问控制、加密与鉴别七个方面。

（3）计算机安全

国际标准化委员会对计算机安全的定义是"为数据处理系统所采取的技术的和管理的安全保护,保护计算机硬件、软件、数据不因偶然的或恶意的原因而遭到破坏、更改和泄露,系统连续正常运行。"随着计算机硬件的发展,计算机中存储的程序和数据量越来越大,如何保障存储在计算机中的数据不丢失,是任何计算机应用部门需要首先考虑的问题。

（4）我国有关信息安全的法律法规

近年来，中国政府加强了对网络安全、数据安全和个人信息保护的监管。自 2016 年以来，有三部重要的法律（以下简称"三大基本法"）相继颁布，使相关领域的法律监管有据可循。

①《中华人民共和国网络安全法》（"网安法"）

②《中华人民共和国数据安全法》（"数安法"）

③《中华人民共和国个人信息保护法》（"个保法"）

2. 计算机病毒与预防管理

（1）计算机病毒的概念

计算机病毒是一种人为编制的特殊程序，或普通程序中的一段特殊代码，它的功能是影响计算机的正常运行、毁坏计算机中的数据或窃取用户的账号、密码等。

在大多数情况下，计算机病毒不是独立存在的，而是依附（寄生）在其他计算机文件中。由于它像生物病毒一样，具有传染性、破坏性并能够进行自我复制，因此被称为病毒。

（2）计算机病毒的特点

①寄生性

在大多数情况下，计算机病毒不是独立存在的，而是依附（寄生）在其他计算机文件中。当执行这个程序时，病毒就起破坏作用，而在未启动这个程序之前，它是不易被人发觉的。

②破坏性

计算机病毒发作时，轻则占用系统资源，影响计算机运行速度；严重的甚至会删除、破坏和盗取用户计算机中的重要数据，或损坏计算机硬件等。

③传染性

传染性是计算机病毒的基本特征。计算机病毒会进行自我复制，并通过各种渠道（如移动 U 盘、网络等）传染计算机。

④隐蔽性

计算机病毒具有很强的隐蔽性，它通常寄生在正常的程序之中，或使用正常的文件图标来伪装自己，如伪装成图片、文档或注册表文件等，从而使用户不易发觉。但当用户执行病毒寄生的程序，或打开病毒伪装成的文件等时，病毒就会运行，对用户的计算机造成破坏。

⑤潜伏性

计算机感染病毒后，病毒一般不会马上发作，而是潜伏在计算机中，继续进行传播而不被发现。当外界条件满足病毒发生的条件时，病毒才开始破坏活动。例如："愚人节"病毒的发作条件是愚人节，即每年的 4 月 1 日。

⑥可触发性

因某个事件或数值的出现，诱使病毒实施感染或进行攻击的特性称为可触发性，为了隐蔽自己，病毒必须潜伏，少做动作。

（3）计算机病毒的分类

按破坏程度分类，可分为以下几种。

①良性病毒。只对系统的正常工作进行干扰，但不破坏磁盘数据和文件。

②恶性病毒。删除和破坏磁盘数据和文件内容，使系统处于瘫痪状态。

按病毒所依附的媒体类型分类,可分为以下几种。

①网络病毒。通过计算机网络传播和感染网络中的可执行文件。

②文件病毒。感染计算机中的文件(如 COM、EXE、DOC 等文件)。

③引导型病毒。感染启动扇区(boot)和硬盘的系统引导扇区(master boot record,MBR)。

按病毒特有的算法分类,可分为以下几种。

①伴随型病毒。这类病毒并不改变文件本身,它们根据算法产生 EXE 文件的伴随体,具有同样的名字和不同的扩展名(通常是 COM)。

②蠕虫型病毒。通过计算机网络传播,不改变文件和资料信息,利用网络从一台机器的内存传播到其他机器的内存,通过计算网络地址,将自身的病毒通过网络发送。

③寄生型病毒。除了伴随和蠕虫型病毒外,其他病毒均可称为寄生型病毒,它们依附在系统的引导扇区或文件中,通过系统的功能进行传播。

(4)计算机感染病毒的表现

计算机感染了病毒后,以下表现最为常见。

①计算机系统的运行速度明显变慢。

②计算机经常无缘无故地死机或重新启动。

③硬盘中的文件丢失或被损坏。

④文件无法正确读取、复制或打开。

⑤之前能正常运行的软件经常发生内存不足的错误,甚至卡死。

⑥打开某网页后弹出大量的对话框。

⑦出现异常对话框,要求用户输入密码。

⑧显示器屏幕出现花屏、奇怪的信息或图像。

⑨浏览器自动链接到一些陌生的网站。

(5)计算机病毒的传播和预防

①计算机病毒主要通过移动存储设备(如移动硬盘、U 盘和光盘)、局域网和 Internet(如网页、邮件附件、从网上下载的文件)等途径传播。因此,要预防计算机病毒,除了要加强计算机自身的防护功能外,还应养成良好的使用计算机和上网习惯。

②慎用移动存储设备或光盘。对外来的移动存储设备或光盘等要进行病毒检测,确认无毒后再使用。对执行重要工作的计算机最好专机专用,不用外来的存储设备。

③文件来源要可靠。慎用从 Internet 上下载的文件,因为这些文件可能感染病毒。

④安装操作系统补丁程序。许多病毒都是利用操作系统的漏洞入侵的,因此,应及时下载相关补丁来修复漏洞。目前,许多安全软件都带有系统漏洞修复功能。

⑤安装杀毒软件。利用杀毒软件的病毒防火墙可以防范病毒入侵。当计算机感染病毒后,还可以使用杀毒软件查杀病毒。

⑥养成良好的上网习惯。不打开来历不明的电子邮件附件,不浏览来历不明的网页,不从不知名的站点下载软件。使用 QQ 等聊天工具聊天时,不轻易接收别人发来的文件,不轻易打开聊天窗口中的网址等。

任务实施

掌握启用 Windows 10 防火墙方法。

步骤 1：双击桌面上的"控制面板"图标，打开"控制面板"窗口，选择"系统和安全"选项，如图 3-41 所示。

图 3-41 选择"系统和安全"选项

步骤 2：打开"系统和安全"窗口，选择"Windows Defender 防火墙"选项，如图 3-42 所示。

图 3-42 选择"Windows Defender 防火墙"选项

步骤 3：打开"Windows Defender 防火墙"窗口，从中可以看到防火墙的状态，选择左侧窗格中的"启用或关闭 Windows Defender 防火墙"选项，如图 3-43 所示。

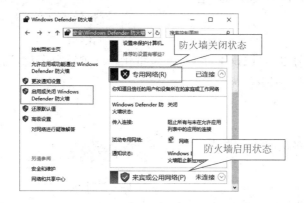

图 3-43 选择"启用或关闭 Windows Defender 防火墙"选项

步骤4:打开"自定义设置"窗口,选中"启用 Windows Defender 防火墙"单选钮,单击"确定"按钮,即可启用防火墙,如图 3-44 所示。

图 3-44　启用 Windows Defender 防火墙

 项目总结

本项目主要学习了个人计算机的使用与维护的有关知识。学完本项目后,读者应重点掌握以下知识:

➢掌握多媒体技术的基本概念和特征,多媒体的应用领域。

➢掌握组建无线/有线混合局域网的方法,并能设置和访问共享资源。

➢掌握浏览网页,使用搜索引擎检索网上信息及从网上下载资源等的方法。

➢掌握申请电子邮箱及收发电子邮件的方法。

➢掌握信息安全的基本概念,我国有关信息安全的法律法规,计算机病毒与预防管理。

 项目练习

单选题

1. 以.avi 为扩展名的文件通常是(　　)。

A. 文本文件　　　　　　　　　　　B. 音频信号文件

C. 图像文件　　　　　　　　　　　D. 视频信号文件

2. 若对音频信号以 10 kHz 采样率、16 位量化精度进行数字化,则每分钟的双声道数字化声音信号产生的数据量约为(　　)。

A. 1.2 MB　　　　　　　　　　　B. 1.6 MB

C. 2.4 MB　　　　　　　　　　　D. 4.8 MB

3. 下列不属于多媒体特点的是(　　)。

A. 模拟信号　　　　　　　　　　　B. 集成性

C. 交互性　　　　　　　　　　　　D. 实时性

4. 下列选项不属于"计算机安全设置"的是(　　)。

A. 定期备份重要数据　　　　　　　B. 不下载来路不明的软件及程序

C. 停掉 Guest 账号　　　　　　　　D. 安装杀(防)毒软件

5. 计算机感染病毒的可能途径之一是( )。

A. 从键盘上输入数据

B. 随意运行外来的、未经杀病毒软件严格审查的 U 盘上的软件

C. 所使用的光盘表面不清洁

D. 电源不稳定

6. 造成计算机中存储数据丢失的原因主要是( )。

A. 病毒侵蚀、人为窃取　　　　　　B. 计算机电磁辐射

C. 计算机存储器硬件损坏　　　　　D. 以上全部

7. 随着 Internet 的发展,越来越多的计算机感染病毒的可能途径之一是( )。

A. 从键盘上输入数据

B. 通过电源线

C. 所使用的光盘表面不清洁

D. 通过 Internet 的 E-mail,附着在电子邮件的信息中

8. 下列属于计算机病毒特征的是( )。

A. 模糊性　　　　　　　　　　　　B. 高速性

C. 传染性　　　　　　　　　　　　D. 危急性

9. 计算机网络分为局域网、城域网和广域网,下列属于局域网的是( )。

A. ChinaDDN 网　　　　　　　　　B. Novell 网

C. Chinanet 网　　　　　　　　　　D. Internet

10. 局域网硬件中主要包括工作站、网络适配器、传输介质和( )。

A. MODEM　　　　　　　　　　　B. 交换机

C. 打印机　　　　　　　　　　　　D. 中继站

11. 一般而言,Internet 环境中的防火墙建立在( )。

A. 每个子网的内部　　　　　　　　B. 内部子网之间

C. 内部网络与外部网络的交叉点　　D. 以上 3 个都不对

12. 因特网属于( )

A. 万维网　　　　　　　　　　　　B. 广域网

C. 城域网　　　　　　　　　　　　D. 局域网

13. 以太网的拓扑结构是( )。

A. 星型　　　　　　　　　　　　　B. 总线型

C. 环型　　　　　　　　　　　　　D. 树型

14. 下列关于因特网上收/发电子邮件优点的描述中,错误的是( )。

A. 不受时间和地域的限制,只要能接入因特网,就能收发电子邮件

B. 方便、快速

C. 费用低廉

D. 收件人必须在原电子邮箱申请地接收电子邮件

15. 下列各项中,正确的电子邮箱地址是( )。

A. L202@sina.com　　　　　　　　B. TT202♯yahoo.com

C. A112.256.23.8　　　　　　　　　D. K201yahoo.com.cn

16. 上网需要在计算机上安装（　　　）。

   A. 数据库管理软件　　　　　　　　　　B. 视频播放软件

   C. 浏览器软件　　　　　　　　　　　　D. 网络游戏软件

17. Internet 提供的最常用、便捷的通信服务是（　　　）。

   A. 文件传输（FTP）　　　　　　　　　　B. 远程登录（Telnet）

   C. 电子邮件（E-mail）　　　　　　　　　D. 万维网（WWW）

18. HTML 的正式名称是（　　　）。

   A. Internet 编程语言　　　　　　　　　　B. 超文本标记语言

   C. 主页制作语言　　　　　　　　　　　D. WWW 编程语言

19. 下列各项中，非法的 Internet 的 IP 地址是（　　　）。

   A. 202.96.12.14　　　　　　　　　　　B. 202.196.2.140

   C. 112.256.23.8　　　　　　　　　　　D. 201.124.38.79

20. IPv4 地址和 IPv6 地址的位数分别为（　　　）。

   A. 4，6　　　　　　　　　　　　　　　B. 8，16

   C. 16，24　　　　　　　　　　　　　　D. 32，128

21. Internet 中，用于实现域名和 IP 地址转换的是（　　　）。

   A. SMTP　　　　　　　　　　　　　　B. DNS

   C. FTP　　　　　　　　　　　　　　　D. HTTP

22. Internet 网中不同网络和不同计算机相互通信的基础是（　　　）。

   A. ATM　　　　　　　　　　　　　　B. TCP/IP

   C. Novell　　　　　　　　　　　　　　D. X.25

23. 局域网中，提供并管理共享资源的计算机称为（　　　）。

   A. 网桥　　　　　　　　　　　　　　　B. 网关

   C. 服务器　　　　　　　　　　　　　　D. 工作站

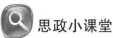 思政小课堂

   2018 年 3 月 17 日，媒体曝光美国知名社交软件 Facebook 上超 5 000 万用户信息在用户不知情的情况下，被政治数据公司"剑桥分析"获取并利用。"剑桥分析"公司通过向用户精准投放广告，影响用户的自主判断能力，从而帮助 2016 年特朗普团队竞选美国总统。2018 年 9 月 27 日，Facebook 宣称发现网站代码中有一个 View As 功能存在安全漏洞，利用该漏洞，黑客收集了 2 900 万个账户的个人信息。目前该漏洞已经被修复。

   2019 年 3 月 7 日，委内瑞拉国内最大的水电站遭受黑客的恶意攻击，包括首都加拉加斯在内的 23 个州中约有 22 个州都出现了断电现象。断电持续了整整 4 天，给整个国家造成了巨大的经济损失。

   学完本单元后，你对上述事件有何想法？你在购买、安装、使用计算机设备时是否考虑过信息安全方面的因素？作为大学生，怎样培养自己的信息安全素养？

单元二
Windows 10 操作系统

项目四 定制个性化工作环境

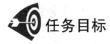 **项目描述**

计算机已逐渐深入的人们的工作与生活中，1980 年，国际商用计算机公司（IBM）推出基于 Intel 公司 CPU 和微软公司 MS-DOS 操作系统的个人计算机，并制定了 PC/AT 个人计算机规范。在现在操作系统市场，Windows 操作系统占据较大份额，Windows 操作系统是基于图形界面的操作系统，用户界面直观、形象，操作方法简单，深受用户喜欢。本项目具体通过以下三个任务完成。

任务一 初识 Windows 10
任务二 管理文件与文件夹
任务三 设置个性化工作桌面

任务一 初识 Windows 10

任务分析

Windows 10 操作系统是微软公司继 Windows 7 操作系统之后推出的 Windows 操作系统版本，本次任务主要介绍 Windows 操作系统的用户界面的基本操作。

任务目标

➢熟悉 Windows 操作系统的基本概念和常用术语，如桌面、文件、文件夹、扩展名等。
➢掌握 Windows 操作系统的基本操作和应用。

必备知识

1. 认识桌面图标

桌面是 Windows 操作系统与用户之间的沟通的桥梁，几乎所有的操作都是在桌面上完成的。Windows 10 的桌面有许多全新的改进，如外观、特效、增强的任务栏等，提高了操作效率,改善了用户体验。启动 Windows 10 之后,屏幕上显示如图 4-1 所示的桌面,是 Windows 用户与计算机交互的工作窗口。用户可以在桌面设置背景图案,也可以布局各种图标。

图 4-1　Windows 10 桌面

2．认识任务栏

任务栏是用户使用最频繁的界面元素之一,如图 4-2 所示,任务栏中包含 ▦ 按钮、任务按钮和其他显示信息,如时钟等,可以快速打开应用程序,同时还显示了用户当前打开程序窗口对应的图标。

图 4-2　Windows 10 任务栏

（1）预览和窗口切换

Windows 10 任务栏窗口程序对应的按钮可以对窗口进行预览,而且同一个程序的多个窗口可以同时预览如图 4-3。此外,用户还可以通过预览图标对窗口实现切换和关闭操作。

图 4-3　任务栏预览

（2）跳转列表

在任务栏上任意一个图标（或者按钮）上右击，或者按住鼠标左键向上拖动将会出现 Windows 10 的"跳转列表"功能，如图 4-4 所示，该功能取代了传统任务栏按钮的"关闭"菜单，跳转列表根据应用程序的类型提供两类服务，一类是"最近使用项目"，另一类是"程序常规任务"，与以前版本"开始"菜单中"最近使用项目"混杂在一起的情况相比更加清晰简洁。另外，还可使用单击跳转列表中最近使用项目右侧的"图钉"按钮将该文档固定在跳转列表中，避免项目被滚动代替。

图 4-4　跳转列表

（3）任务栏上图标的添加和移除

为提高操作效率，Windows 10 操作系统的任务栏上的图标可以快速启动程序，对于未运行的程序可以直接将程序图标拖动到任务栏上，如图 4-5 所示，添加后图标成为任务栏上的一个快速启动按钮；对于已经运行的程序，可以右击任务栏上的程序图标，然后通过跳转列表中的"固定到任务栏"命令完成，如图 4-6 所示。如果要将图标从任务栏中移除，需要右击该图标，在跳转列表中选择"从任务栏取消固定"命令即可，如图 4-7 所示。

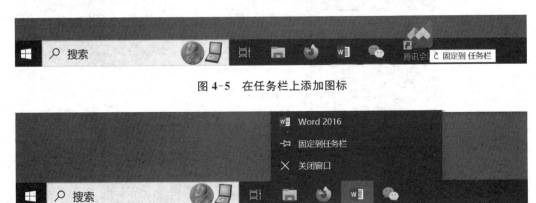

图 4-5　在任务栏上添加图标

图 4-6　在任务栏上固定已运行的程序

图 4-7　移除任务栏上图标

（4）通知区域和显示桌面

任务栏右侧的通知区域显示运行的程序、系统音量、网络图标。隐藏的图标被放在一个面板中，查看时单击通知区域向上的箭头即可打开该面板，如图 4-8 所示。若想隐藏图标，将该图标向面板空白处拖动即可。若想重新显示被隐藏的图标，将该图标从面板中拖动到通知区域即可，如图 4-9 所示。修改通知区域图标的顺序也可以通过"拖动"改变。

图 4-8　通知区域隐藏的图标

图 4-9　隐藏的图标显示在通知区域

快速显示桌面有三种方式：第一种可以使用【Windows＋D】组合键，第二种是单击任务栏最右侧的一个矩形区域，第三种是可以将鼠标"无限"移动到屏幕右下角，而不需要对准该区域。

（5）任务栏属性设置

Windows 10 操作系统提供了"任务栏设置"命令，用户可根据操作习惯进行任务栏设置，提高操作效率。用户右击任务栏，选择"任务栏设置"命令，弹出"任务栏"对话框，如图 4-10 所示。

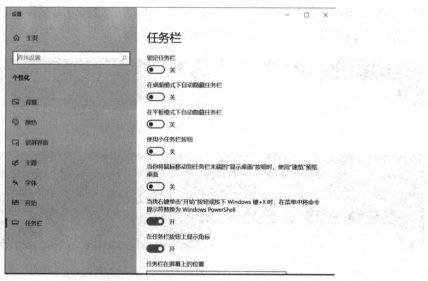

图 4-10　"任务栏"对话框

3. 操作 Windows 10"开始"菜单

Windows 10 的"开始"菜单也发生了变化,可以将鼠标放在"开始"菜单的边缘,调整"开始"菜单的大小,像 Windows 7"开始"菜单,我们的一些常见应用程序也可以放在"开始"菜单中,这可以使我们的桌面更简洁。放置应用磁贴时,需要右键单击开始菜单中的应用程序列表选择"固定"。如图 4-11 所示。

图 4-11 "开始"菜单

4. 熟悉 Windows 10 窗口

窗口是 Windows 10 系统的基本对象,是用于查看应用程序或文件等信息的一个矩形区域。Windows 中有应用程序窗口、文件夹窗口、对话框窗口等,其组成如图 4-12 所示。

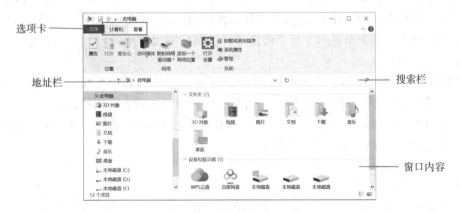

图 4-12 窗口的组成

(1) 窗口的组成

①地址栏

地址栏用于输入文件的地址,用户可以通过下拉列表选择地址,方便访问本地或者网络中的文件夹。

②选项卡

选项卡中存放常用的操作按钮。在 Windows 10 系统中,选项卡的按钮会根据查看的内容不同而有所变化。单击"快速访问工具栏"按钮可以实现文件(夹)的剪切、复制、粘贴、删除、重命名等操作,如图 4-13 所示。

图 4-13 "快速访问工具栏"

③搜索栏

在 Windows 10 中,搜索栏具有动态搜索功能,即我们输入关键字的一部分时,搜索就已经开始了。随着输入关键字的增多,搜索的结果会被反复筛选,直到搜索到需要的内容。

(2) 窗口的切换

Windows 可以同时打开多个窗口,但活动窗口只有一个。切换窗口就是将非活动窗口变成活动窗口,方法如下。

①【Alt+Tab】快捷键。换【Alt+Tab】组合键,屏幕中间位置出现一个矩形区域,显示所有打开的应用程序和文件夹图标,按住【Alt】键不放,反复按【Tab】键,这些图标就会轮流由一个蓝色的框包围突出显示。当要切换的窗口图标突出显示时,释放【Alt】键,该窗口就会成为当前活动窗口。

②【Alt+Esc】快捷键。【Alt+Esc】快捷键使用方法与【Alt+Tab】相同,区别是按【Alt+Esc】不会出现窗口图标方块,而是直接在各个窗口之间进行切换。

③利用程序按钮区。每运行一个程序,在任务栏中就会出现一个相应程序按钮,单击程序按钮就可以切换到相应的程序窗口。

(3) 窗口的操作

窗口的主要操作有打开窗口、移动窗口、缩放窗口、关闭窗口、窗口最大化和最小化等。大部分的操作可以通过窗口菜单来完成。单击标题左上角的控制菜单按钮就可打开如图 4-14 所示的菜单,选择要执行的命令即可。

(4) 桌面上窗口的排列方式

在桌面上所有打开的窗口可以采用层叠或者平铺的方式进行排列,方法是在任务栏的空白处右击,在弹出的快捷菜单中选择相应的命令即可,如图 4-15 所示。

图 4-14　控制菜单　　　　图 4-15　任务栏快捷菜单

 任务实施

窗口基本操作

步骤 1：双击桌面"此电脑"图标，打开"此电脑"窗口。

【扫码观看操作视频】

步骤 2：如果窗口占满屏幕，单击窗口右上角"还原"按钮 ▣ ，窗口缩小；单击"最大化"按钮 ▣ ，窗口变大占满屏幕。

步骤 3：将鼠标指针指向窗口最上面标题栏，单击鼠标左键不放，移动鼠标，窗口随着鼠标移动调整位置。

步骤 4：将鼠标指针指向窗口任一边框位置，待鼠标指针成为 ⟷ 或者 ↕ 形状，沿指针方向拖动，实现调整窗口的高度或宽度。

步骤 5：将鼠标指针指向窗口四角任一位置，待鼠标指针成为 ↘ 。

或者 ↗ 形状，沿指针方向拖动，实现调整窗口的大小。

任务二　管理文件与文件夹

 任务分析

文件是一组相关信息的集合，它可以是一个应用程序、一段文字、一张图片、一首 MP3 歌曲或一段视频等。磁盘上存储的信息都是以文件的形式保存。在计算机中使用的文件种类很多，根据文件中信息种类的区别，将文件分为系统文件、数据文件、程序文件和文本文件等。本次任务主要介绍文件和文件夹的概念、管理操作等，从而帮助读者系统地认识文件和文件夹。

任务目标

➤熟悉 Windows 10 文件系统。

➤掌握 Windows 10 基本操作。

1. Windows 10 文件系统

每个文件都必须有一个名字,文件名一般由两部分组成:主名和扩展名,它们之间用一个点(.)分隔。主名是用户根据使用文件时的用途自己命名的,扩展名用于说明文件的类型,系统对于扩展名和文件类型有特殊的约定。常见的扩展名和文件类型如表 4-1 所示。

表 4-1 常见扩展名和文件类型

扩展名	文件类型	扩展名	文件类型
. txt	文本文档/记事本文档	. doc、. docx	Word 文档
. exe、. com	可执行文件	. xls、. xlsx	电子表格文件
. hlp	帮助文档	. rar、. zip	压缩文件
. htm、. html	超文本文件	. wav、. mid、. mp3	音频文件
. bmp、. gif、. jpg	图形文件	. avi、. mpg	可播放视频文件
. int、. sys、. dll、. adt	系统文件	. bak	备份文件
. bat	批处理文件	. tmp	临时文件
. drv	设备驱动程序文件	. ini	系统配置文件
. mid	音频文件	. ovl	程序覆盖文件
. rtf	丰富文本格式文件	. tab	文本表格文件
. wav	波形声音文件	. obj	目标代码文件

2. 资源管理器

双击桌面上的"此电脑"图标,打开 Windows 10 资源管理器窗口,窗口界面如图 4-16 所示。

(1) 地址栏

Windows 10 资源管理器的地址栏可以轻松实现同级目录的快速切换。具体操作如图 4-17 所示。当前目录"C:\Windows\Web\ * * *",此时地址栏中有 5 个按钮,分别是"此电脑""OS(C:)""Windows""Web"" * * *"。如果想回到"Web"目录,可以单击地址栏左侧的"返回"按钮,或者直接单击地址栏中的"Web"按钮;如果想回到 C 盘根目录,可以直接单击"本地磁盘(C:)";如果想进入 C 盘根目录下的其他文件夹,如"Program Files",可以单击"本地磁盘(C:)"下拉按钮,选择目录直接跳转,如图 4-18 所示。

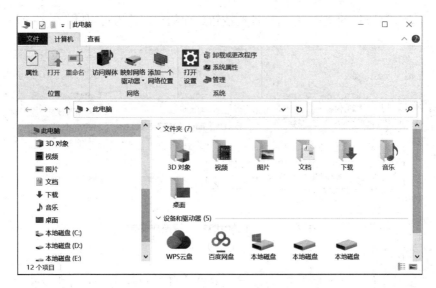

图 4-16 Windows 10 资源管理器窗口

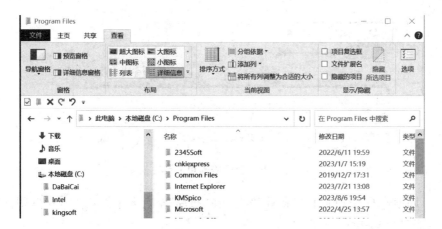

图 4-17 资源管理器地址栏中的按钮

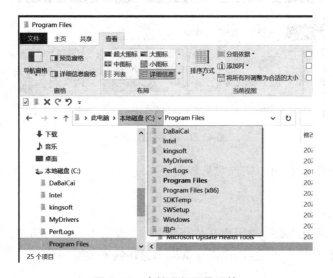

图 4-18 直接进行目录跳转

如果需要复制路径的文本,单击地址栏按钮后面的空白处即可,如图 4-19 所示。

图 4-19　地址栏中的按钮转换成文本

(2) 工具栏

选项卡工具栏位于地址栏上方,选项卡工具栏会随窗口的不同而有所变化,如图 4-20 所示。

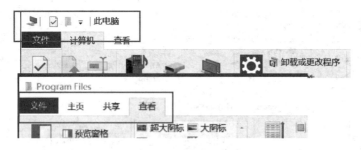

图 4-20　资源管理器工具栏

查看不同形式的图标可通过"查看"按钮,在"布局"中有 8 个按钮可以设置图标的 8 种显示方式,如图 4-21 所示。

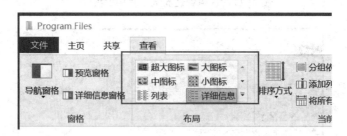

图 4-21　图标显示方式

单击"预览窗格"按钮可以实现对某些类型文件,如 Office 文档、PDF 文档、图片等文件的预览,如图 4-22 所示。

(3) 搜索框

Windows 10 操作系统针对用户文件不断增加,查找不方便的问题,增强了搜索功能。搜索框位于资源管理器右上角,用户在搜索框中直接输入关键字即可。

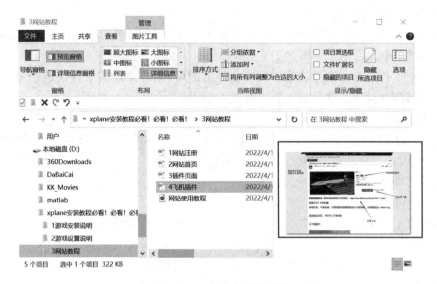

图 4-22　文件的预览效果

搜索时可以结合通配符进行，通配符有两个，"＊"代表多个任意字符，"?"代表任意一个字符，比如：搜索 C 盘中所有电子表格文件，可以输入"＊.xlsx"，如图 4-23 所示。

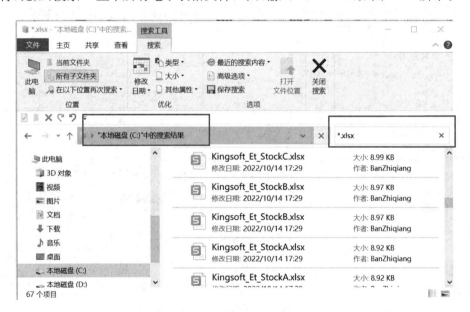

图 4-23　使用搜索框进行搜索

3. 文件和文件夹操作

文件或文件夹的操作一般有创建、重命名、复制、移动、删除、查找文件或者文件夹，修改文件属性，创建文件的快捷操作方式等。

文件和文件夹操作在资源管理器和"此电脑"窗口都可以实现。在执行文件或者文件夹的操作前，先选择操作对象，然后对文件或者文件夹进行操作。

1）选择文件或文件夹

在打开文件或者文件夹之前应先将文件或者文件夹选中,然后才能进行其他操作。

（1）选择单个文件或文件夹

选择单个文件或文件夹单击文件或者文件夹即可,单击文件或文件夹前的复选框也可以选中文件或者文件夹。文件或文件夹被选中后,该对象以高亮显示。

（2）选择多个文件或文件夹

按住【Ctrl】键的同时并单击,可以实现多个不连续的文件或文件夹的选择;按住【Shift】键的同时单击,可以实现多个连续的文件或文件夹的选择。也可以单击文件或文件夹前的复选框进行多项选择。

2）创建文件夹

如需要在 D 盘创建一个名为"综合练习"的文件夹,操作方法有两种。

（1）方法一

① 使用"此电脑"或资源管理器窗口打开 D 盘驱动器窗口。

② 在窗口的工具栏上单击"新建文件夹"按钮,如图 4-24 所示。

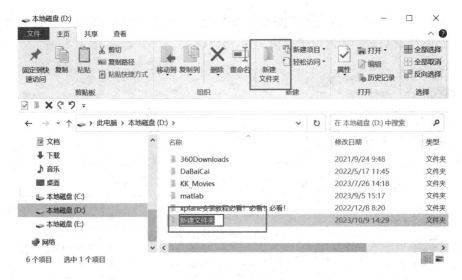

图 4-24　"新建文件夹"窗口

③ 输入新文件夹的名字"综合练习",按【Enter】键或单击其他空白处确认。

（2）方法二

① 使用"此电脑"或资源管理器窗口打开 D 盘驱动器窗口。

② 在窗口空白处右击,从弹出的快捷菜单中选择"新建"→"文件夹"命令,在文件列表窗口的底部将出现一个名为"新建文件夹"的图标,如图 4-25 所示。

③ 输入新文件夹的名字"综合练习",按【Enter】键或单击其他空白处确认。

3）重命名文件或文件夹

更改文件或文件夹名可以使用重命名功能,用于可以根据实际需要对文件或文件夹进行重命名操作。将"综合练习"更名为"2023 综合练习"的方法如下。

右击需要更改名称的文件夹,在弹出的快捷菜单中选择"重命名"命令,如图 4-26 所示。

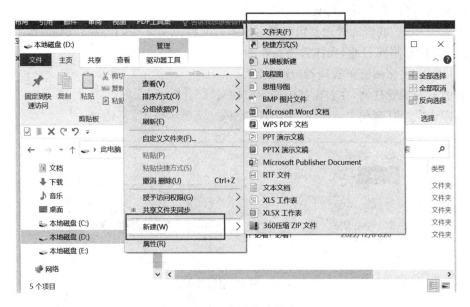

图 4-25 创建新文件夹

图 4-26 选择"重命名"命令

4）复制/移动文件或文件夹

利用"此电脑"或资源管理器窗口都可以进行文件或文件夹的复制。例如,需要把文件夹"综合练习"复制到 D 盘,操作方法有两种。

（1）方法一:使用资源管理器窗口复制

① 打开资源管理器,在右窗格中选定文件夹"综合练习"。

② 单击"主页"选项卡,"组织"中出现如图 4-27 所示按钮。

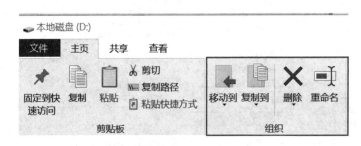

图 4-27 移动/复制文件按钮

③ 如果复制操作则单击"复制到"按钮,再单击目标位置,此处单击"复制到"按钮即可。如果执行移动操作可以单击"移动到"按钮即可。

（2）方法二:通过复制、粘贴操作实现文件夹的复制

① 单击需要复制的文件或文件夹,选择"编辑"→"复制"命令。

② 在目标窗口中,再选择"编辑"→"粘贴"命令。

5）删除文件或文件夹

当文件或文件夹不需要时,可以将其删除,节约磁盘空间。从硬盘中删除的文件或文件夹被移动到"回收站"中,当用户确定不再需要时,可以彻底删除。

6）隐藏文件或文件夹

（1）隐藏文件或文件夹

用户根据实际使用需要,可以使用隐藏功能将文件隐藏起来,增加安全性。具体操作步骤如下。

① 右击需要隐藏的文件,在弹出的快捷菜单中选择"属性"命令,如图 4-28 所示。

② 在弹出的对话框中,选择"隐藏"复选框,单击"确定"按钮,如图 4-29 所示。

③ 返回文件夹窗口后,该文件已经被隐藏。

（2）在文件选项中设置不显示隐藏文件

在文件夹窗口选择"查看"选项卡,单击"显示/隐藏"组中的"选项"按钮,如图 4-30 所示。

弹出"文件夹选项"对话框,切换到"查看"选项卡,在"高级设置"列表框中选择"不显示隐藏的文件、文件夹或驱动器"单选按钮,如图 4-31 所示。

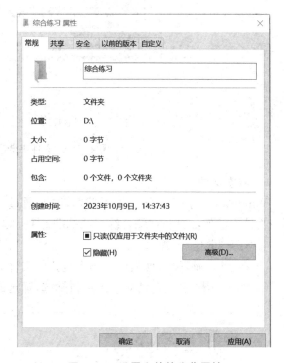

图 4-28　选择"属性"命令　　　　　　图 4-29　设置文件的隐藏属性

图 4-30　单击"选项"按钮

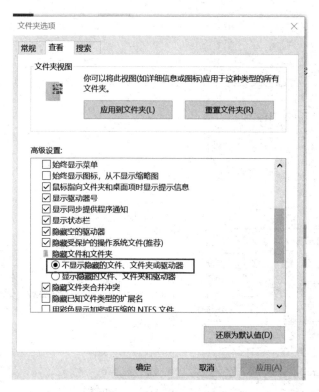

图 4-31　"文件夹选项"对话框

7) 搜索文件

Windows 10 操作系统提供了搜索功能，通过文件资源管理器可快速查找所需要的文件或文件夹。例如：搜索"综合练习 2023"文件夹，具体操作步骤如下。

① 打开"此电脑"窗口。

② 在"此电脑"窗口搜索框中输入查找的文件夹名"综合练习 2023"，如图 4-32 所示。

③ 输入完毕，系统自动对视图进行筛选，筛选的结果在窗口下方列出。

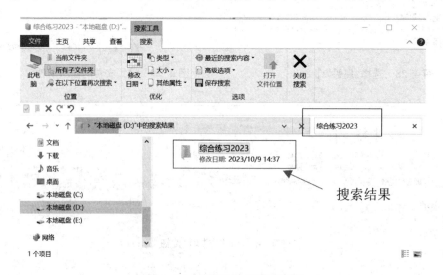

图 4-32　使用文件夹的搜索框

【扫码观看操作视频】

任务实施

1. 删除文件或文件夹

步骤1：双击桌面上的"此电脑"图标，打开 E 盘的"Young"文件夹。

步骤2：选中要删除的"time"文件夹。

步骤3：右击选中的文件夹，弹出快捷菜单，选择"删除"命令，弹出图 4-33 所示的"删除文件夹"对话框。

步骤4：单击"是"按钮，文件夹被删除。

图 4-33　"删除文件夹"对话框

2. 创建快捷方式

步骤：打开"此电脑"窗口，右击"shijian"文件夹，弹出快捷菜单，选择"发送到"→"桌面快捷方式"命令，如图 4-34 所示。

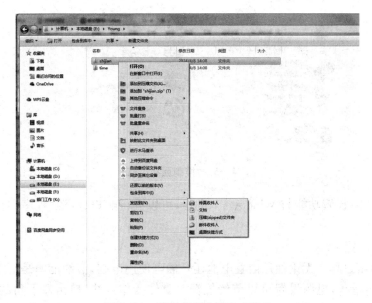

图 4-34　创建桌面快捷方式菜单

创建的快捷方式出现在桌面，可直接在桌面上快速打开 E 盘的"shijian"文件夹。

任务三 设置个性化工作桌面

任务分析

在使用 Windows 10 操作系统的过程中,用户可以根据自己的习惯配置 Windows 10 操作系统,使工作环境更加方便、友好,更具人性化。

任务目标

➤学会设置和控制面板的使用。
➤学会并熟练掌握为桌面设置个性化背景。

必备知识

1. 控制面板与设置

Windows 10 操作系统环境设置可以在"控制面板"中实现,Windows 10 的"控制面板"和原来版本相比增加了一些设置选项,操作方法是选择"开始"→"Windows 系统"→"控制面板"命令,打开"控制面板"窗口,如图 4-35 所示。

图 4-35 "控制面板"窗口

Windows 10 设置功能与 Windows 7 类似,可以进行账户、电源、程序和任务栏等功能设置。

(1)电源设置

在使用电脑过程中无论使用内置电池还是插电使用电脑,节约能源是每个人应该做的事情,修改 Windows 电源设置可以节约能源。具体操作方法:单击左下角的 Windows 图标→单击菜单左侧的齿轮图标(设置)→单击"账户"→在左侧选择"电源和睡眠"→根据需要修改屏幕关闭的时间和电脑进入睡眠的时间,如图 4-36 所示。

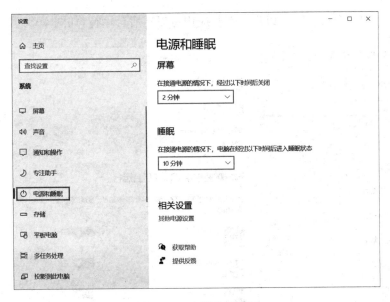

图 4-36　电源设置界面

（2）修改默认打开程序

当打开一个文件时，Windows 将根据文件的类型选择默认的打开程序。例如：要打开一个 Word 文档（扩展名为 . doc 或者 . docx），一般 Windows 会启动 Microsoft Office Word 程序来打开。如果电脑中同时安装了其他文档编辑软件如 WPS，并希望默认使用 WPS 来打开该类型的文档，可以通过修改默认打开程序，如图 4-37 所示。

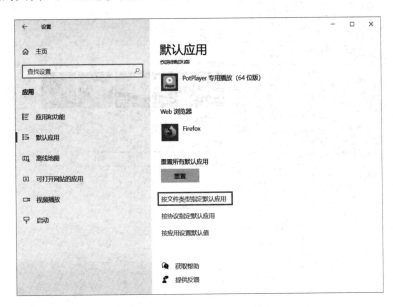

图 4-37　修改默认打开程序

（3）停止后台应用程序

在后台运行应用程序可以使其快速启动，但是如果将太多程序保持持续就绪状态，系统性能可能会收到影响。单击左下角 Windows 图标，单击左侧的齿轮（设置），然后点击"隐私",在左侧选择"后台应用",可以设置哪些应用可以在后台运行,如图 4-38 所示。

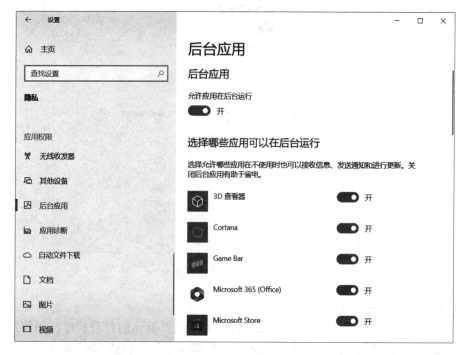

图 4-38 停止后台应用程序

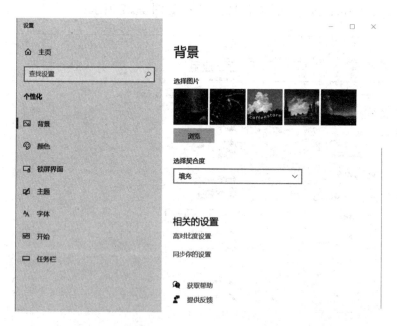

图 4-39 "个性化"窗口

2. 个性化设置

（1）主题设置

右击桌面空白处,在弹出的快捷菜单中选择"个性化"命令,打开如图 4-39 所示的窗口。单击"主题",可以更改桌面背景、窗口颜色和系统声音等；单击窗口下方的"更改主题",可以在选定主题提供的壁纸中选择喜欢的壁纸,如图 4-40 所示。

图 4-40 "主题"设置界面

(2) 颜色设置

打开"颜色"窗口,如图 4-41 所示,可以选择其中某种颜色作为窗口边框、"开始"菜单和任务栏的颜色,并且可以对选中的颜色进一步的调节,如颜色浓度、色调、饱和度和亮度等。

图 4-41 "颜色"设置窗口

3．日期和时间设置

如果计算机已接入互联网，精确调整系统日期和时间的方法如下。

①在"控制面板"窗口中单击"时钟和区域"按钮，在"时钟和区域"窗口单击"日期和时间"按钮，弹出的"时间和日期"对话框如图 4-42 所示，单击"更改日期和时间"按钮，弹出"日期和时间设置"对话框，如图 4-43 所示。

图 4-42 "日期和时间"对话框   图 4-43 "更改日期和时间"对话框

②在"日期和时间"对话框的"Internet 时间"选项卡中单击"更改设置"按钮，弹出图 4-44 所示的"Internet 时间设置"对话框。

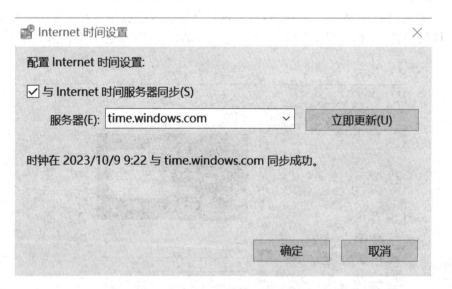

图 4-44 "Internet 时间设置"对话框

③选择"与 Internet 时间服务器同步"复选框，然后在"服务器"下拉列表中选择"time.nist.gov"，单击"立即更新"按钮。

4．系统设置

Windows 系统功能可以对屏幕、声音、通知和操作、存储等功能进行设置，操作方法：单击左下角的 Windows 图标→单击菜单左侧的齿轮图标（设置）→单击"系统"，弹出如图 4-45 所示对话框。

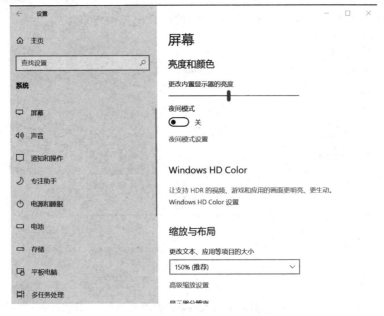

图 4-45 "系统"对话框

5. 账户设置

用户账户是 Windows 10 系统中用户的身份标志，决定了用户在 Windows 系统中的操作和访问权限。合理地管理用户账户，有利于为不同用户分配适当的权限和设置相应的工作环境，也有利于提高系统的安全性能。Windows 10 系统中账户可以进行账户信息、电子邮件和账户、登录选项、同步设置能等设置。具体操作：单击左下角的 Windows 图标→单击菜单左侧的齿轮图标（设置）→单击"账户"，弹出如图 4-46 所示对话框。

图 4-46 "账户"对话框

　　当工作途中需要暂时离开,但不想别人查看电脑,可以进行账户设置,增加安全性,具体操作方法:单击左下角的 Windows 图标→单击菜单左侧的齿轮图标(设置)→单击"账户"→在左侧选择"登录选项"→将"需要登录"修改为"从睡眠中唤醒电脑时",如图 4-47 所示。账户设置中的"在睡眠中唤醒电脑时"功能也需要配合电源设置来使用。

图 4-47　"账户"设置界面

6. 设备设置

　　计算机在使用需要连接一些硬件设备,可以通过"设备"菜单进行设置,如添加打印机具体操作方法:①单击左下角的 Windows 图标→单击菜单左侧的齿轮图标(设置)→单击"设备",弹出如图 4-48 所示对话框。②单击添加打印机和扫描仪,搜索打印机和扫描仪,选择我需要的打印机不在列表中。③勾选"使用 TCP/IP 地址或主机名添加打印机",输入网络打印机的 IP 地址,点击"下一步"。④连接到网络打印机,安装驱动程序,一般可以从网络打印机处获取到驱动程序,如果没有,可以从网络下载相关型号的打印机驱动。

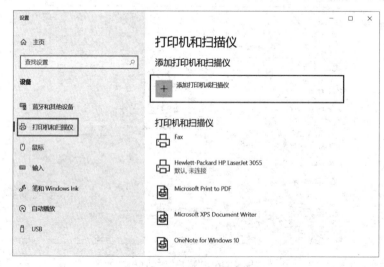

图 4-48　添加打印机

任务实施

设置"锁屏界面"

步骤1:右击桌面空白处,弹出快捷菜单,选择"个性化"命令,打开"个性化"设置窗口,如图4-49所示。

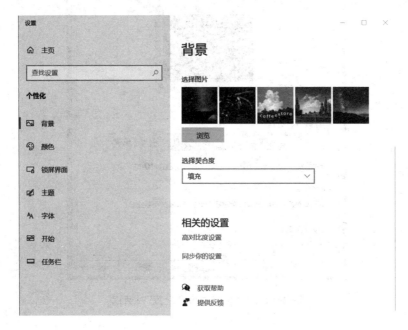

图 4-49 "个性化"设置窗口

步骤2:单击"锁屏界面"按钮,在"锁屏界面"窗口中单击"屏幕保护程序设置",弹出"屏幕保护程序设置"对话框,如图4-50所示。

图 4-50 "锁屏界面"窗口

步骤3：在"屏幕保护程序"下拉列表中选择"变幻线"选项，然后单击"确定"按钮，如图4-51所示。

图 4-51　"屏幕保护程序设置"对话框

 项目总结

计算机操作系统是计算机系统中最重要的部分之一，它是计算机系统的软件核心，负责管理、调度、监控计算机系统中的所有资源，并且为用户提供操作界面。操作系统与硬件紧密相关，它直接建立在硬件之上，实现了对计算机资源的抽象和控制。

本项目对操作系统最常用的内容进行介绍，包括操作系统的基本操作、文件管理、系统设置、工作桌面的设置等。对 Windows 10 操作系统的操作与应用有了更多了解，不仅能提高计算机的使用效率，同时也能大幅度提升自己的工作效率。

计算机操作系统的应用还有很多，远不止本项目所介绍的内容，在后续项目中应用软件的操作皆基于操作系统这个平台开展的。

 项目拓展

为更好地适应现代信息技术的发展，Windows 10 在原有版本的基础上，增加了部分新功能。

1. 虚拟桌面与多任务管理界面

Windows 10 操作系统新增了 Multiple Desk Top 功能，可以让用户将不同的任务分别放在不同的桌面上，提高工作效率。

环境之间进行切换或者创建一个新的虚拟桌面,操作方法如下。

【Windows＋Tab】:调出虚拟桌面,如图 4-52 所示。

图 4-52　虚拟桌面

【Alt＋Tab】:切换不同的窗口。

【Windows＋Ctrl＋D】:创建新的虚拟桌面。

【Windows＋Ctrl＋F4】:关闭当前虚拟桌面。

2. 分屏多窗口

用户可以在屏幕中间同时摆放多个窗口,Windows 10 操作系统会在每个单独窗口中显示正在运行的其他应用程序。单击任务栏中的"任务视图"按钮或按【Windows＋←(或者→)】组合键都可以对当前任务窗口进行选择。

3. 语音助手

Windows 10 操作系统的语音助手 Cortana 是一款个人智能助理,能够了解用户的喜好和习惯,帮助用户进行日程安排、问题回答等,Cortana 可以说是微软在机器学习和人工智能领域方面的尝试。

4. Microsoft Edge 浏览器

Edge 浏览器的一些功能细节包括:支持内置 Cortana(微软小娜)语音功能;内置了阅读器(可打开 PDF 文件)、笔记和分享功能;设计注重实用和极简主义;渲染引擎被称为 Edge-HTML。

 思政小课堂

操作系统作为软硬件纽带,在安全领域拥有着核心的地位,对于自主操作系统的研发我国相对起步较晚,许多核心技术受制于人,使国家及个人信息安全受到威胁。近年来各国之间信息战愈演愈烈,导致国内信息类产品常常面临"缺芯少魂"的处境,于是发展本土化操作系统便成为国家防范网络攻击与威胁时需要直接面对的问题。

如今,越来越多的政企单位大批量更换国产设备。近日,有知情人士透露,政府机构两年内将完成超 5 000 万台国产 PC 的替换,这将是我国信息技术产品日趋国产化的重要一步,也展现出国人对国产操作系统的绝对信心,相信不久的将来,人人都将使用属于中国人自己的国产操作系统。

学完本单元后,谈谈你对国产操作系统全面取代 Windows 和安卓等传统美产操作系统有何重要意义。

单元三

文字处理

Office 2016 是微软 Office 官方全新推出的包括 Word、Excel、PowerPoint、Access、Outlook 等升级版的集成办公软件。Word 2016 是 Office 2016 办公软件中的一个组件,也是目前最常用的文字处理软件。

本单元通过三个项目的具体分析,对涉及的相关知识进行了详尽说明,使学生可以轻松熟练地应用 Word 2016 的文字编辑、图形处理、图文混排、表格处理等功能,制作出图文并茂、赏心悦目、效果不同的文档。

通过本单元的学习,使学生能自行制作个人自荐书、就业宣传册、毕业论文等电子文档。在各个项目的制作过程中培养学生的自主学习能力、创新能力和团队合作能力。

能力目标

➢能创建、编辑、保存、打印电子文档。
➢能熟练进行文档的格式设置与排版。
➢能熟练应用艺术字、图片、公式、自选图形。
➢能熟练设计制作表格。
➢能对文档建立索引和目录。
➢能熟练应用样式和模板。
➢能熟练地对文档进行图、文、表混排。
➢设计制作不同效果的电子文档。

项目五　制作校园文化艺术节朗诵比赛的通知

项目描述

为进一步丰富校园文化生活,营造积极向上,清新高雅,健康文明的校园文化氛围,打造和谐校园,展现学生的青春风采和精神风貌,激发学生对艺术的兴趣和爱好,培养学生健康的审美情趣、良好的艺术修养和追求真理的科学精神,引导学生向真、向善、向美,得到全面和谐的发展,从而推进校园精神文明建设,将举办 2023 年校园文化节朗诵比赛,需要制作一份有关比赛的宣传海报。本项目具体通过以下两个任务完成。

任务一　页面设置及文档录入
任务二　校园文化艺术节朗诵比赛海报排版

任务一　页面设置及文档录入

任务分析

分析上面的项目描述,本次任务通过制作一份活动通知可以熟悉 Word 2016 的窗口界面、文档页面设置和文档录入等操作。

任务目标

➤能创建、保存电子文档。

➤能进行文本的选定、插入与删除、复制与移动、查找与替换等基本编辑操作。

必备知识

1. 启动 Word 2016

Word 2016 是在 Windows 环境下运行的应用程序,启动方法与启动退出其他应用程序的方法相似,常用的启动方法有以下三种。

①从"开始"菜单中启动 Word 2016。

单击"开始"按钮,选择"Word 2016"命令,即可启动 Word 2016。

②通过快捷方式图标启动 Word 2016。

用户可在桌面上为 Word 2016 应用程序创建快捷图标,双击该快捷图标即可启动 Word 2016。

③通过已存在的文档启动 Word 2016。

双击已存在的 Word 文档即可启动 Word 2016。

通过文档启动 Word 2016 不仅会启动该应用程序,而且将在 Word 中打开选定的文档,适合编辑或者查看一个已存在的文档。

2. 退出(关闭)Word 2016

Word 2016 作为一个典型的 Windows 应用程序,其退出(关闭)的方法与其他应用程序也类似,常用的方法有以下三种。

①单击 Word 2016 程序窗口右上角的"关闭"按钮。

②选择"文件"→"关闭"命令。

③使用组合键【Alt+F4】。

3. 认识 Word 2016 的工作界面

Word 2016 的窗口由"文件"按钮、快速访问工具栏、标题栏、功能区、选项卡、文档编辑区、滚动条、状态栏等部分组成,如图 5-1 所示。

(1)"文件"按钮

"文件"按钮位于 Word 窗口界面的左上角,单击该按钮,即可打开"文件"菜单。

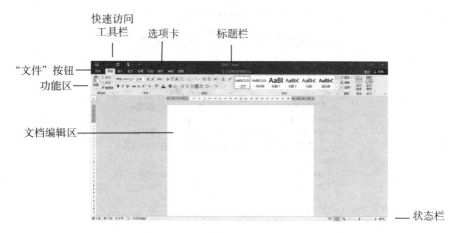

快速访问
工具栏　　选项卡　　标题栏

"文件"按钮——
功能区——

文档编辑区——

——状态栏

图5-1　Word窗口界面

（2）标题栏

标题栏位于 Word 窗口界面的顶端，用于标识当前窗口程序或者文档窗口所属程序或文档的名字，如"文档1－Word"。

（3）选项卡

选项卡包括"文件""开始""插入""设计""布局""引用""邮件""审阅""视图"等，用户可根据需要单击选项卡进行切换。

（4）功能区

每一个选项卡都对应一个功能区，功能区命令按逻辑组的形式组织，为了使屏幕更为整洁，可使用窗口右上角"功能区显示选项卡"按钮 打开/关闭功能区。

（5）快速访问工具栏

快速访问工具栏 位于窗口的左上角，通常放置一些最常用的命令按钮，可单击自定义工具栏右边的"自定义快速访问工具栏"按钮 ，根据需要删除或者添加常用命令按钮。

（6）滚动条

滚动条分为水平滚动条和垂直滚动条。使用滚动条中的滑块或者按钮可滚动工作区内的文档内容。

（7）文档编辑区

文档编辑区是输入文本和编辑文本的区域，位于工具栏的下放，在屏幕中占了大部分面积。其中，有个不断闪烁的竖条称为插入点，用以表示输入时文字出现的位置。

（8）对话框启动器

对话启动框是一个小按钮 ，这个按钮出现在某些组中。单击对话框启动器按钮将弹出相关的对话框或任务窗格，提供与该组相关的更多选项。例如：单击"字体"组中对话框启动器按钮，就会弹出"字体"对话框，如图5-2所示。

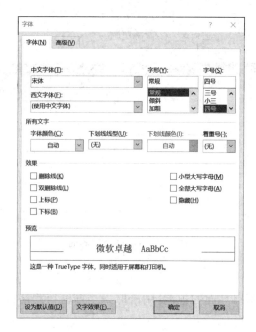

图 5-2 "字体"对话框

（9）状态栏

状态栏位于 Word 窗口最底部，用以显示文档的基本信息和编辑状态，如页号、节号、行号和列号等。

（10）文档视图工具栏

"视图"是查看文档的方式，同一个文档可以在不同视图下查看，虽然文档的显示方式不同，但文档的内容不变。Word 有 5 种视图：阅读视图、页面视图、Web 版式视图、大纲视图和草稿，用户可以根据对文档的操作需求不同使用不同的视图。

①页面视图：是 Word 2016 默认视图，主要用于版面设计，可以显示整个页面的分布情况和文档中的所有元素，如正文、图形、表格、图文框、页眉、页脚、脚注和页码等，并能对它们进行编辑。在页面视图方式下，显示效果反映了打印后的真实效果，即"所见即所得"功能。

②阅读视图：适用于阅读长篇文章，不仅隐藏了不必要的工具栏，最大可能地增大了窗口，而且还将文档分为两栏，从而有效地提高了文档的可读性，但在该方式下不能进行文档编辑工作。

③Web 版式视图：主要用于在使用 Word 创建 Web 页时能够显示出 Web 效果。Web 版式视图优化了布局，使文档以网页的形式显示，具有最佳屏幕外观，使得联机阅读更容易。Web 版式视图适用于发送电子邮件和创建网页。

④大纲视图：适用于编辑文档的大纲，使查看长文档结构变得容易，并且可以通过拖动标题来移动、复制或者重新组织正文。在大纲视图下，可以折叠文档，只查看主标题，或者扩展文档，以便查看整篇文档。

⑤草稿视图：取消了页面边距、分栏、页眉/页脚和图片等元素，仅显示标题和正文，是最节省计算机系统硬件资源的视图方式。该视图方式可以输入、编辑文字，并设置文字的

格式,对图形和表格可以进行一些基本操作。

各种视图之间可以方便地切换,操作方法有两种:通过"视图"选项卡"视图"组中的命令按钮实现,也可通过文档视图工具栏中的"视图切换"按钮 ▤ ▤ ▤。需要注意的是"视图"选项卡"视图"组中提供了全部5种视图,而文档视图工具栏仅提供了阅读视图、页面视图、Web版式视图3种最常用的"视图切换"按钮。

4. 新建与保存文件

1)新建文件

Word启动后,屏幕右侧会列出一些常用的内置Word文档模板图标,单击某个图标,即可按该模版新建一个Word空白文档,并暂时命名为"文档1"。除了这种自动创建文档的办法外,如果在编辑文档的过程中还需另外创建一个或多个新文档,可以用以下方法中的一种来创建。

①执行"文件"→"新建"命令。

②按组合键【Alt+F】打开"文件"选项卡,执行"新建"命令。

③按组合键【Ctrl+N】。

2)保存文件

(1)保存新文件

文档输入完成后,为了永久保存所建立的文档,在退出Word之前应进行保存文档操作。常用的保存文档的方法有以下几种。

①单击快速访问工具栏"保存"按钮。

②执行"文件"→"保存"命令。

③按组合键【Ctrl+S】。

(2)保存已有文档

对于已有的文件打开和修改后,同样可以用上述方法将修改后的文档以原文件名保存在原来的文件夹中。

5. 页面设置

设置页面格式主要包括纸张大小、页边距、页面的修饰等操作,一般应在输入文档之前进行页面设置。创建文档时,Word预设了一个以A4纸为基准的Normal模版,其版面几乎适用于大部分文档。其他型号的纸张,用户可以根据需要重新设置页边距、每页的行数和每行的字数。具体操作方法是单击"布局"→"页面设置"组中的对话框启动器按钮,弹出"页面设置"对话框。对话框有4个选项卡:"页边距""纸张""版式"和"文档网格"。

(1)"页边距"选项卡

"页边距"选项卡,用于设置文本与纸张的上、下、左、右边距距离,如文档需要装订,可以设置装订线与边界的距离,还可以在该选项卡上设置纸张的打印方向,默认为纵向,如图5-3所示。

(2)"纸张"选项卡

"纸张"选项卡用于设置纸张大小,如果系统提供的纸张规格都不符合需求,可以选择"自定义大小"选项,输入"高度"和"宽度"数值。还可以设置打印时纸张的来源,如图5-4所示。

图 5-3 "页边距"选项卡

图 5-4 "纸张"选项卡

（3）"版式"选项卡

"版式"选项卡用于设置页眉与页脚的特殊格式，为文档添加行号，为页面添加边框等。如果文档未占满一页，可以设置文档在垂直方向的对齐方式，如图 5-5 所示。

（4）"文档网格"选项卡

"文档网格"选项卡用于设置每页固定的行数和每行固定的字数，也可以只设置每页固定的行数，还可以设置在页面上显示字符网格、文字与网格对齐等。这些设置主要用于一些出版物或有特殊要求的文档，如图 5-6 所示。

图 5-5 "版式"选项卡

图 5-6 "文档网格"选项卡

6. 文档录入

新建一个空白文档后,即可录入文本。在窗口工作区的左上角有一个闪烁的黑色竖条"｜",称为插入点,它表明输入字符将出现的位置。输入文本时,插入点自动后移。

任务实施

【扫码观看操作视频】

1. 新建文档

步骤1:启动 Word 2016 创建一个空白文档,如图 5-7 所示。

步骤2:按组合键【Ctrl＋S】快捷键或选择"文件"菜单中的"保存",如图 5-8 所示。

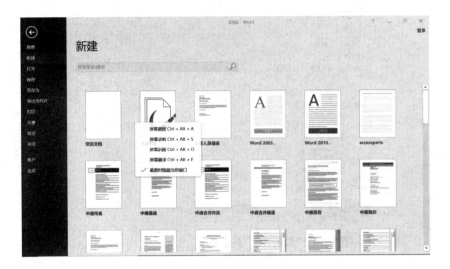

图5-7　创建空白文档　　　　　　　　　　　　　　　图5-8　保存文件

步骤3:打开"另存为"对话框,将其保存在桌面上,命名为"2023 年校园文化节朗诵比赛通知"。如图 5-9 所示。

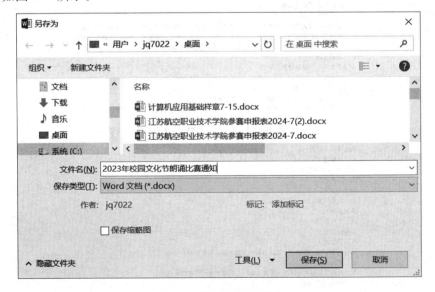

图5-9　"另存为"对话框

2. 页面设置

步骤1：执行菜单栏上的"布局"→"页面设置"，打开"页面设置"对话框。

步骤2：在"页面设置"对话框中单击"页边距"选项卡，将上、下边距设为2.54厘米，左、右边距设为边3厘米。单击"确定"按钮完成页面设置，如图5-10所示。

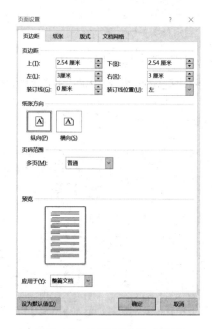

图5-10 "页面设置"对话框

3. 录入文本

步骤：将活动通知的文本内容输入空白文档中，如图5-11所示。

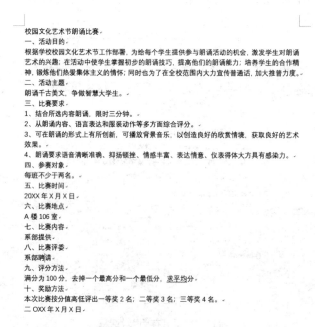

图5-11 输入文档内容

4. 关闭文档

步骤：完成文档录入，关闭文档。选择"文件"→"关闭"命令，或单击右端的"关闭"按钮。如果当前文档在编辑后没有保存，关闭前将弹出询问对话框，询问是否保存对文档的修改，如图 5-12 所示。

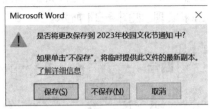

图 5-12　询问是否保存修改对话框

任务二　校园文化艺术节朗诵比赛海报排版

任务分析

任务一中已完成海报内容的录入，下一步如何让海报内容更加醒目、生动，达到更好的宣传效果呢？

任务目标

➤能进行文档编辑，字体格式、段落格式、艺术字等格式设置，能应用图片，确保做出符合要求的通知文件。效果如图 5-13 所示。

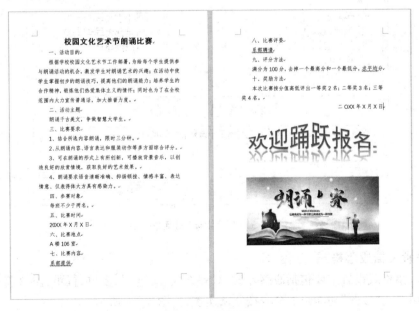

图 5-13　排版效果

117

必备知识

1. 设置文档字体格式

字体格式主要包括：字体、字形、字号、字体颜色、加粗、斜体、下划线、文字效果等。可利用"字体"功能组的命令按钮来实现，如图 5-14 所示。

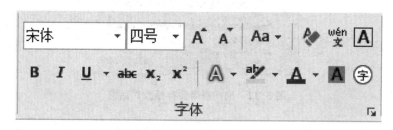

图 5-14 "字体"功能组

也可单击对话框启动器按钮 ⌐┘，打开"字体"对话框，如图 5-15 所示。

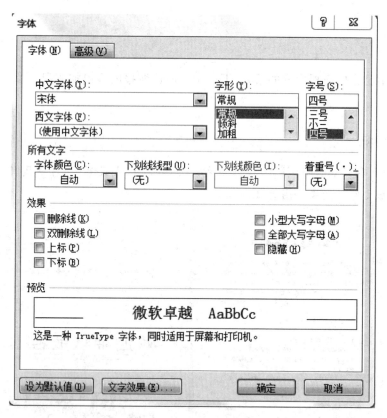

图 5-15 "字体"对话框

2. 设置文档段落格式

文档段落格式设置主要包括段落样式、对齐方式、缩进、制表位、行距、段落前后间距等操作。可以利用"段落"功能组的命令按钮来实现，如图 5-16 所示。

图 5-16 "段落"功能组

也可单击对话框启动器按钮 ，打开"段落"对话框，如图 5-17 所示。

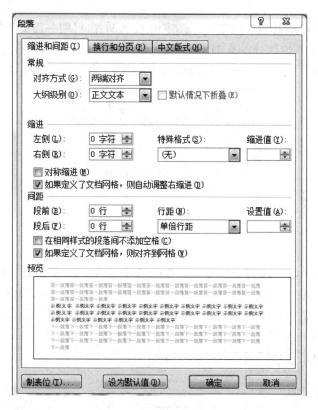

图 5-17 "段落"对话框

3. 设置艺术字标题

Word 中提供了艺术字功能，艺术字是结合了文本和图形的特点，使文本具有了图形的某些属性，如设置旋转、三维、映像等效果，使文字更加醒目、美观。可以利用"文本"功能组中的"艺术字"命令按钮来实现，如图 5-18 所示。

图 5-18 "文本"功能组

4. 设置分栏

分栏使版面显得更加活泼、生动,增强可读性。Word 2016 提供了分栏功能,使用"布局"选项卡"页面设置"组中的"分栏"功能,可实现文档的分栏,如图 5-19 所示。

图 5-19 "页面设置"功能组

5. 应用图片

图文混排是 Word 的特色功能之一,在文档中插入图片,可使一篇文章达到图文并茂的效果。插入的图片可是其他软件制作的图片,也可以插入 Word 提供的绘制工具绘制的图形。插入图片可使用"插入"选项卡"插图"功能组中的"图片"命令按钮实现,如图 5-20 所示。

图 5-20 "插图"功能组

 **任务实施**

【扫码观看操作视频】

1. 打开文档

步骤 1:启动 Word 2016 打开任务一制作的通知文档。选择"文件"→"打开"命令,或者直接【Ctrl+O】组合键,或者单击快速访问工具栏中的"打开"按钮,弹出"打开"界面,通过浏览,打开"打开"对话框,在"地址栏"下拉列表中选择要打开文档所在的位置,在"文件类型"下拉列表中选择"所有 Word 文档"或直接在"文件名"文本框中输入需要打开文档的正确路径及文件名,单击"打开"按钮,如图 5-21 所示。

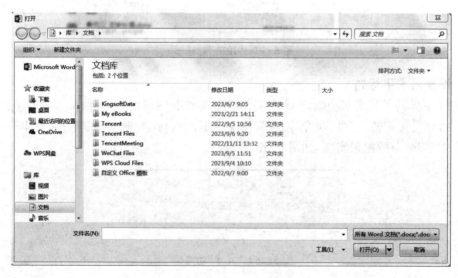

图 5-21 "打开"文档操作

2. 设置通知标题格式

步骤1：选定第一行的标题，在"开始"选项卡中设置字体为"黑体"，字号为"二号"。

步骤2：保持选中标题行单击"加粗"按钮 **B** 和"居中"按钮 ≡，效果如图5-22所示。

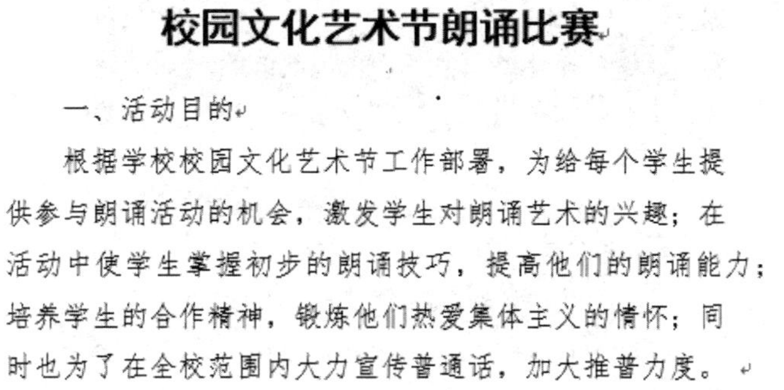

校园文化艺术节朗诵比赛

一、活动目的

　　根据学校校园文化艺术节工作部署，为给每个学生提供参与朗诵活动的机会，激发学生对朗诵艺术的兴趣；在活动中使学生掌握初步的朗诵技巧，提高他们的朗诵能力；培养学生的合作精神，锻炼他们热爱集体主义的情怀；同时也为了在全校范围内大力宣传普通话，加大推普力度。

图5-22　标题字体设置

步骤3：选中标题行，在"字体"对话框中选择"高级"选项卡，对Word默认的标准字符间距进行调整，"间距"下拉菜单选择"加宽"，"磅值"选择"1磅"，如图5-23所示。

图5-23　"字体高级"设置操作

3. 设置正文格式

步骤1：选定第2行起的所有内容，设置字体为"仿宋"，字号为"三号"。

步骤2：选定第2行起的所有内容，单击"开始"→"段落"组中的对话框启动器按钮，弹出"段落"对话框，设置特殊格式为"首行缩进"2字符，设置正文的行间距为"固定值""28磅"，效果如图5-24所示。

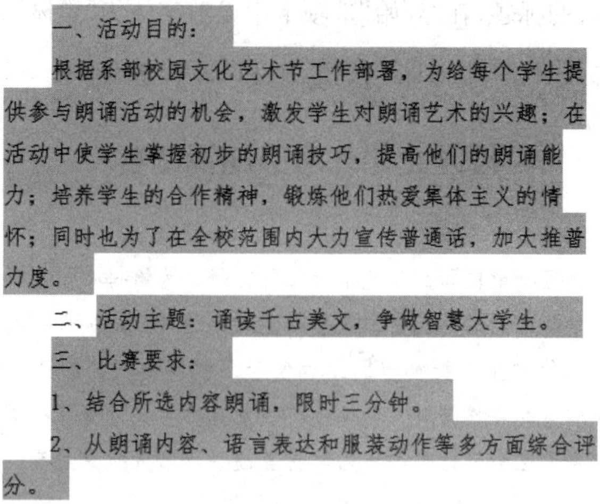

一、活动目的：

根据系部校园文化艺术节工作部署，为给每个学生提供参与朗诵活动的机会，激发学生对朗诵艺术的兴趣；在活动中使学生掌握初步的朗诵技巧，提高他们的朗诵能力；培养学生的合作精神，锻炼他们热爱集体主义的情怀；同时也为了在全校范围内大力宣传普通话，加大推普力度。

二、活动主题：诵读千古美文，争做智慧大学生。

三、比赛要求：

1、结合所选内容朗诵，限时三分钟。

2、从朗诵内容、语言表达和服装动作等多方面综合评分。

图 5-24　正文格式设置后的效果

4. 设置艺术字

步骤 1：选择"插入"→"文本"→"艺术字"命令，完成艺术字"欢迎报名"的插入。效果如图 5-25 所示。

图 5-25　艺术字效果图

步骤 2：选中艺术字，再选择"绘图工具"→"格式"→"艺术字"→"文本效果"命令，如图 5-26 所示。

图 5-26　"艺术字样式"设置

步骤 3：选择"转换"→"弯曲"→"正三角"，如图 5-27 所示。

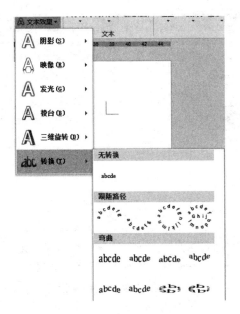

图 5-27 艺术字"转换"设置

最终效果如图 5-28 所示。

图 5-28 艺术字效果

步骤 4：选中艺术字，设置字体为"黑体"，字号为"60 磅"，段落格式设置"居中"。

5. 应用图片，使整个海报看上去更有感染力

步骤 1：选择"插入"→"图片"，打开"插入图片"对话框，如图 5-29 所示。选择需要插入图片的位置和图片名字。

步骤 2：选中图片，再选中"图片工具"→"格式"→"大小"，单击启动器，弹出布局对话框，设置图片高度为 7 厘米，宽度为 14 厘米，单击"文字环绕"→"四周型"，调整图片位置。

6. 保存文件

步骤：单击"文件"→"保存"，保存文档。

图 5-29　"插入图片"对话框

 项目总结

Word 是现代办公、学习必不可少的软件，对本项目的学习应该实践大于理论，更有利于学习者熟练掌握 Word 在实际应用中的各种技巧。本项目从实际应用情景出发，精选任务知识点包含文档的创建、输入、保存等基本操作，字体的修改、段落的设置等基本排版技术等知识。

项目拓展

制作招聘启事

招聘启事是寻找工作的重要来源，单位在需要招聘劳动力时，就要广泛地张贴招聘启事，吸引人才。那么生活中的招聘启事又是如何制作出来的呢？请运用学习的 Word 知识制作一份招聘启事。

图 5-30　招聘启事参考效果图

项目六　制作公司面试评价表

项目描述

某公司拟招聘一批新员工,经过前期的筛选,确定了面试名单,现要开展面试工作,为清晰反映每个面试者的综合素质,人力资源部门需要设计一张面试评价表。人力资源部经理指出面试评价表应具备以下特色。

①根据面试者的基本信息,评分要素及参考标准,评定得分及录用建议等进行区域划分。

②表格的外框线、不同部分之间的边框用不同线型予以区分,可以用不同底纹来优化布局内容。

③重点部分可以用粗体或插入特殊符号来注明,针对重点部分的单元格可以填充比较醒目的底色。

④可以快速计算出面试总得分。

本项目具体通过以下两个任务完成。

任务一　绘制面试评价表

任务二　美化面试评价表

任务一　绘制面试评价表

任务分析

表格是一种简明扼要的表达方式,Word 提供了丰富的表格功能,不仅可以快速创建表格,而且还可以对表格进行编辑、修改,进行表格与文本间的相互转换和表格格式的自动套用等。本次任务主要通过完成绘制面试评价表来学习表格的创建方法与表格的基本编辑方法。

任务目标

➢掌握 Word 表格的建立方法。

➢掌握 Word 表格工具栏的使用方法。

➢掌握 Word 表格的基本编辑方法。

必备知识

1. 自动创建简单表格

简单表格是指由多行和多列组成的表格，表格中只有横线和竖线，没有斜线。Word 提供了 3 种创建简单表格的方法。

（1）用"插入表格"图形框创建表格

操作步骤如下。

①将光标移到要插入表格的位置。

②切换到"插入"选项卡，单击"表格"组中的"表格"按钮，出现如图 6-1 所示的"插入表格"下拉菜单。

③按住鼠标左键在"插入表格"下方的图形框上向右下方拖动，选定所需的行数和列数，松开鼠标左键，表格自动插入当前的光标处。

（2）用"插入表格"命令创建表格

操作步骤如下。

①将光标移到要插入表格的位置。

②切换到"插入"选项卡，单击"表格"组中的"表格"按钮，在打开的"插入表格"下拉菜单中，单击"插入表格"命令，打开如图 6-2 所示的"插入表格"对话框。

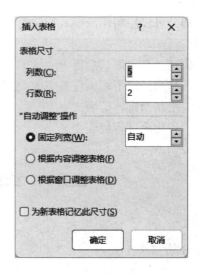

图 6-1 "插入表格"下拉菜单　　　　图 6-2 "插入表格"对话框

③在"列数"和"行数"文本框中分别输入所需表格的列数和行数，"'自动调整'操作"选项组中默认单选项"固定列宽"。

④单击"确定"按钮，即可在插入点处插入一张表格。

（3）用"文本转换成表格"功能创建表格

有些用户习惯在输入文本时将表格的内容同时输入，并利用制表符将各行表格内容上、下对齐，Word 提供了将这类文本转换为表格的功能。具体操作步骤如下。

①选定用制表符分隔的表格文本。

②切换到"插入"选项卡,单击"表格"组中的"表格"按钮,在打开的"插入表格"下拉菜单中,单击"文本转换成表格"命令,打开如图 6-3 所示的"将文字转换成表格"对话框。

③在对话框的"列数"文本框中输入表格列数。

④在"文字分隔位置"组中选定"制表符"单选项。

⑤单击"确定"按钮,就实现了文本到表格的转换。

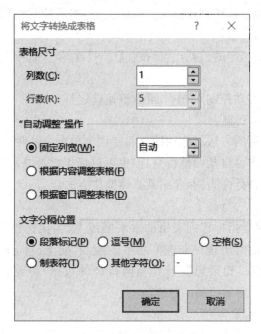

图 6-3　"将文字转换成表格"对话框

2. 修改表格

创建表格后,通常要对其进行编辑与修饰,例如:修改表格行高和列宽,插入、删除行或列,单元格的合并与拆分等,可以先选中表格,切换到"表格工具|布局"选项卡,使用工具栏中提供的功能编辑表格。

（1）选定表格

为了对表格进行编辑,必须先选定要编辑的表格,遵循"先选中,后操作"的原则。

①选定单元格或单元格区域

选定一个单元格:将鼠标指针移至要选取单元格的左侧,当指针变成"➚"形状时单击。或将光标置于单元格中,切换到"表格工具|布局"选项卡,单击"选择"按钮,从弹出的下拉菜单中选择"选择单元格"命令。

选择连续的单元格:将光标移动到要选取连续区域左上角第一个单元格后,按住鼠标左键向右或向下或向右下拖动,松开鼠标左键即可以选定单元格区域。

不连续的单元格:首先选中第一个单元格,然后按住【Ctrl】键,再选中其他单元格,最后松开【Ctrl】键。

②选定表格的行

一行:将鼠标指针移到要选定行的左侧,当指针变成"➚"形状时单击。

连续的多行：将鼠标指针移到要选定首行的左侧，然后按住鼠标左键向下拖动，直至选中要选定的最后一行松开按键。

不连续的行：选中要选定的首行，然后按住【Ctrl】键，依次选中其他要选的行。

③选定表格的列

一列：将鼠标指针移到要选定列的上方，当指针变成"↓"形状时单击。

连续的多列：将鼠标指针移到要选定首列的上方，然后按住鼠标左键向右拖动，直至选中要选定的最后一列松开按键。

不连续的列：选中要选定的首列，然后按住【Ctrl】键，依次选中其他要选的列。

④选定整个表格

单击表格左上角的移动控制点"⊞"，可以迅速选定整个表格。

（2）修改表格行高和列宽

修改表格行高或列宽的方法有拖动鼠标和使用菜单命令两种，在一般情况下，Word能够根据单元格中输入的内容自动调整行高，但也可以根据需要来修改它。调整行高和列宽的方法类似。下面以调整行高为例，介绍其具体操作方法。

①拖动鼠标修改表格的行高

具体操作步骤：将鼠标指标移到表格的水平框线上，当鼠标指针变成调整行高的"╪"形状时，按住鼠标左键，此时出现一条左右水平的虚线，向上或向下拖动，拖动鼠标到所需的新位置，松开鼠标左键。如果想要看到当前行高的数据，需要在拖动鼠标的同时按住【Alt】键，垂直标尺上就会显示行高的数据。

②用命令菜单改变行高

选定要修改行高的一行或多行，切换到"表格工具|布局"选项卡，在"表"组中单击"属性"按钮，打开"表格属性"对话框，如图6-4所示，单击"行"选项卡，选中"指定高度"前的复选框，并在文本框中输入行高的数值，在"行高值是"下拉列表框中选定"最小值"或"固定值"，最后点击"确定"按钮。

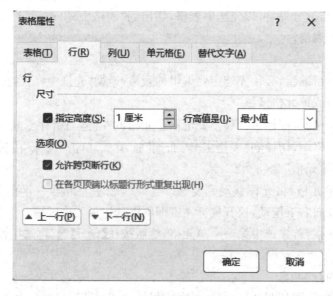

图6-4 "表格属性"对话框

（3）插入、删除行或列

选定单元格、行或列，切换到"表格工具|布局"选项卡，如图 6-5 所示，单击"行和列"组中的相关按钮：选择"在上方插入/在下方插入"可以在当前行（或选定的行）上面或下面插入与选定行数相等的行；选择"在左侧插入/在右侧插入"可以在当前列（或选定的列）左侧或右侧插入与选定列数相等的列。

图 6-5　"表格工具|布局"选项卡

（4）单元格的合并与拆分

合并单元格：选定两个或两个以上的相邻单元格，切换到"表格工具|布局"选项卡，单击"合并"组中的"合并单元格"按钮。

拆分单元格：选定一个或多个单元格，切换到"表格工具|布局"选项卡，单击"合并"组中的"拆分单元格"按钮，打开如图 6-6 所示的"拆分单元格"对话框，输入要拆分的行数和列数，单击"确定"按钮。

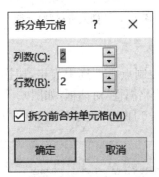

图 6-6　"拆分单元格"对话框

（5）表格标题行的重复

当一张表格超过一页时，通常希望在第二页的续表中也包括表格的标题行，具体操作：选定第一页表格中的一行或多行标题，切换到"表格工具|布局"选项卡，单击"数据"组中的"重复标题行"按钮。

建立空表格后，可以将插入点移动到表格的单元格中输入文本，因为单元格是一个编辑单元，当输入到单元格右边线时，单元格高度会自动增大，把输入的内容转入到下一行，如果需要另起一段，按【Enter】键。

任务实施

1. 插入表格

【扫码观看操作视频】

切换到"插入"选项卡，单击"表格"组中的"表格"按钮，在打开的"插入表格"下拉菜单中，单击"插入表格"命令，打开如图 6-7 所示的"插入表格"对话框，在"列数"文本框中输入

6，在"行数"文本框中输入22，"'自动调整'操作"选项组中默认单选项"固定列宽"，点击"确定"按钮。

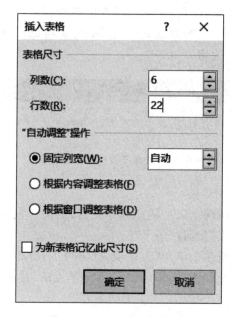

图6-7 "插入表格"对话框

2. 编辑表格

（1）单击表格左上角的移动控制点"⊞"选中表格，切换到"表格工具 | 布局"选项卡，在"表"组中单击"属性"按钮，打开"表格属性"对话框，如图6-8所示，选中"指定宽度"前的复选框，在"指定宽度"文本框中输入15.6厘米，"度量单位"选择"厘米"，"对齐方式"选中"居中"。

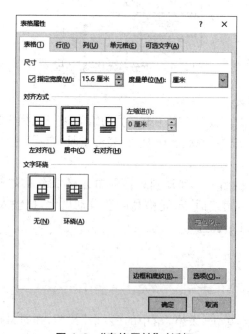

图6-8 "表格属性"对话框

（2）在"表格属性"对话框，切换到"行"选项卡，如图6-9所示，选中"指定高度"前的复选框，在"指定高度"文本框中输入0.8厘米，在"行高值是"列表框中选择"最小值"，点击"确定"按钮。

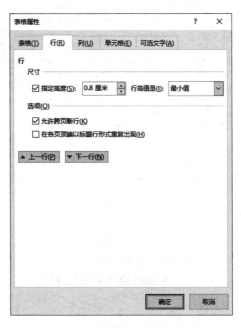

图6-9　"表格属性"对话框"行"选项卡

（3）保持表格选中状态，切换到"表格工具|布局"选项卡，在"对齐方式"组中，单击"水平居中"按钮。

（4）选中第一列，切换到"表格工具|布局"选项卡，在"单元格大小"组中的"宽度"文本框中输入2.5厘米，用同样的方法设置第二列列宽为3.3厘米，第三列列宽为2厘米，第四列列宽为3厘米，第五列列宽为2.8厘米，第六列列宽为2厘米。

（5）选中第三行的第二和第三个单元格，切换到"表格工具|布局"选项卡，单击"合并"组中的"合并单元格"按钮，将其合并为一个单元格。用同样的方法把第三行的第五和第六个单元格合并为一个单元格。

（6）将第四行至第六行的第二至第五个单元格分别合并为一个单元格。

（7）将第七行至第十九行的第三至第五个单元格分别合并为一个单元格。

（8）将第一列的第七行至第十行合并为一个单元格，第十一行至第十五行合并为一个单元格，第十六行至第十九行合并为一个单元格。

（9）将第二十行至第二十二行的第二至第六个单元格分别合并成一个单元格。

（10）结果如图6-10所示。

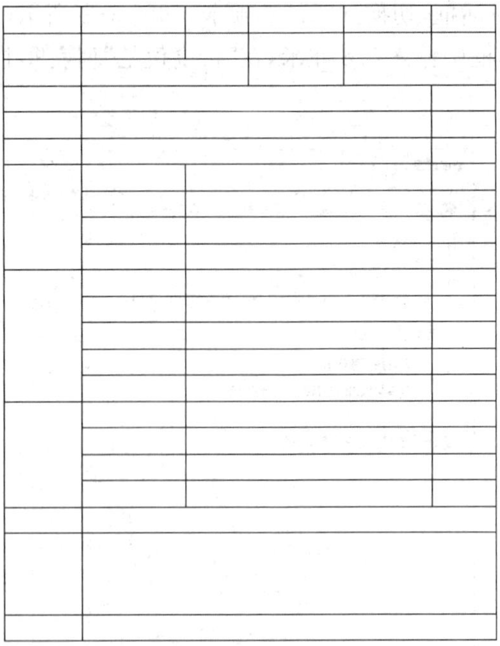

图 6-10　合并单元格后的表格

3. 输入表格内容

根据给定的表格内容，输入相应的文字，如图 6-11 所示，将参考标准内容部分文字对齐方式设置为"中部两端对齐"。

姓　名		性　别		年　龄	
应聘职位		籍　贯		工作年限	
毕业院校			专业		
评分要素	参考标准			得分	
举止仪表(8分)	仪表端正，装扮得体，举止有度。				
求职欲望(8分)	对公司有初步了解，面试精心准备，态度认真，待遇要求合理。				
综合能力(25分)	自我认知能力(5分)	能准确判断自己的优势、劣势，并针对劣势提出弥补措施。			
	沟通表达能力(7分)	准确理解他人意愿，有积极主动沟通的意识和技巧，用词恰当，表达流畅，有说服力。			
	应变能力(5分)	有压力状况下，思维反应敏捷，情绪稳定，考虑周到周到。			
	执行力(8分)	在任何情况下都能服从领导的工作安排，全力以赴完成工作任务。			
综合素质(35分)	可塑性(6分)	拥有较强的学习力，能理性接受他人的观点，对他人、他事无成见。			
	情绪稳定性(5分)	在特殊情况下能保持情绪稳定,不会做出极端言行。			
	主动性(7分)	找借口还是找方法，工作方法的灵活多样性。			
	服从性(7分)	能服从自己不认可的领导，服从并接受自认为不合理的处罚，能接受工作职责外的任务。			
	团队意识(7分)	过去自认为骄傲的经历中有团队合作事项，能为团队做出超越期望值的付出。			
职位匹配性(24分)	经历(5分)	是否经常换工作，工作稳定性，平均每份工作时间最少应超过1年。			
	性格(7分)	自信、谦和、积极乐观、心态成熟、性格与岗位要求相匹配。			
	专业背景(7分)	所学是否相关专业，有无相关工作经验。			
	对企业的认同程度(5分)	对以前企业老板的态度，是否认同行业和公司未来前景，是否认同公司的文化和管理方法			
评定总分					
评语及录用建议					
面试人	(签字)	日期：	年　月　日		

图 6-11　输入文字后的表格

任务二　美化面试评价表

任务分析

本次任务主要通过美化面试评价表来学习表格的基本编辑与修饰方法,表格内数据的排序和计算等基本操作。

任务目标

➤掌握表格自动套用格式的使用方法。
➤掌握表格边框和底纹的设置方法。
➤掌握表格内数据的排序和计算方法。

必备知识

1. 设置表格格式

（1）表格自动套用格式

创建表格后,可以使用"表格工具|设计"选项卡"表格样式"组中内置的表格样式对表格进行排版,该命令组预定义了许多表格的格式、字体、边框、底纹、颜色供选择,还提供修改表格样式的功能,使表格的排版变得轻松容易,具体操作如下。

①将插入点移到要排版的表格内。

②切换到"表格工具|设计"选项卡,单击"表格样式"组中的"其他"按钮,打开如图 6-12 所示的表格样式列表框。

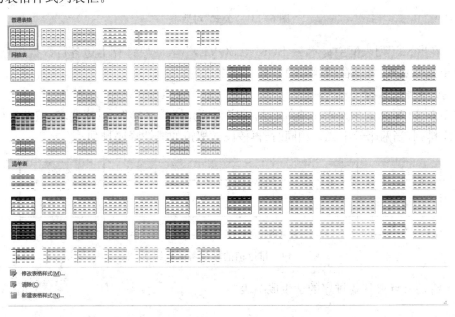

图 6-12　表格样式列表框

③在内置表格样式列表框中选定所需要的表格样式。

（2）表格边框和底纹的设置

除了表格样式外，还可以使用"表格工具|设计"选项卡"边框"组中的有关按钮和"表格样式"组中的"底纹"按钮对表格框线的线形、粗细和颜色，单元格的底纹颜色等进行个性化的设置。

①单击"边框"组中的"边框"下拉按钮，打开边框列表，可以设置所需的边框。

②单击"表格样式"组中的"底纹"下拉按钮，打开底纹颜色列表，可以选择所需的底纹颜色。

2. 表格的计算

Word 提供了对表格数据的常用计算功能，利用这些功能可以对表格中的数据进行计算，如计算总和，具体操作如下。

（1）将插入点移到存放总分的单元格中。

（2）单击"表格工具|布局"选项卡"数据"组中的"公式"按钮，打开如图 6-13 所示的"公式"对话框。

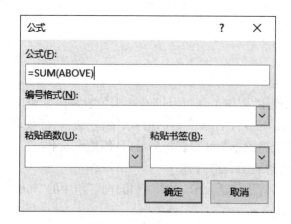

图 6-13 "公式"对话框

（3）在"公式"列表框中显示"＝SUM（ABOVE）"，表明要计算上边各行数据的总和，如果要使用其他函数，可以在"粘贴函数"列表框中选定。

3. 排序表格数据

如图 6-14 所示的学生考试成绩表的排序为例介绍排序操作，排序要求：按照机械制图成绩降序排列，当两个学生成绩相同时，再按民航概论的成绩降序排列。

姓名	计算机基础	机械制图	民航概论	平均成绩
张三	88	82	95	
李四	90	88	86	
王五	78	82	79	

图 6-14 排序前的学生考试成绩表

（1）将插入点移到要排序的学生成绩表中。

（2）单击"表格工具|布局"选项卡"数据"组中的"排序"按钮，打开如图 6-15 所示的"排序"对话框。

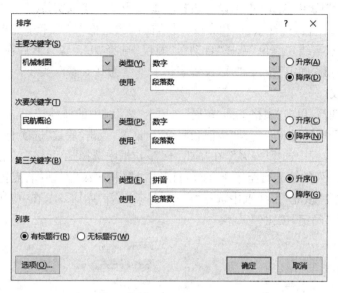

图 6-15 "排序"对话框

（3）在"主要关键字"列表框中选择"机械制图"项，在其右边的类型列表框中选择"数字"，再单击"降序"单选框。

（4）在"次要关键字"列表框中选择"民航概论"项，在其右边的类型列表框中选择"数字"，再单击"降序"单选框。

（5）在"列表"选项组中单击"有标题行"单选框。

（6）单击"确认"按钮。可以得到如图 6-16 所示的排序结果。

姓名	计算机基础	机械制图	民航概论	平均成绩
李四	90	88	86	
张三	88	82	95	
王五	78	82	79	

图 6-16 排序后的学生考试成绩表

 **任务实施**

【扫码观看操作视频】

1. 设置边框

（1）选中表格，单击"表格工具|布局"选项卡"表"组中的属性按钮，打开"表格属性"对话框，点击"边框和底纹"按钮，打开"边框和底纹"对话框，在"边框"选项卡中点击"自定义"按钮，在"样式"中选择细实线，"颜色"选择"自动"，"宽度"选择"1.5 磅"，然后在"预览"中点击上、下、左、右各一次表格外框线，可以看到，表格外框线已经设置成功。将"宽度"选择"0.5 磅"，然后在"预览"中点击表格内框线，可以看到，表格内框线已经设置成功，点击"确定"按钮。

（2）选中第四行，打开"边框和底纹"对话框，在"边框"选项卡中点击"自定义"按钮，在"样式"中选择双实线，"颜色"选择"自动"，"宽度"选择"0.5磅"，然后在"预览"中点击两次表格下框线，点击"确定"按钮，即可设置表格下框线为0.5磅双实线。

（3）选中第二十行，打开"边框和底纹"对话框，在"边框"选项卡中点击"自定义"按钮，在"样式"中选择双实线，"颜色"选择"自动"，"宽度"选择"0.5磅"，然后在"预览"中点击一次表格上框线，点击"确定"按钮，即可设置表格上框线为0.5磅双实线。

2. 设置底纹

（1）选中第四行，单击"表格工具|布局"选项卡"表"组中的属性按钮，打开"表格属性"对话框，点击"边框和底纹"按钮，打开"边框和底纹"对话框，点击"底纹"选项卡，如图6-17所示，在"图案|样式"下拉框中选择"25%"，在"应用于"下拉框中选择"单元格"，点击"确定"按钮。

（2）选中第一列的第五行至第十九行，打开"边框和底纹"对话框，点击"底纹"选项卡，如图6-18所示，在"填充"下拉框中选择"白色，背景1，深色15%"，在"应用于"下拉框中选择"单元格"，点击"确定"按钮。

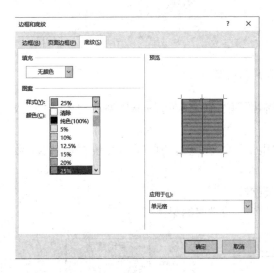 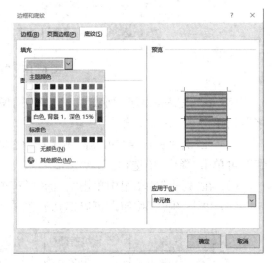

图6-17　边框和底纹对话框1　　　　图6-18　边框和底纹对话框2

（3）计算评定总分。将光标移到对应的表格内，在"表格工具|布局"选项卡，点击"公式"按钮，如图6-19所示，输入求和公式，计算得出结果。

图6-19　"公式"对话框

（4）保存文件。单击"文件"→"保存"，保存文档，最终效果如图6-20所示。

姓　名		性　别		年　龄	
应聘职位		籍　贯		工作年限	
毕业院校			专业		
评分要素	参考标准				得分
举止仪表 (8分)	仪表端正，装扮得体，举止有度。				5
求职欲望 (8分)	对公司有初步了解，面试精心准备，态度认真，待遇要求合理。				5
综合能力 (25分)	自我认知能力(5分)	能准确判断自己的优势、劣势，并针对劣势提出弥补措施。			4
	沟通表达能力(7分)	准确理解他人意思，有积极主动沟通的意识和技巧，用词恰当，表达流畅，有说服力。			6
	应变能力(5分)	有压力状况下，思维反应敏捷，情绪稳定，考虑问题周到。			4
	执行力(8分)	在任何情况下都能服从领导的工作安排，全力以赴完成工作任务。			7
综合素质 (35分)	可塑性(6分)	拥有较强的学习力，能理性接受他人的观点，对他人、他事无成见。			5
	情绪稳定性(5分)	在特殊情况下能保持情绪稳定，不会做出极端言行。			4
	主动性(7分)	找借口还是找方法，工作方法的灵活多样性。			6
	服从性(7分)	能服从自己不认可的领导，服从并接受自认为不合理的处罚，能接受工作职责外的任务。			6
	团队意识(7分)	过去自认为骄傲的经历中有团队合作事项，能为团队做出超越期望值的付出。			5
职位匹配性 (24分)	经历(5分)	是否经常换工作，工作稳定性，平均每份工作时间最少应超过1年。			4
	性格(7分)	自信、谦和、积极乐观、心态成熟、性格与岗位要求相匹配。			6
	专业背景(7分)	所学是否相关专业，有无相关工作经验。			6
	对企业的认同程度(5分)	对以前企业老板的态度，是否认同行业和公司未来前景，是否认同公司的文化和管理方法			4
评定总分	77				
评语及录用建议					
面试人	(签字)　　　　　　　日期:　　　年　　月　　日				

图6-20　美化"面试评价表"效果

项目总结

　　Word提供了强大的制表功能，不仅可以自动制表，也可以手动绘表，不仅可以实现表格线的自动保护、表格数据的自动计算等功能，还可以实现对表格外观的各种修饰，最大限度地实现了轻松、美观、快捷、方便的操作目标。

　　本项目通过制作公司面试评价表，以完成工作任务的形式，学习了表格的创建、编辑、修饰等技能。

 项目拓展

制作个人简历

根据本项目所学知识内容，制作个人简历，参考效果如图 6-21 所示。

个人简历					
个人概况	求职意向：图书编辑				
	姓名：	伊乔	出生日期：	1982	
	性别：	女	户口所在地：	河北省保定市	
	民族：	汉	专业和学历：	计算机应用	
	联系电话：	12345667787，0234-3343827			
	通讯地址：	北京市大兴区日月小区 2-456			
	电子邮件地址：	Wangdaxin@163.com			
工作经验	2005.8-2007.8	北京新新文化发展有限公司		北京	
	编辑 参与编辑加工全国职业教育精品教材，主要参与者 参与策划电脑新干线系列图书，任负责人				
	2007.9-至今	北京零点文化传播有限公司		北京	
	策划编辑 全国高职高专计算机专业教材，策划人 全国高职高专机械专业教材，策划人				
教育背景	2001.9-2005.7	北京邮电大学		计算机应用	
	学士 连续四年获校三好学生 参与开发人事管理信息系统、财务管理信息系统				
外语水平	六级				
计算机水平	二级				
性格特点	喜欢阅读和写作，喜欢思考和钻研				
业余爱好	爬山、旅游				

图 6-21　个人简历参考效果图

项目七 | 编排职业学院学生毕业论文文档

Word 不仅具有文字编辑、图文混排等实用功能，还可以在其中插入页眉、页脚、自动生成目录等，这些功能常用于长文档编排的场合，如论文的格式排版、书稿编排、商业企划书的制作等。

本项目中，我们将利用 Word 的以上功能，根据毕业论文的格式要求，完成一篇毕业论文的排版。通过训练与学习，掌握论文排版的技巧。这些技巧不只在论文写作中可以使用，在写其他文档时也可以使用。

项目描述

小赵是某高职院校的一名大三学生，面临毕业，他按照毕业设计指导老师发放的毕业设计任务书的要求，完成了毕业设计和毕业论文内容的撰写，下一步，他将按照教务处发放的"毕业论文排版格式要求"对论文进行编辑和排版。

1. 毕业设计（论文）构成

毕业论文包括以下内容（按顺序）：封面、中外文摘要与关键词、目录、正文、致谢、参考文献等。如果需要，可以在正文前加"引言"，如果有源代码或线路图等，也可以在参考文献后追加附录。各部分标题均采用论文正文中一级标题的样式。

2. 纸型及页边距

毕业设计（论文）一律用国际标准 A4 型纸（297 mm×210 mm）打印。页面分图文区与白边区两部分，所有的文字、图形、其他符号只能出现在图文区内。白边区的尺寸（页边距）：天头（上）2.5 cm，地脚（下）2.5 cm，订口（左）2.6 cm，翻口（右）2.1 cm。

3. 封面

封面由论文题目、姓名、学号、二级学院、专业、班级、指导教师、教师职称、日期等项内容组成。教务处给出了模板，根据需要做必要的内容修改，不允许改变原有模板格式。

4. 中英文内容提要及关键词

另起页，标题用三号黑体，顶部居中，上下各空一行。内容提要用小四号宋体，每段起首空两格，回行顶格。关键词三个字用小四号黑体，关键词通常不超过 8 个，词间空一格。

5. 目录

另起页，项目名称用三号黑体，空两格居中。内容用小四号宋体。一级目录加粗、二级以下目录空两格。

6. 正文

另起页,中文字体为宋体,外文字体及数字为"新罗马"字体,字号均为小四号,每段起首空两格,回行顶格,1.5倍行距。

一级标题:标题序号为"1",小三号加粗黑体,末尾不加标点;

二级标题:标题序号为"1.1",四号加粗黑体,独占行,末尾不加标点;

三级标题:标题序号为"1.1.1",小四号黑体,不加粗,独占行,末尾不加标点;

四级及以下标题:四、五级标题序号分别为"(1)"和"①"与正文字体字号相同,可根据标题的长短确定是否独占行。若独占行,则末尾不使用标点,否则,标题后必须加句号。每级标题的下一级标题应各自连续编号。

正文中的图、表、附注、参考文献、公式、算式等,一律用阿拉伯数字分别依序连续编排序号。

正文中的图主要包括曲线图、构造图、示意图、图解、框图、流程图、记录图、布置图、照片、图版等。图要有图号及简短、确切的题名,居中置于图下。图要求有"自明性",只看图、图题、图例,就可以理解图意。要先见文,后见图。图在正文中不能跨节排列。

图的插入方式为上下环绕,左右居中。文章中的图应统一编号并加图名,格式为"图1××图",用五号宋体在图的下方居中编排。

正文或附录中的表格一般包括表头和表体两部分,编排的基本要求如下。

表头:表头包括表号、标题和计量单位,用五号宋体,在表体上方与表格线等宽度编排。其中,表号居左,格式为"表1",全文表格连续编号;标题居中,格式为"××表";计量单位居右,参考格式为"计量单位:元";

表体:表线用细实线(0.5磅)。

7. 结论

另起页,项目名称用小三号黑体,空两格居中。内容用小四号宋体。

8. 致谢

另起页,项目名称用小三号黑体,空两格居中。内容用小四号宋体。

9. 参考文献

另起页,项目名称用小三号黑体,形式为"[1]"或"(1)",同时在本页留出适当行数,用横线与正文分开,空两格后写出相应的注号,再写注文。注号以页为单位排序,每个注文各占一段,用小四号宋体。引用著作时,注文的顺序为作者、书名、出版单位、出版时间、页码,中间用逗号分隔;引用文章时,注文的顺序为作者、文章标题、刊物名、期数,中间用逗号分隔。

页眉:采用单倍行距,居中对齐。除论文正文部分外,其余部分的页眉中书写当前部分的标题,论文正文奇数页的页眉中书写章题目,偶数页书写"江苏航空职业技术学院毕业设计论文"。

页脚:采用单倍行距。页脚中显示当前页的页码,其中摘要与目录的页码使用希腊文,且分别单独编号,从论文正文开始,使用阿拉伯数字,且连续编号。单面印时页码位于右下角;双面印时,单页页码位于右下角,双页页码位于左下角。

本项目具体通过以下三个任务完成。

任务一 应用样式快速排版论文

任务二 为论文设置不同的页眉和页脚

任务三 生成论文目录

任务一 应用样式快速排版论文

 任务分析

毕业论文是大学生完成学业的标志性作业，是对学习成果的综合性总结和检阅。通过"页面设置"对话框，可以设置页边距、版式、装订线、页眉页脚的位置，通过"样式"任务窗格可以快速地创建与应用样式。

 任务目标

➢掌握页面设置基本方法。
➢掌握项目符号和编号的基本使用方法。
➢掌握应用样式快速排版的基本方法。

 必备知识

1. 设置页面

在创建文档时，Word预设了一个以A4纸为基准的模板，版面可以适用大部分文档，对于有特殊需要的纸张或页边距，用户可以按照需求进行重新设置。

单击"布局"选项卡"页面设置"组右下角的箭头，可以打开如图7-1所示的"页面设置"对话框，对话框中包含"页边距""纸张""版式""文档网格"4个选项卡。

图7-1 "页面设置"对话框

在"页边距"选项卡中,可以设置纸张的上下左右页边距,装订线的位置和距离,选择纸张的方向。

在"纸张"选项卡中,可以设置纸张的大小,单击"纸张大小"列表框下拉按钮,可以在标准纸张的列表中选择一种,也可以选定"自定义大小",并在"宽度"和"高度"框中分别填入数据。

在"版式"选项卡中,可以设置"页眉和页脚"的"奇偶页不同"和"首页不同",设置"页眉"和"页脚""距边界"的距离,还可以设置文本的"垂直对齐方式"等。

在"文档网格"选项卡中可以设置每页的行数和每行的字符数,还可以设置分栏数。

2. 项目符号和编号

项目符号和编号是放在文本前的点或其他符号,起到强调作用。项目编号可使文档条理清楚和重点突出,提高文档编辑速度,合理使用项目符号和编号,可以使文档的层次结构更清晰、更有条理。在"开始"选项卡"段落"组中,点击"编号"旁边的箭头,就可以弹出"编号库"下拉菜单,可以选择编号格式进行设置,如图 7-2 所示。

如果"编号库"中没有想要的编号格式,可以点击"定义新编号格式"命令,进行自定义编号格式,如图 7-3 所示。

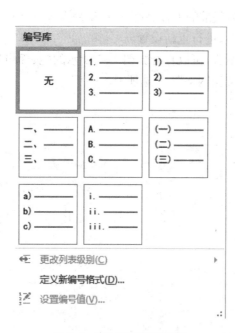

图 7-2 "编号库"下拉菜单

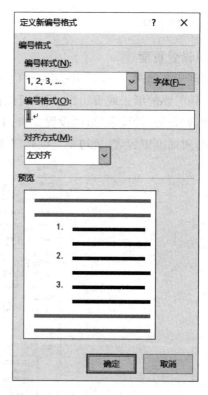

图 7-3 "定义新编号格式"对话框

3. 查找和替换文本

Word 的查找功能不仅可以查找文档中某一指定文本,而且还可以查找特殊符号。

（1）常规文本查找

①单击"开始"选项卡"编辑"组中的"替换"按钮,打开"查找和替换"对话框,单击"查

找"选项卡,得到如图 7-4 所示的"查找和替换"对话框。

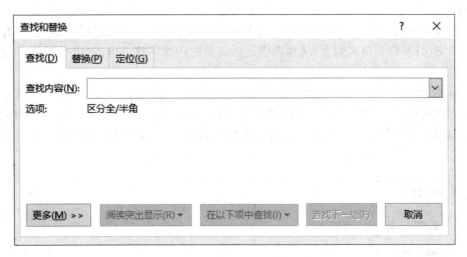

图 7-4　"查找"对话框

②在"查找内容"列表框中输入要查找的文本,单击"查找下一处"按钮开始查找。

(2) 高级查找

①在"查找和替换"对话框"查找"选项卡中,单击"更多"按钮,出现如图 7-5 所示的功能选项。

图 7-5　"高级查找"对话框

②在"搜索"列表框中有"全部""向上""向下"3个选项。下方的单选框,可以选中相应的功能。

③单击"格式"按钮,可以选择相应的文本格式进行查找。如要找特殊格式,单击"特殊格式"按钮,打开特殊格式列表,从列表中选择需要的特殊字符。单击"更少"按钮可返回常规查找方式。

(3)替换文本

对文档中出现的错字/词可以使用"替换"功能进行更正。操作步骤与"查找"类似。

①单击"开始"选项卡"编辑"组中的"替换"按钮,打开"查找和替换"对话框,如图7-6所示。

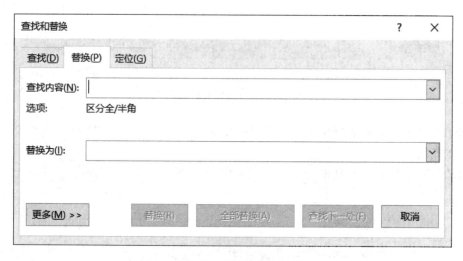

图7-6 "替换"对话框

②在"查找内容"列表框中输入要查找的内容,在"替换为"列表框中输入要替换的内容。

"替换"按钮:替换查找到的文本并定位下一处要查找的文本。

"全部替换"按钮:替换所有查找到的文件。

"查找下一处"按钮:查找并定位下一处需要查找的文本,但不进行替换。

4. 应用样式

样式就是格式的集合。通常所说的"格式"往往指单一的格式,如"字体"格式、"字号"格式等。每次设置格式,都需要选择某一种格式,如果文字的格式比较复杂,就需要多次进行不同的格式设置。而样式作为格式的集合,它可以包含几乎所有的格式,设置时只需选择一下某个样式,就能把其中包含的各种格式一次性设置到文字和段落上。

选中文本后,在"开始"选项卡"样式"组中选择相应的样式,如图7-7所示,就可以将样式应用到文本。

图7-7 "样式"工具栏

样式在设置时也很简单,将各种格式设计好后,起一个名字,就可以变成样式,如图7-8所示。而通常情况下,我们只需使用 Word 提供的预设样式就可以了,如果预设的样式不能满足要求,只需略加修改即可。

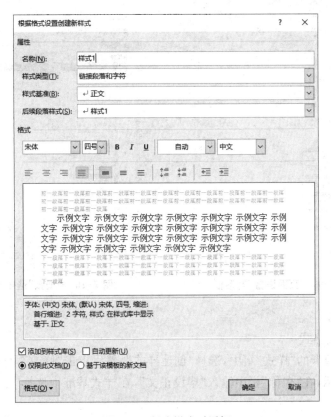

图7-8 新建样式对话框

"正文"样式是文档中的默认样式,新建的文档中的文字通常都采用"正文"样式。很多其他的样式都是在"正文"样式的基础上经过格式改变而设置出来的,因此"正文"样式是Word 中最基础的样式,不要轻易修改它,一旦它被改变,将会影响所有基于"正文"样式的其他样式的格式。

 **任务实施**

1. 页面设置

【扫码观看操作视频】

单击"布局"选项卡"页面设置"组右下角的箭头,打开"页面设置"对话框,如图7-9所示,在"页边距"选项卡中,输入上2.5厘米,下2.5厘米,左2.6厘米,右2.1厘米。然后点击"纸张"选项卡,切换到"纸张"选项卡界面,如图7-10所示,选择"纸张大小"为A4,点击"确定"按钮。

图7-9 "页面设置"对话框

图7-10 "纸张"选项卡

2. 应用样式

(1) 设置正文格式

在"开始"选项卡的"样式"组中,选择"创建样式",然后点击"修改",打开创建样式对话框,如图7-11所示,在"名称"栏中输入"毕设正文",在样式基准中选择"正文",在格式中选择"宋体""小四"。

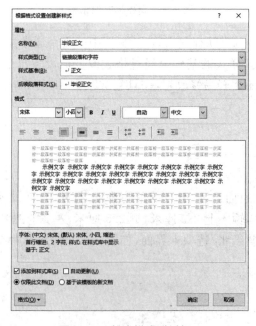

图7-11 创建样式对话框1

点击"格式|字体"按钮，打开"字体"对话框，如图 7-12 所示，"中文字体"下拉选框中选择"宋体"，"西文字体"下拉选框中选择"Times New Roman"，点击"确定"按钮。

图 7-12 "字体"对话框

点击"格式|段落"按钮，打开"段落"对话框，如图 7-13 所示，在"特殊格式"的下拉选框中选择"首行缩进"，在"缩进值"框中输入"2 字符"，在"行距"下拉选框中选择"1.5 倍行距"，点击"确定"按钮。

图 7-13 "段落"对话框

（2）设置一级标题格式

重复创建样式操作，打开创建样式对话框，如图7-14所示，在"名称"栏中输入"毕设标题1"，在样式基准中选择"标题1"，在格式中选择"黑体""小三"，点击"加粗"按钮，然后点击"确定"按钮。

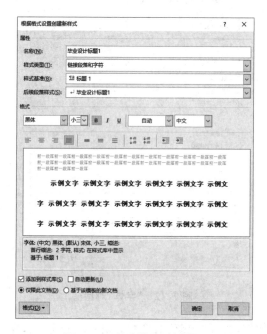

图7-14　创建样式对话框2

（3）设置二级标题格式

重复创建样式操作，在"名称"栏中输入"毕设标题2"，在样式基准中选择"标题2"，在格式中选择"黑体""四号"，点击"加粗"按钮，然后点击"确定"按钮。

（4）设置三级标题格式

重复创建样式操作，在"名称"栏中输入"毕设标题3"，在样式基准中选择"标题3"，在格式中选择"黑体""小四"，然后点击"确定"按钮。

（5）应用样式

选中正文所有文字，点击样式中的"毕设正文"，选中一级标题，点击样式中的"毕设标题1"，选中二级标题，点击样式中的"毕设标题2"，选中三级标题，点击样式中的"毕设标题3"。

任务二　为论文设置不同的页眉和页脚

任务分析

通过"页眉页脚工具|设计"选项卡中的相关按钮，可以设置论文不同章节、奇偶页中页眉页脚的制作要求。

任务目标

➢掌握节的基本使用方法。
➢掌握页眉页脚的基本设置方法。

必备知识

1. 认识文档属性

编写文档时，有时需要在某一页插入如标题、作者、通信地址、联系方式等信息，Word提供了插入"文档属性"的功能。

单击"文件"选项卡，单击"信息"，单击页面顶部的"属性"，然后选择"高级属性"，打开"属性"对话框。输入所需插入的文档信息，之后就可以在文档指定区域插入这些信息了。

单击"自定义"选项卡，可以添加文档的自定义属性。在"名称"框中，为自定义属性键入一个名称，或从列表中选择一个名称，在"类型"列表中，选择要添加的属性的数据类型，在"取值"文本框中键入属性的值，键入的值必须与"类型"列表中的选项相匹配。例如：在"类型"列表中选择"数字"，则必须在"值"框中键入数字，与属性类型不匹配的值将存储为文本，然后单击"添加"按钮，将自定义的属性添加到"属性"列表框中。

图 7-15　"目录属性"对话框

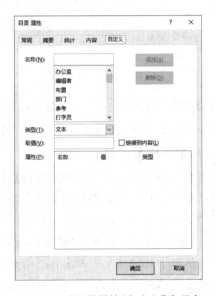

图 7-16　"目录属性|自定义"选项卡

2. 认识"节"

这里的"节"不同于论文里的章节，但概念上是相似的。节是一段连续的文档块，可用节在一页之内或两页之间改变文档的布局。如果没有插入分节符，Word 默认一个文档只有一个节，所有页面都属于这个节，若想对页面设置不同的页眉页脚，必须将文档分为多个节。

同节的页面拥有同样的边距、纸型或方向、打印机纸张来源、页面边框、垂直对齐方式、页眉和页脚、分栏、页码编排、行号及脚注和尾注。插入分节符即可将文档分成几节，然后根据需要设置每节的格式。例如：可将报告内容提要一节的格式设置为一栏，而将后面报告正文部分的一节设置成两栏。

选择"布局"选项卡中的"分隔符"按钮，可以打开"分隔符"下拉菜单，根据自己的需要选择合适的分节符类型，如图 7-17 所示。

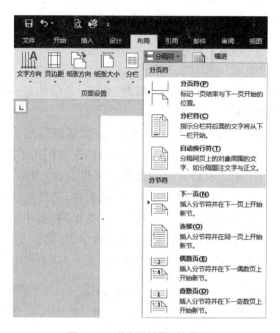

图 7-17 "分隔符"下拉菜单

📖注意：论文里同一章的页面采用章标题作为页眉，不同章的页面页眉不同，这可以通过每一章作为一个节，每节独立设置页眉页脚的方法来实现。

3. 添加页眉和页脚

页眉和页脚通常显示文档的附加信息，常用来插入时间、日期、页码、单位名称、徽标以及章节名称等。其中页眉被打印在页面的顶部，而页脚打印在页面的底部。只有页面视图和打印预览视图方式才能看到页眉和页脚的效果。

（1）文档不分节页眉和页脚的设置方法

可以从如下几种情况中做出合适的选择，添加页眉和页脚。

①整个文档具有相同的页眉和页脚：进入页眉和页脚的编辑状态，直接设置即可。

②奇数页和偶数页的页眉和页脚不同：首先在页面设置对话框的版式选项卡中，将页眉和页脚栏的"奇偶页不同"的复选框选中，然后分别设置奇数页和偶数页的页眉或页脚。

③首页与后续页面的页眉和页脚不同：首先在页面设置对话框的版式选项卡中，将页眉和页脚栏的"首页不同"的复选框选中，然后分别设置首页与后续页面的页眉或页脚。

④首页奇数页偶数页的页眉和页脚均不同：首先在页面设置对话框的版式选项卡中，将页眉和页脚栏的"首页不同"和"奇偶页不同"的复选框选中，然后分别设置首页、奇数页、偶数页的页眉或页脚。

（2）文档分节页眉和页脚的设置方法

如果要使文档的多个部分之间具有不同的页眉或页脚,只要在页面设置对话框的版式选项卡中,合理设置页眉和页脚栏的"首页不同""奇偶页不同"复选框,然后在文档的适当位置插入分节符,并分节设置页眉或页脚即可。

（3）添加页眉

切换到"插入"选项卡,单击"页眉"按钮,打开页眉设置下拉菜单,根据需要选择内置的页眉格式,如图7-18所示。点击"编辑页眉"按钮可以直接添加页眉,点击页面空白区即可退出编辑状态。

（4）添加页脚

切换到"插入"选项卡,单击"页脚"按钮,打开页脚设置下拉菜单,根据需要选择内置的页脚格式,如图7-19所示,点击"编辑页脚"按钮可以直接添加页脚。

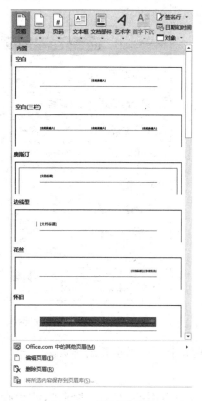

图7-18 "页眉"设置

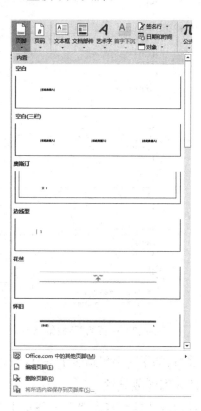

图7-19 "页脚"设置

注意:

①页脚的制作方法相对比较简单,论文页面的页脚只有页码,要求从正文开始进行编号,但是,在正文前还有扉页、授权声明、中英文摘要和目录,这些页面是不需要编页码的,页码从正文第一章开始编号,这就需要对论文进行分节设置,根据不同的节,设置不同的页脚。

②页眉段落默认使用内置样式"页眉",页脚使用"页脚"样式,页码使用内置字符样式"页码"。如页眉页脚的字体字号不符合要求,修改这些样式并自动更新即可,不用手动修改各章的页眉页脚。

（5）页码

切换到"插入"选项卡，单击"页码"按钮，打开页码下拉菜单，如图 7-20 所示。选择插入页码的位置，然后选择内置页码的格式，即可以相应位置插入对应格式的页码。

如果要设置页码的格式，打开"页码"下拉菜单，点击"设置页码格式"，打开如图 7-21 所示的"页码格式"对话框，在"编号格式"下拉列表框中选择所需要的格式。根据分节情况，在"页码编号"栏选择"续前节"单选项或指定"起始页码"。

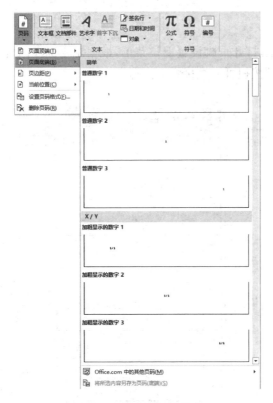

图 7-20　"页码"下拉菜单　　　　　　图 7-21　"页码格式"对话框

📖注意：如果文档包括多个章节，在每一章或节中都可以重新编排页码。

4. 插入脚注或尾注

在编写文档时，常常需要对一些从别人的文章中引用的内容加注释，这称为脚注或尾注，Word 提供了插入脚注和尾注的功能，可以在指定的文字处插入注释，脚注和尾注都是注释，区别在于脚注是位于每一页的底端，尾注是位于文档的结尾处。插入脚注和尾注的操作步骤如下。

（1）将插入点移到需要插入脚注和尾注的文字之后的位置。

（2）单击"引用"选项卡"脚注"组右下角的箭头，打开"脚注和尾注"对话框。

（3）在对话框中选定"脚注"或"尾注"单选项，设定注释的编号格式、自定义标记、起始编号等。

如果要删除脚注或尾注，选定脚注或尾注号，按【Delete】键。

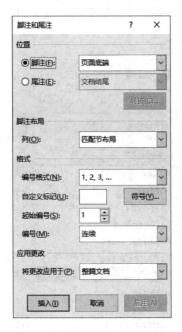

图 7-22　"脚注和尾注"对话框

5．使用 Word 域

域就是引导 Word 在文档中自动插入文字、图形、页码或其他信息的一组代码。域代码作为文档中可能更改的数据的占位符非常有用,可以使用域代码自动执行文档的某些方面。当使用页码或目录等 Word 功能时,将插入域代码,但可以手动插入域代码以执行其他任务,如执行计算或从数据源填充文档内容。

（1）插入域

将光标移到要插入域的位置,单击"插入"选项卡,在"文本"组中单击"文档部件"按钮,在弹出的下拉菜单中单击"域"选项。

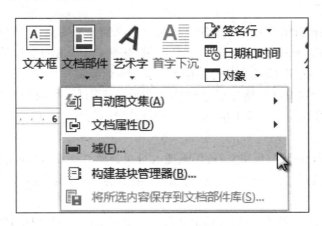

图 7-23　"文档部件"下拉菜单

在"类别"下拉列表中选择要插入域的类型,在"域名"列表中,选择域名,然后选择相应的域属性,单击"确定"。

图7-24 "域"对话框

(2) 编辑域

在域中单击鼠标右键,然后单击"编辑域"。更改域属性和选项。对于某些字段,必须显示域代码以编辑字段:按【Alt+F9】组合键在查看域代码和查看文档中的域结果之间切换。某些域是在自己的对话框而不是在"域"对话框中编辑的。例如:如果右键单击超链接,然后单击"编辑超链接",将打开"编辑超链接"对话框。

 **任务实施**

【扫码观看操作视频】

1. 将文档分节

将论文正文前面插入学校提供的论文封面页与原创性声明页,将光标移到论文原创性声明页末尾,切换到"布局"选项卡,单击"分隔符"按钮,在弹出的下拉菜单中,单击"分节符"组中的"下一页"按钮,插入分节符并在下一页上开始新节。

后面是中英文摘要页面,将光标移到英文摘要页面末尾,切换到"布局"选项卡,单击"分隔符"按钮,在弹出的下拉菜单中,单击"分节符"组中的"下一页"按钮,插入分节符并在下一页上开始新节。

在新一页按【Enter】键,预留空行,用来插入目录。然后切换到"布局"选项卡,单击"分隔符"按钮,在弹出的下拉菜单中,单击"分节符"组中的"下一页"按钮,插入分节符并在下一页上开始新节。

新一页即论文的正文,将光标移到论文每一章节页面的末尾,切换到"布局"选项卡,单击"分隔符"按钮,在弹出的下拉菜单中,单击"分节符"组中的"下一页"按钮,插入分节符并在下一页上开始新节。

在论文的"结论"和"致谢"页面的末尾插入同样的分节符。

2. 设置页眉页脚

（1）设置页眉

切换到"布局"选项卡，单击"页面设置"组右下角的箭头，打开"页面设置"对话框，切换到"版式"选项卡，在"页眉和页脚"组中选中"奇偶页不同"和"首页不同"前面的复选框，点击"确定"按钮。

在摘要页面顶部空白区域双击鼠标左键，进入编辑页眉界面，在"页眉和页脚工具|设计"选项卡，单击"导航"组中的"链接到前一条页眉"，取消其选中状态，然后输入文字"摘要"。

在"页眉和页脚工具|设计"选项卡，单击"导航"组中的"下一节"，进入英文摘要页面页眉编辑，单击"导航"组中的"链接到前一条页眉"，取消其选中状态，然后输入文字"Abstract"。

在"页眉和页脚工具|设计"选项卡，单击"导航"组中的"下一节"，进入目录页面页眉编辑，单击"导航"组中的"链接到前一条页眉"，取消其选中状态，然后输入文字"目录"。

在"页眉和页脚工具|设计"选项卡，单击"导航"组中的"下一节"，进入正文奇数页页面页眉编辑，单击"导航"组中的"链接到前一条页眉"，取消其选中状态，然后输入第一章的章标题。

在"页眉和页脚工具|设计"选项卡，单击"导航"组中的"下一节"，进入正文偶数页页面页眉编辑，单击"导航"组中的"链接到前一条页眉"，取消其选中状态，然后输入"江苏航空职业技术学院毕业设计论文"。

同样的方法设置其他章节的奇数页页眉和结论、致谢、参考文献页面的页眉即可，偶数页页眉延用前一条的页眉。

📖 注意：每一章的起始页应该在奇数页，目录、结论、致谢、参考文献的页面如果是偶数页，需要插入一张空白页面，使得每个项目的起始页面在奇数页，论文正文需要调整文字，使得每一章的起始页在奇数页，尽量不使用空白页面。

（2）插入页码

双击摘要页面底部空白部分，进入页脚编辑状态，单击"导航"组中的"链接到前一条页眉"，取消其选中状态。切换到"插入"选项卡，单击"页眉和页脚"组中的"页码"按钮，在弹出的下拉菜单中选择"页面底端"，单击"普通数字3"，即可插入页码，选中页脚处的页码，单击鼠标右键，在弹出的下拉菜单中选择"设置页码格式"按钮，打开"页码格式"对话框，如图7-25所示，在"编号格式"下拉列表框中选择大写的希腊字母，在"页码编号"组中选择"起始页面"单选框，调整起始页码为Ⅰ，单击"确定"按钮。

将光标移到英文摘要页面底部页脚处，单击"导航"组中的"链接到前一条页眉"，取消其选中状态。切换到"插入"选项卡，单击"页眉和页脚"组中的"页码"按钮，在弹出的下拉菜单中选择"页面底端"，单击"普通数字1"，即可插入页码。

将光标移到目录页面底部页脚处，单击"导航"组中的"链接到前一条页眉"，取消其选中状态。选中页脚处的页码，单击鼠标右键，在弹出的下拉菜单中选择"设置页码格式"按钮，打开"页码格式"对话框，在"编号格式"下拉列表框中选择大写的希腊字母，在"页码编号"组中选择"起始页面"单选框，调整起始页码为Ⅰ，单击"确定"按钮。

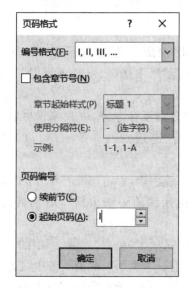

图 7-25 "页面格式"对话框

将光标移到论文正文第一章第一页的页面底部页脚处,单击"导航"组中的"链接到前一条页眉",取消其选中状态,并调整起始页码为数字 1。点击"页眉和页脚工具"选项卡中的"关闭页眉和页脚"按钮,退出页眉和页脚编辑状态。

从文档首页开始检查论文页眉和页脚设置是否正确。

任务三 生成论文目录

 **任务分析**

目录是一篇长文档或一本书的大纲提要,用户可能以通过目录了解文档的整体结构,以便把握全局内容框架。根据论文不同样式的应用和论文的分节,来确定论文的基本结构,通过"目录"和"目录选项"对话框,可以为文档定制目录。

 **任务目标**

➢掌握导航窗格的基本应用。
➢掌握论文目录的生成方法。

 **必备知识**

1. 使用"导航"任务窗格

在使用 Word 编辑文档时,有时会遇到长达几十页甚至上百页的超长文档,使用"导航"任务窗格可以为用户提供精确导航。

切换到"视图"选项卡,在"显示"组中选中"导航窗格"复选框,即可在编辑区的左侧打开"导航"任务窗格,除了关键字导航以外,还提供了文档标题导航、文档页面导航和特定对象导航。

（1）文档标题导航

当对超长文档事先设置了标题样式后,即可使用文档标题导航方式,Word 会对文档进行智能分析,并将文档标题在"导航"任务窗格中列出,单击其中的标题,即可自动定位到相关段落。

（2）文档页面导航

使用 Word 编辑文档会自动分页,文档页面导航就是根据 Word 文档的默认分页进行导航,单击"导航"任务窗格中的"页面"按钮,将切换到文档页面导航,Word 会在"导航"任务窗格中以缩略图形式列出文档分页,只要单击分页缩略图,即可定位到相应页面查阅。

（3）特定对象导航

单击搜索框右侧的下拉箭头,从弹出的下拉菜单中选择所需的命令,可以快速查找文档中的图形、表格、公式等特定对象,如图 7-26 所示。

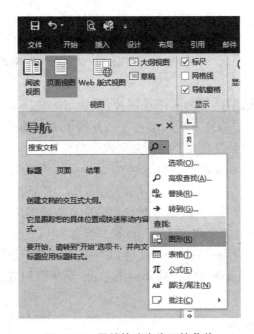

图 7-26　导航快速查找下拉菜单

2. 添加题注和交叉引用

在撰写论文时,图表和公式通常按照在章节中出现的顺序分章编号,如图 1-1、表 2-1 和公式 3-1 等,当在正文中需要引用这些图表或公式时通常使用"如图 1-1 所示""见表 2-1"和"参考公式 3-1"等。在论文的编辑过程中,图表和公式往往存在增加或减少的操作,通过添加题注和交叉引用可以让编辑者省去对编号维护的工作量。

（1）为图片和表格创建题注

使用 Word 提供的题注功能,可以对图片和表格自动进行编号,从而节约手动输入编号的时间,下面以设置图片的题注为例进行说明,操作步骤如下。

①切换到"引用"选项卡,在"题注"组中单击"插入题注"按钮,打开"题注"对话框,如图 7-27 所示。

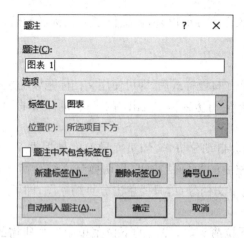

图 7-27 "题注"对话框

②在"标签"下拉列表框中选择所需的标签,如果所提供的标签不能满足要求,单击"新建标签"按钮,打开"新建标签"对话框,在"标签"文本框中输入自定义标签名,然后单击"确定"按钮,返回"题注"对话框,此时,新建的标签出现在"标签"下拉列表框中,单击"关闭"按钮,返回文档编辑窗口中。

③在文档中插入一张图片,然后右击该图片,从弹出的快捷菜单中选择"插入题注"命令,在打开的对话框中单击"确定"按钮,即可在图片的下方自动插入标签和编号。如果要添加文字说明,只需要在该题注的尾部输入文字内容即可。

选中题注,然后按【Delete】键可以将该题注清除,Word 会自动更新其余题注的编号。

(2)创建交叉引用

交叉引用可以将文档插图、表格等内容与相关正文的说明文字建立对应关系,从而为编辑操作提供自动更新功能。创建交叉引用的操作步骤如下。

①在文档中输入交叉引用开关的介绍文字,并将插入点置于该位置。

②切换到"引用"选项卡,在"题注"选项组中单击"交叉引用"按钮,打开"交叉引用"对话框,如图 7-28 所示。

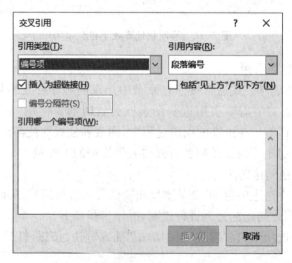

图 7-28 "交叉引用"对话框

③在"引用类型"下拉列表框中选择要引用的内容,然后在"引用内容"列表框中选择要引用的项目。交叉引用设置完毕后,单击对话框的"关闭"按钮即可。

在单击插入的文本范围时,插入的交叉引用内容将会显示灰色的底纹,此时如果修改被引用位置上的内容,返回引用点时按【F9】键,即可更新引用点的内容。

3. 创建目录

在 Word 中可以直接将文档中套用样式的内容创建为目录,如果文档中应用了 Word 定义的各级标题样式,可以使用 Word 提供的自动生成目录的功能,在摘要后插入目录。目录是用来列出文档中的各级标题及标题在文档中相对应的页码。

(1) 使用自动目录样式

①检查文档中的标题,确保它们已经以标题样式被格式化。

②将光标移到需要插入目录的位置,切换到"引用"选项卡,在"目录"组中单击"目录"按钮,弹出如图 7-29 所示的内置"目录"下拉菜单,选择一种目录样式,即可快速生成该文档的目录。

图 7-29　内置"目录"下拉菜单

(2) 自定义目录

如果要利用自定义样式生成目录,操作步骤如下。

①将光标移动到目标位置,单击"引用"选项卡,在"目录"组中单击"目录"按钮,从弹出的下拉菜单中选择"自定义目录"命令,打开如图 7-30 所示的"目录"对话框。

②在"格式"下拉列表框中选择目录的风格,选择的结果可以在预览区域查看。如果选择"来自模板"选项,表示使用内置的目录样式格式化目录。在"制表符前导符"下拉列表框中指定文字与页码之间的分隔符,在"显示级别"下拉列表框中指定目录中显示的标题层次。

图 7-30 "目录"对话框

③单击"目录"对话框中的"选项"按钮,打开"目录选项"对话框,在"有效样式"列表框中找到标题使用的样式,通过"目录级别"文本框指定标题的级别,单击"确定"按钮。

④单击"目录"对话框中的"修改"按钮,打开如图 7-31 所示的"样式"对话框,选择目录级别,单击"修改"按钮,打开"修改样式"对话框,可以修改该目录级别的格式,修改后单击"确定"按钮,返回"样式"对话框,再单击"确定"按钮,返回"目录"对话框。

⑤单击"确定"按钮即可在文档中插入目录。

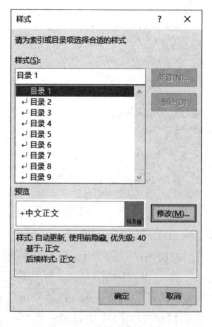

图 7-31 "样式"对话框

📖注意：目录生成后有时目录文字会有灰色的底纹，这是 Word 的域底纹，打印时是不会打印出来的，在"工具|选项"的"视图"选项卡可以设置域底纹的显示方式。

（3）更新目录

当文档内容发生变化时，需要对其目录进行更新，操作步骤如下。

①切换到"引用"选项卡，在"目录"组中单击"更新目录"按钮，打开"更新目录"对话框。

②如果只是页码发生改变，选中"只更新页码"单选按钮，如果有标题内容的修改或增减，选中"更新整个目录"单选按钮。单击"确定"按钮，目录更新完成。

📖 任务实施

【扫码观看操作视频】

（1）将光标移到目录页面，切换到"引用"选项卡，在"目录"组中单击"目录"按钮，从弹出的下拉菜单中选择"自定义目录"命令，打开"目录"对话框。

（2）在"格式"下拉列表框中选择目录的风格为默认的"来自模板"选项，在"显示级别"下拉列表框中指定目录中显示的标题层次为 2，在"制表符前导符"下拉列表框中指定文字与页码之间的分隔符为默认的点状。

（3）单击"目录"对话框中的"选项"按钮，打开"目录选项"对话框，在"有效样式"列表框中找到标题使用的样式"毕设标题 1"，通过"目录级别"文本框指定标题的级别为 1，在"有效样式"列表框中找到标题使用的样式"毕设标题 2"，通过"目录级别"文本框指定标题的级别为 2，删除其他内容，单击"确定"按钮。

（4）单击"目录"对话框中的"修改"按钮，打开"样式"对话框，选择目录级别"目录 1"，单击"修改"按钮，打开"修改样式"对话框，点击"格式|字体"按钮，打开"字体"对话框，"中文字体"下拉选框中选择"宋体"，"西文字体"下拉选框中选择"Times New Roman"，"字形"列表框中选择"加粗"，"字号"列表框中选择"小四"，点击"确定"按钮。点击"格式|段落"按钮，打开"段落"对话框，在"特殊格式"的下拉选框中选择"无"，在"行距"下拉选框中选择"1.5 倍行距"，点击"确定"按钮。

（5）在"样式"对话框，选择目录级别"目录 2"，单击"修改"按钮，打开"修改样式"对话框，点击"格式|字体"按钮，打开"字体"对话框，"中文字体"下拉选框中选择"宋体"，"西文字体"下拉选框中选择"Times New Roman"，"字形"列表框中选择"常规"，"字号"列表框中选择"小四"，点击"确定"按钮。点击"格式|段落"按钮，打开"段落"对话框，在"特殊格式"的下拉选框中选择"无"，在"缩进值"框中输入"2 字符"，在"行距"下拉选框中选择"1.5 倍行距"，点击"确定"按钮。

（6）单击"确定"按钮即可在文档中插入目录。

📖 项目总结

本项目主要是根据毕业论文的格式要求，完成一篇毕业论文的排版。通过训练与学习文字编辑、图文混排等实用功能，掌握论文排版的技巧，主要包含页面设置、项目符号和编号的使用、查找和替换文本的使用、插入页眉和页脚、自动生成目录等，这些功能常用于长文档编排的场合。

项目拓展

制作大学生创业计划书

运用本项目所学的知识技能,依据所提供的素材,完成大学生创业计划书的排版。

思政小课堂

应届毕业生杜亮进入大四后就开始在网上投递简历求职,在一个月内他投出了100多份简历,但是收到面试的机会寥寥。杜亮的内心比较焦虑,忧心忡忡,信心不断受到打击。他想到了学校的就业指导老师金老师,他拿着好几页的简历找到金老师,金老师在和他交流求职的过程中了解到,杜亮只关注求职岗位,并没有全面认真思考总结自己的优势,也不清楚自己的求职目标,不了解求职过程中需要什么样的求职资料。只要和专业相关的,他感兴趣的,都群发邮件。金老师从他好几页简历中看出他虽经历丰富,但是目标不清,内容罗列并没有提炼加工,导致他的求职受阻。

学完本单元后,思考如何使用 Word 字处理软件撰写一份符合当代大学生正确就业观的优秀简历。

单元四

电子表格处理

Excel 2016 是 Microsoft Office 2016 办公套装软件中的核心工具之一，它既是一款优秀的电子表格制作软件，也是一款功能强大的数据处理软件。通过它不但可以快速制作出各种美观、实用的电子表格，而且可以对电子表格数据进行统计分析和计算，还可以解决一些复杂的数学问题，并能以图表的形式直观地展示数据。它广泛应用于财务、统计、经济分析领域。本单元将通过三个项目学习 Excel 强大的表格制作及数据处理功能。

项目八　　设计学生信息表

项目描述

学生信息表一般包括：序号、学号、姓名、性别、出生日期、政治面貌、籍贯、身份证号、入学成绩、联系电话等，本项目通过使用 Excel 2016 制作电子表格，学习 Excel 不同类型数据的输入方法；通过美化电子表格，学习 Excel 单元格合并、单元格格式设置、表格套用样式、使用条件格式等操作方法；通过管理电子表格，学习 Excel 保护和隐藏工作簿、工作表等操作方法；通过打印电子表格，学习 Excel 打印前的设置操作方法。本项目具体通过以下三个任务完成。

任务一　制作学生信息表
任务二　美化学生信息表
任务三　管理与打印学生信息表

任务一　制作学生信息表

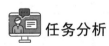

任务分析

本次任务通过制作学生信息表，让读者学会利用 Excel 2016 制作电子表格的基本操作方法，重点是掌握电子表格中各种不同类型数据的输入方法。本次任务最终效果如图 8-1 所示。

图 8-1 学生信息表效果

 任务目标

➤了解 Excel 2016 的基本功能及操作技巧。

➤掌握工作表的创建、数据输入、编辑。

 必备知识

1. Excel 2016 的工作界面

单击"开始"按钮，鼠标指针移到"程序"选项处，单击"Excel 2016"命令，或双击桌面上 Excel 快捷方式图标 ，可启动 Excel 窗口。启动 Excel 2016 后，映入我们眼帘的便是它的工作界面，如图 8-2 所示。可以看出，Excel 2016 的工作界面与 Word 2016 基本相似。不同之处在于，在 Excel 中，用户所进行的所有操作都是在工作簿、工作表和单元格中完成的。

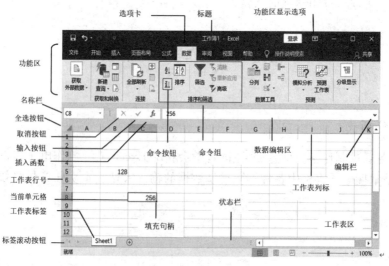

图 8-2 Excel 工作界面

2. Excel2016 的基本概念

1）认识工作簿、工作表和单元格

工作簿是 Excel 用来保存表格内容的文件，其扩展名为".xlsx"。启动 Excel 2016 后系统会自动生成 1 个工作簿。1 个工作簿最多可以包含 255 个工作表。

工作表包含在工作簿中，由单元格、行号、列标号以及工作表标签组成。行号显示在工作表的左侧，依次用数字 1、2……1 048 576 表示；列标号显示在工作表上方，依次用字母 A、B……XFD 表示。默认情况下，1 个工作簿包括 1 个工作表 Sheet1。用户可根据实际需要添加、重命名或删除工作表。在工作表底部有一个工作表标签，单击某个标签便可切换到该工作表。如果将工作簿比作一本书的话，那书中的每一页就是工作表。

工作表中行与列相交形成的长方形区域称为单元格，它是用来存储数据和公式的基本单位。Excel 用列标号和行号表示某个单元格。在工作表中正在使用的单元格周围有一个黑色方框，该单元格被称为当前单元格或活动单元格，用户当前进行的操作都是针对活动单元格。Excel 工作界面中的编辑栏，主要用于显示、输入和修改活动单元格中的数据。在工作表的某个单元格输入数据时，编辑栏会同步显示输入的内容。

2）工作簿基本操作

（1）新建工作簿

启动 Excel 2016 时，系统会默认创建一个空白工作簿。如果要新建其他工作簿，可单击"文件"选项卡标签，在打开的界面中选择"新建"项，展开"新建"列表，在"可用模板"列表中选择相应选项，如图 8-3 所示，单击"空白工作簿"，即可创建空白工作簿。也可直接按【Ctrl＋N】组合键创建一个空白工作簿。

图 8-3　新建空白工作簿

（2）保存工作簿

单击"文件"选项卡标签，在打开的界面中选择"保存"项，或按【Ctrl＋S】组合键，打开"另存为"对话框，如图 8-4 所示，左侧的导航窗格中选择保存工作簿的磁盘驱动器或文件夹,在"文件名"编辑框输入工作簿名称,然后单击"保存"按钮即可保存工作簿。

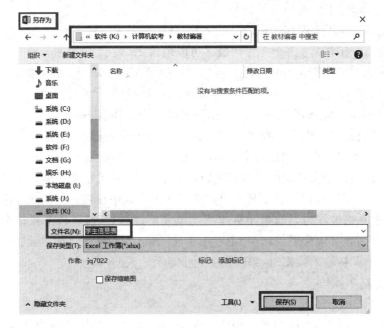

图 8-4　保存工作簿

（3）打开工作簿

若要打开 1 个已建立的工作簿进行查看或编辑,可单击"文件"选项卡标签,在打开的界面中选择"打开"项,单击"浏览"按钮,选择要打开的工作簿所在的磁盘驱动器或文件夹,选择要打开的工作簿,然后单击"打开"按钮。

（4）关闭工作簿

要关闭当前打开的工作簿,可在"文件"列表中选择"关闭"项。与关闭 Word 文档一样,关闭工作簿时,如果工作簿被修改过且未执行保存操作,将弹出提示是否保存所做更改的对话框,根据需要单击相应的按钮即可。

3）工作表常用操作

（1）新建工作表

Excel 2016 默认情况下,工作簿包含 1 个工作表,若工作表不够用,可单击工作表标签右侧的"新工作表"按钮,即可在现有工作表末尾插入 1 个新工作表,如图 8-5 所示。

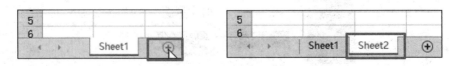

图 8-5　新建工作表

（2）选择工作表

要选择单个工作表,直接单击程序窗口左下角的工作表标签即可。要选择多个连续工作表,可在按住【Shift】键的同时单击要选择的工作表标签;要选择不相邻的多个工作表,可在按住【Ctrl】键的同时单击要选择的工作表标签。

（3）重命名工作表

Excel 2016 默认工作表名为 Sheet1，为方便管理工作表，需要为工作表重新命名与表格内容相关的名字。要重命名工作表，双击工作表标签进入编辑状态，此时该工作表标签呈高亮显示，然后输入工作表名称，再单击除该标签以外工作表的任意处或按【Enter】键即可。也可右键点击工作表标签，在弹出的快捷菜单中选择"重命名"命令项，如图 8-6 所示。

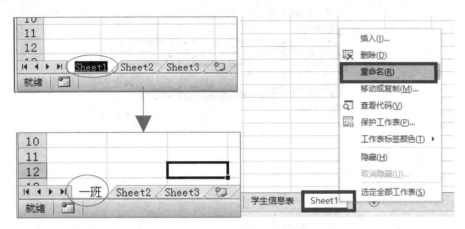

图 8-6　重命名工作表

（4）移动或复制工作表

①要在同一工作簿中移动工作表，可单击要移动的工作表标签，然后按住鼠标左键不放，将其拖到所需位置即可移动工作表。

若在拖动的过程中按住【Ctrl】键，则表示复制工作表操作，原工作表仍然保留，如图 8-7 所示。

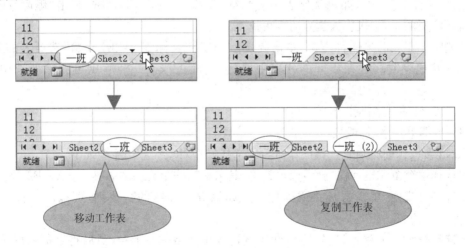

图 8-7　移动复制工作表

②若要在不同的工作簿之间移动或复制工作表，右键单击要移动或复制的工作表标签，在弹出的快捷菜单中选择"移动或复制"命令，打开"移动或复制工作表"对话框，在"将

选定工作表移至工作簿"下拉列表中选择目标工作簿（复制前需要将该工作簿打开），在"下列选定工作表之前"列表中设置工作表移动的目标位置，然后单击"确定"按钮，即可将所选工作表移动到目标工作簿的指定位置。若选中对话框中的"建立副本"复选框，则可将工作表复制到目标工作簿指定位置，如图8-8所示。

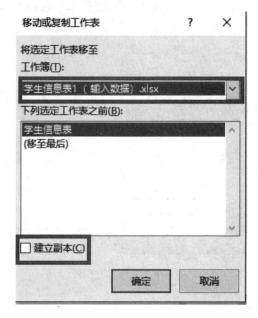

图8-8 不同工作簿之间移动复制工作表

（5）删除工作表

①对于不需要的工作表可以将其删除，右键单击要删除的工作表标签，在弹出的快捷菜单中选择"删除"命令，如果工作表中有数据，将弹出一提示对话框，单击"删除"按钮即可。需要注意的是，工作表被删除后不可恢复。

②删除工作表的另一种方法：单击要删除的工作表标签，单击"开始"选项卡的"单元格"组中的"删除"按钮，在展开的列表中选择"删除工作表"选项，则可删除所选中的工作表。

4）单元格的基本操作

（1）选择单元格、行或列

Excel在操作前必须先选择操作对象。选择操作对象的方法主要如下。

①选择单个单元格：就是激活该单元格，其名称为该单元格的名称，如A1、B2等。

②选择行或列：单击行标头或列标头。如果选择连续的行或列，可拖动行标头或列标头。

③选择连续单元格：将光标定位在所选连续单元格的左上角，然后将鼠标从所选单元格左上角拖动到右下角，或者在按下【Shift】键的同时，单击所选单元格的右下角。其区域名称为"左上角单元格名称：右下角单元格名称"，如图8-9所示的C3:F8等。第一个选择的单元格为活动单元格，其为白色状态，其他选择区为具有透明度的浅灰色状态。在选择操作的过程中，名称框显示选中的行列数（如6R×4C）。

④选择不连续单元格：在按下【Ctrl】键的同时，单击所选的单元格，就可以选择不连续的单元格区域。

6R x 4C		× ✓ f_x	陈涛		
	A	B	C	D	E	F

	A	B	C	D	E	F
1	学生信息表					
2	序号	学号	姓名	性别	出生日期	政治面貌
3	1	092100001	陈涛	男	1991/11/10	团员
4	2	092100002	戴园	女	1993/10/31	团员
5	3	092100003	许栋	男	1993/1/26	群众
6	4	092100004	徐飞	男	1993/1/14	团员
7	5	092100005	刘力	男	1992/2/17	群众
8	6	092100006	赵晓燕	女	1994/2/2	群众
9	7	092100007	陈晶晶	女	1992/11/25	团员

图 8-9　单元格连续区域

⑤选择全部单元格：单击工作表左上角的"全选"按钮，或者选择"编辑"菜单→"全选"项，或者使用快捷键【Ctrl＋A】，就可以选择当前工作表的全部单元格。

（2）插入单元格、行或列

①插入单元格

要插入单元格，可在要插入单元格的位置选中与要插入的单元格数量相同的单元格，鼠标右击，在弹出的快捷菜单中选择"插入"命令，打开"插入"对话框，如图 8-10 所示，在其中设置插入方式，单击"确定"按钮。

活动单元格右移：在所选单元格处插入单元格，当前所选单元格右移。

活动单元格下移：在所选单元格处插入单元格，当前所选单元格下移。

整行：插入与所选单元格行数相同的整行，所选单元格所在的行下移。

整列：插入与所选单元格列数相同的整列，所选单元格所在的列右移。

②插入行或列

要在工作表某行上方插入一行或多行，可首先在要插入的位置选中与要插入的行数相同数量的行，或选中单元格，然后单击"开始"选项卡上"单元格"组中"插入"按钮下方的三角按钮，在展开的列表中选择"插入工作表行"选项，如图 8-11 所示。

图 8-10　"插入"对话框

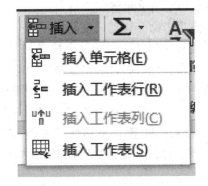

图 8-11　插入行或列

要在工作表某列左侧插入一列或多列,可在要插入的位置选中与要插入的列数相同数量的列,或选中单元格,然后在"插入"按钮列表中选择"插入工作表列"选项。

(3) 删除单元格、行或列

①删除单元格

要删除单元格,可选中要删除的单元格或单元格区域,然后在"单元格"组的"删除"按钮列表中选择"删除单元格"选项,打开"删除"对话框,如图 8-12 所示,设置一种删除方式,单击"确定"按钮。

右侧单元格左移:删除所选单元格,所选单元格右侧的单元格左移。

活动单元格下移:删除所选单元格,所选单元格下侧的单元格上移。

整行:删除所选单元格所在的整行。

整列:删除所选单元格所在的整列。

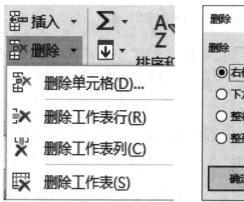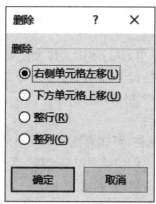

图 8-12 "删除"对话框

②删除行或列

要删除行,可首先选中要删除的行,或要删除的行所包含的单元格,然后单击"单元格"组"删除"按钮下方的三角按钮,在展开的列表中选择"删除工作表行"选项。若选中的是整行,则直接单击"删除"按钮也可。

要删除列,可首先选中要删除的列,或要删除的列所包含的单元格,然后在"删除"按钮列表中选择"删除工作表列"选项。

(4) 移动和复制单元格

①使用选项卡命令移动或复制单元格

选定需要被复制或移动的单元格区域,单击"开始|剪贴板"命令组中的"复制"或"剪切"按钮;或单击鼠标右键,执行"复制"或"剪切"命令,选择目标位置,单击剪贴板命令组的"粘贴"按钮;或单击右键,选择"粘贴"选项下的相应按钮,如图 8-13 所示;或者利用"选择性粘贴"对话框,选择单元格中特定内容,如图 8-14 所示;或利用快捷键【Ctrl+C】【Ctrl+X】和【Ctrl+V】来复制、剪切和粘贴所选单元格的内容,操作方法与在 Word 中的操作相似。与 Word 中的粘贴操作不同的是,在 Excel 中可以有选择地粘贴全部内容,或只粘贴公式或值等。

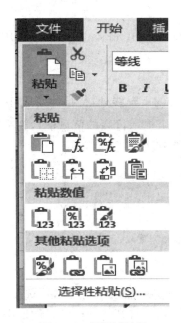

文件
开始
插
等线
粘贴
B I
粘贴
粘贴数值
其他粘贴选项
选择性粘贴(S)...

图 8-13　“粘贴”按钮

选择性粘贴
粘贴
全部(A)
公式(F)
数值(V)
格式(T)
批注(C)
验证(N)
所有使用源主题的单元(H)
边框除外(X)
列宽(W)
公式和数字格式(R)
值和数字格式(U)
所有合并条件格式(G)
运算
无(O)
加(D)
减(S)
乘(M)
除(I)
跳过空单元(B)
转置(E)
粘贴链接(L)
确定
取消

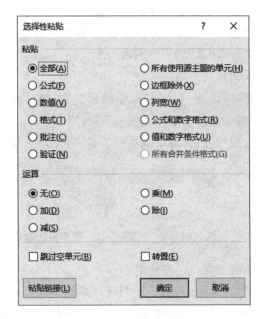

图 8-14　选择性粘贴

②使用鼠标移动或复制单元格内容

如果要移动单元格内容，可选中要移动内容的单元格或单元格区域，将鼠标指针移至所选单元格区域的边缘，当指针变成十字箭头“✥”形状时，然后按下鼠标左键，拖动鼠标指针到目标位置后释放鼠标左键即可。若在拖动过程中按住【Ctrl】键，则拖动操作为复制操作，如图 8-15 所示。

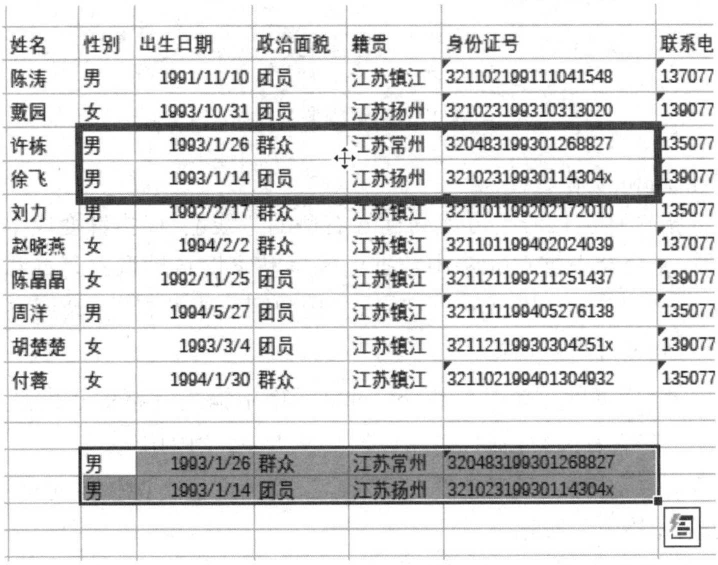

姓名 性别 出生日期 政治面貌 籍贯 身份证号 联系电
陈涛 男 1991/11/10 团员 江苏镇江 321102199111041548 137077
戴园 女 1993/10/31 团员 江苏扬州 321023199310313020 139077
许栋 男 1993/1/26 群众 江苏常州 320483199301268827 135077
徐飞 男 1993/1/14 团员 江苏扬州 32102319930114304x 139077
刘力 男 1992/2/17 群众 江苏镇江 321101199202172010 135077
赵晓燕 女 1994/2/2 群众 江苏镇江 321101199402024039 137077
陈晶晶 女 1992/11/25 团员 江苏镇江 321121199211251437 139077
周洋 男 1994/5/27 团员 江苏镇江 321111199405276138 135077
胡楚楚 女 1993/3/4 团员 江苏镇江 32112119930304251x 139077
付蓉 女 1994/1/30 群众 江苏镇江 321102199401304932 135077
男 1993/1/26 群众 江苏常州 320483199301268827
男 1993/1/14 团员 江苏扬州 32102319930114304x

图 8-15　复制单元格

（5）调整单元格的行高和列宽

默认情况下，Excel 中所有行的高度和所有列的宽度都是相等的。用户可以利用鼠标拖动方式和"格式"列表中的命令来调整行高和列宽。

①使用拖动方法

如图 8-16 所示，将鼠标指针移至要调整行高的行号的下框线处，待指针变成 ✛ 形状后，按下鼠标左键上下拖动（此时在工作表中将显示出一个提示行高的信息框），到合适位置后释放鼠标左键，即可调整所选行的行高。列宽的调整方法类似。

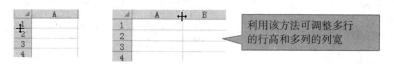

图 8-16　使用拖动方式调整行高和列宽

②精确调整行高和列宽

如图 8-15 所示，选中要调整行高的单元格或单元格区域，然后单击"开始"选项卡"单元格"组中的"格式"按钮，在展开的列表中选择"行高"选项，在打开的"行高"对话框中设置行高值，单击"确定"按钮。用同样的方法，可精确调整列宽。

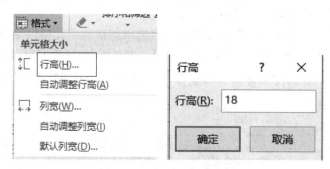

图 8-17　对话框调整行高

③自动调整行高和列宽

此外，将鼠标指针移至行号下方或列标号右侧的边线上，待指针变成上下或左右双向箭头时，双击边线，系统会根据单元格中数据的高度和宽度自动调整行高和列宽。也可在选中要调整的单元格或单元格区域后，在"格式"按钮列表中选择"自动调整行高"或"自动调整列宽"项，自动调整行高和列宽。

📖注意：在单元格宽度固定的情况下，向单元格中输入字符的长度超过单元格列宽时，如果这时右侧单元格有内容，则超长部分将被截去，数字则用"＃＃＃＃＃"表示。当然，完整的数据还在单元格内，只不过没有显示出来而已。适当调整单元格的行高和列宽，才能完整地显示单元格中的数据。

3. Excel 2016 中数据的输入与编辑

1）输入数据

Excel 工作表可以输入的数据类型包括：文本、数值、日期和时间、逻辑值等。Excel 数据输入和编辑须先选定某单元格使其成为当前单元格，输入和编辑数据既可以在当前单元格中进行,也可以在数据编辑区进行。

文本型数据:是指字母、汉字,或由任何字母、汉字、数字和其他符号组成的字符串,如"季度3""0J336"等。文本型数据不能进行数学运算。

数值型数据:数值型数据用来表示某个数值或币值等,一般由数字0~9、正号、负号、小数点、分数号"/"、百分号"%"、指数符号"E"或"e"、货币符号"$"或"￥"和千位分隔符","等组成。

日期和时间数据:日期和时间数据属于数值型数据,用来表示一个日期或时间。日期格式为"mm/dd/yy"或"mm-dd-yy";时间格式"hh:mm(am/pm)"。

(1) 输入文本型数据

单击要输入文本的单元格,然后直接输入文本内容,输入的内容会同时显示在编辑栏中。也可单击单元格后在编辑栏中输入数据。输入完毕,按【Enter】键或单击编辑栏中的"√"按钮确认输入。默认情况下,输入的文本会沿单元格左侧对齐。

在按【Enter】键确认输入时,光标会跳转至当前单元格的下方单元格中。若要使光标跳转至当前单元格的右侧单元格中,可按【Tab】键或【→】键。此外,按【←】键可将光标移动到当前单元格左侧的单元格中。

(2) 输入数值型数据

输入大多数数值型数据时,直接输入即可,Excel会自动将数值型数据沿单元格右侧对齐。

输入数值型数据时要注意以下几点。

①输入百分比数据:可以直接在数值后输入百分号"%"。

②如果要输入负数,必须在数字前加一个负号"-",或给数字加上圆括号。例如:输入"-5"或"(5)"都可在单元格中得到-5。

③如果要输入分数,如1/5,应先输入"0"和一个空格,然后输入"1/5"。否则,Excel会把该数据作为日期格式处理,单元格中会显示"1月5日"。

④输入日期:用斜杠"/"或者"-"来分隔日期中的年、月、日部分。首先输入年份,然后输入1~12数字作为月,再输入1~31数字作为日。

⑤输入时间:在Excel中输入时间时,可用冒号(:)分开时间的时、分、秒。系统默认输入的时间是按24小时制的方式输入的。按快捷键【Ctrl+;】,可在单元格中插入当前日期;按快捷键【Ctrl+Shift+;】,可在单元格中插入当前时间。如果要同时输入日期和时间,则应在日期与时间之间用空格加以分隔。

如果在输入数据的过程中出现错误,可以使用【Backspace】键删除错误的文本。此外,单击某个单元格,然后按【Delete】键或【Backspace】键,可删除该单元格中的全部内容。在输入数据时,还可以通过单击编辑栏中的"取消"按钮或按【Esc】键取消本次输入。

2) 编辑数据

(1) 修改数据

双击要编辑数据的单元格,将鼠标指针定位到单元格中,然后修改其中的数据即可。也可单击要修改数据的单元格,然后在编辑栏中进行修改。

(2) 查找数据

若要查找或替换表格中的指定内容,可利用Excel的查找和替换功能实现。操作方法与在 Word 中查找和替换文档中的指定内容相同。

（3）清除单元格

选中要清除的单元格或单元格区域，单击"开始"选项卡的"编辑"组中的"清除"按钮，在弹出的下拉列表中选择相应选项，可清除单元格中的内容、格式或批注等，如图 8-18 所示。

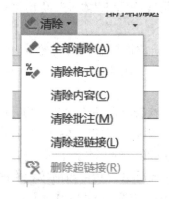

图 8-18　清除单元格

3）自动填充数据

在 Excel 工作表的活动单元格的右下角有一个小黑方块，称为填充柄，通过上下或左右拖动填充柄可以自动在其他单元格填充与活动单元格内容相关的数据，如序列数据或相同数据。其中，序列数据是指有规律地变化的数据，如日期、时间、月份、等差或等比数列。

（1）自动填充相同数据

要在同一行或同一列的多个连续的单元格中输入相同的数据，可利用填充柄快速填充，如图 8-19 所示。

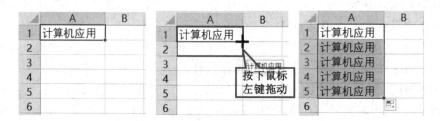

图 8-19　利用填充柄快速填充相同数据

（2）自动填充有规律的数据

要在同一行或同一列的多个连续的单元格中输入有规律的数据，可先在单元格中输入数据，然后拖动填充柄至目标单元格，单击填充柄右下角的"自动填充选项"按钮，弹出下拉列表框，如图 8-20 所示，根据需要进行相应的选项。在"自动填充选项"按钮列表中选择"复制单元格"时，可填充相同数据和格式；选择"仅填充格式"或"不带格式填充"时，则只填充相同格式或数据。

要填充指定步长的等差或等比序列，可在前两个单元格中输入序列的前两个数据，如在 A1、A2 单元格中分别输入 1 和 3，然后选定这两个单元格，并拖动所选单元格区域的填充柄至要填的区域，释放鼠标左键即可。

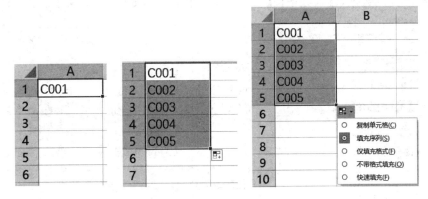

图 8-20　自动填充选项

（3）自定义序列

利用"自定义序列"对话框填充数据序列，可自己定义要填充的序列。

首先选择"文件"选项卡下的"选项"命令，打开"Excel 选项"对话框，单击左侧的"高级"选项，在"常规"栏目下点击并打开"编辑自定义序列"对话框中；选择"自定义序列"下的"新序列"标签，在右侧"输入序列"下输入用户自定义的数据序列，如图 8-21 所示，单击"添加"和"确定"按钮即可；或利用右下方的折叠按钮，选中工作表中已定义的数据序列，按"导入"按钮即可。

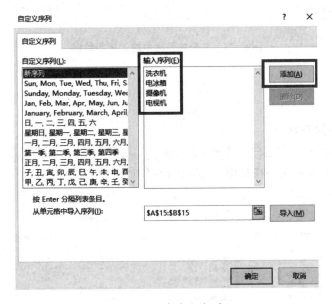

图 8-21　自定义序列

（4）使用"序列"对话框进行填充

单击"开始"选项卡"编辑"组中的"填充"按钮，在展开填充列表中选择相应的选项也可填充数据。但该方式需要提前选择要填充的区域。如图 8-22 所示，使用"序列"对话框进行填充时，可只选择起始单元格，此时必须在"序列"对话框中设置终止值，否则将无法生成填充序列。

（5）在多个单元格中输入相同数据

若要一次性在所选单元格区域填充相同数据，也可先选中要填充数据的单元格区域，然后输入要填充的数据，输入完毕按【Ctrl＋Enter】组合键，如图 8-23 所示。

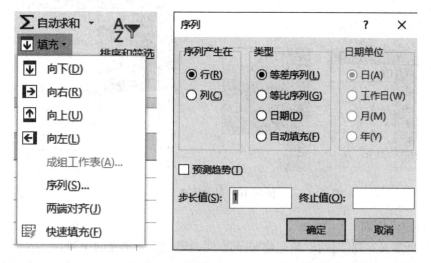

图 8-22　使用"序列"对话框进行填充

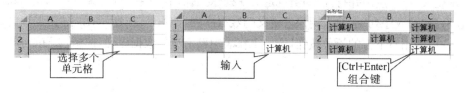

图 8-23　多个单元格中输入相同数据

任务实施

1. 创建工作簿并保存

【扫码观看操作视频】

启动 Excel 2016，创建空白工作簿，单击快速工具栏上的"保存"按钮，以"学生信息表. xlxs"为名保存在桌面上，如图 8-24 所示。

图 8-24　创建工作簿

2. 输入信息表标题和各列标题

步骤1：在"Sheet1"工作表中单击 A1 单元格，输入标题内容"学生信息表"，按【Enter】键。

步骤2：按键盘上的【→】方向键，依次在 A2 至 I2 单元格中输入各列标题，如图 8-25 所示。

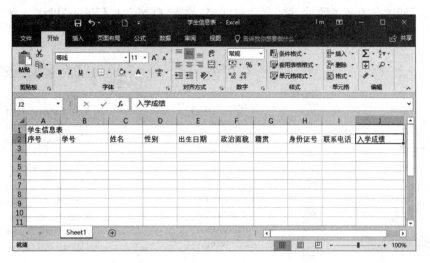

图 8-25 输入工作表标题、各列标题

3. 输入信息表中的各项数据

（1）"序号"列数据的输入

步骤1：首先输入顺序号，在 A3 和 A4 单元格分别输入 1 和 2，如图 8-26 所示。

步骤2：使用填充柄，选中 A3 和 A4 单元格，将鼠标指针移至单元格右下角，指向填充柄，当指针变成黑色十字形状时按住鼠标左键向下拖动填充柄。

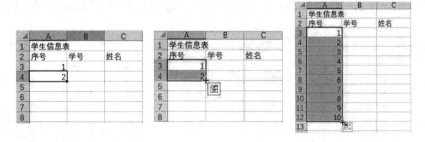

图 8-26 "序号"列数据的输入

步骤3：显示自动填充的序列，当鼠标指针拖动至 A12 单元格位置时松开鼠标左键，完成了"序号"列的数据填充。

（2）"学号"列数据的输入

学号最左边要显示数字 0，在 Excel 中，系统默认数字字符序列为数值型数据，学号将会自动去除最左边的数字 0，为使"学号"列数据以文本格式输入，需要将"学号"对应数据列区域设置为文本格式。

步骤 1：选中 B3：B12 单元格区域，单击“开始”选项卡的“数字”组中的“数字格式”下拉按钮，在下拉列表框中选择“文本”选项，如图 8-27 所示。

步骤 2：“学号”列数据是按递增的顺序输入，使用自动填充方法快速实现，如图 8-28 所示。

(3) “姓名”列数据的输入

“姓名”列数据为文本数据，单击 C3 单元格，输入“陈涛”，按【Enter】键确认并继续输入下一个学生的姓名，如图 8-29 所示。

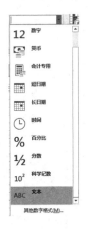

图 8-27　数字格式

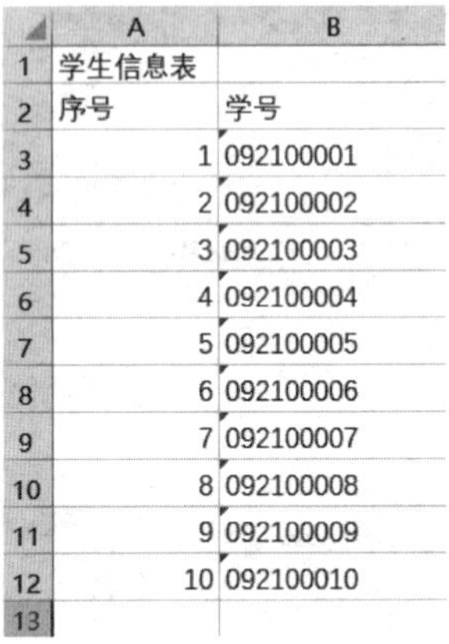

	A	B
1	学生信息表	
2	序号	学号
3	1	092100001
4	2	092100002
5	3	092100003
6	4	092100004
7	5	092100005
8	6	092100006
9	7	092100007
10	8	092100008
11	9	092100009
12	10	092100010
13		

图 8-28　自动填充“学号”

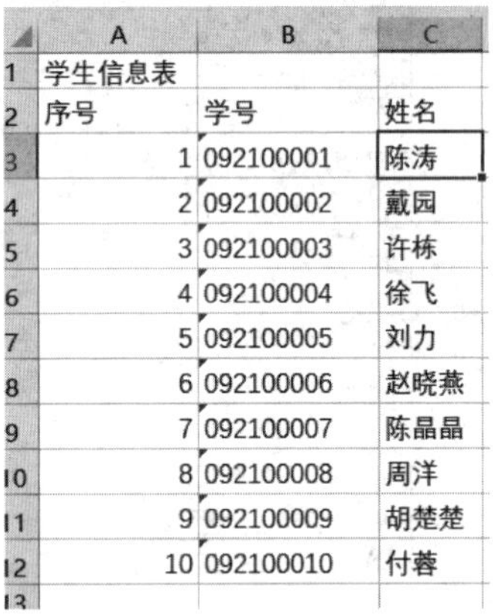

	A	B	C
1	学生信息表		
2	序号	学号	姓名
3	1	092100001	陈涛
4	2	092100002	戴园
5	3	092100003	许栋
6	4	092100004	徐飞
7	5	092100005	刘力
8	6	092100006	赵晓燕
9	7	092100007	陈晶晶
10	8	092100008	周洋
11	9	092100009	胡楚楚
12	10	092100010	付蓉

图 8-29　输入“姓名”列

(4) “性别”列、“政治面貌”列、“籍贯”列数据的输入

步骤 1：选中 D3 单元格，然后按住【Ctrl】键，再依次选中 D5、D6、D7、D10 单元格，如图 8-30 所示。

步骤 2：在最后的单元格 D10 中输入“男”，按【Ctrl＋Enter】组合键确认，则所有选中单元格都输入了“男”，如图 8-31 所示。

步骤 3：用同样的操作方法依次完成“性别”列、“政治面貌”列、“籍贯”列数据的输入。

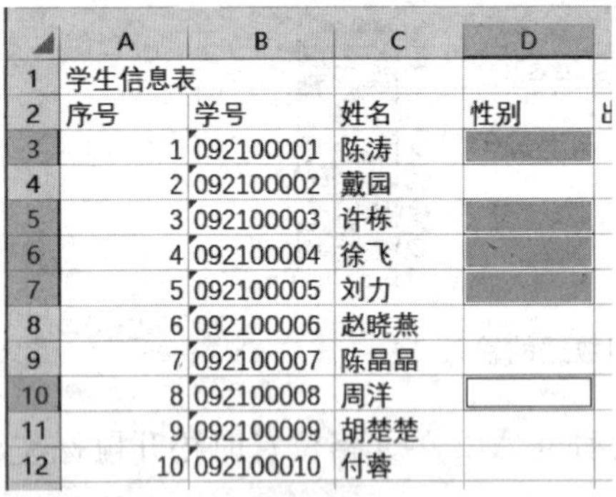

	A	B	C	D
1	学生信息表			
2	序号	学号	姓名	性别
3	1	092100001	陈涛	
4	2	092100002	戴园	
5	3	092100003	许栋	
6	4	092100004	徐飞	
7	5	092100005	刘力	
8	6	092100006	赵晓燕	
9	7	092100007	陈晶晶	
10	8	092100008	周洋	
11	9	092100009	胡楚楚	
12	10	092100010	付蓉	

图 8-30　选中不连续的单元格区域

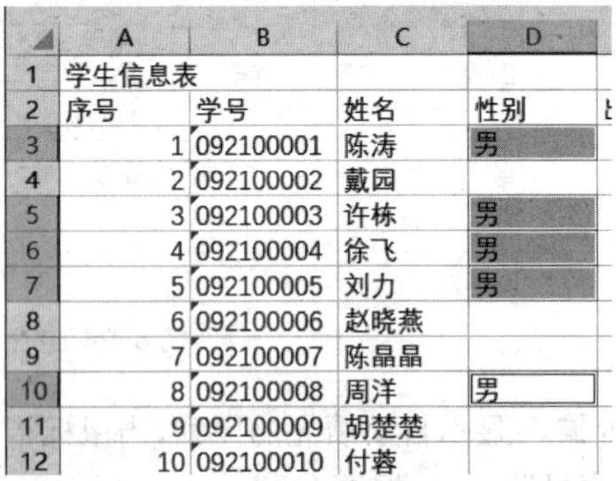

	A	B	C	D
1	学生信息表			
2	序号	学号	姓名	性别
3	1	092100001	陈涛	男
4	2	092100002	戴园	
5	3	092100003	许栋	男
6	4	092100004	徐飞	男
7	5	092100005	刘力	男
8	6	092100006	赵晓燕	
9	7	092100007	陈晶晶	
10	8	092100008	周洋	男
11	9	092100009	胡楚楚	
12	10	092100010	付蓉	

图 8-31　不连续单元格区域填充相同数据

(5) “出生日期”列数据的输入

日期型数据输入的格式一般有用连接符“-”或斜杠“/”分隔年月日，即“年-月-日”或“年/月/日”，如图 8-32 所示输入“出生日期”列数据。

	A	B	C	D	E	F	G
1	学生信息表						
2	序号	学号	姓名	性别	出生日期	政治面貌	籍贯
3	1	092100001	陈涛	男	1991/11/10	团员	江苏镇江
4	2	092100002	戴园	女	1993/10/31	团员	江苏扬州
5	3	092100003	许栋	男	1993/1/26	群众	江苏常州
6	4	092100004	徐飞	男	1993/1/14	团员	江苏扬州
7	5	092100005	刘力	男	1992/2/17	群众	江苏镇江
8	6	092100006	赵晓燕	女	1994/2/2	群众	江苏镇江
9	7	092100007	陈晶晶	女	1992/11/25	团员	江苏镇江
10	8	092100008	周洋	男	1994/5/27	团员	江苏镇江
11	9	092100009	胡楚楚	女	1993/3/4	团员	江苏镇江
12	10	092100010	付蓉	女	1994/1/30	群众	江苏镇江
13							

图 8-32 “出生日期”列数据的输入

(6) “身份证号”列、“联系电话”列数据的输入

身份证号由 18 位数字组成，在 Excel 中，系统默认数字序列为数值型数据，而超过 11 位的数字将以科学记数法形式显示。“身份证号”列和“联系电话”列数据均是由数字字符组成，为使其以文本格式输入，可以参照“学号”列数据的输入方法操作，结果如图 8-33 所示。

	A	B	C	D	E	F	G	H	I	
1	学生信息表									
2	序号	学号	姓名	性别	出生日期	政治面貌	籍贯	身份证号	联系电话	入学
3	1	092100001	陈涛	男	1991/11/10	团员	江苏镇江	3211021 11	137077122	
4	2	092100002	戴园	女	1993/10/31	团员	江苏扬州	32102319931	139077143	
5	3	092100003	许栋	男	1993/1/26	群众	江苏常州	32048319930	135077198	
6	4	092100004	徐飞	男	1993/1/14	团员	江苏扬州	32102319930	139077167	
7	5	092100005	刘力	男	1992/2/17	群众	江苏镇江	32110119920	135077145	
8	6	092100006	赵晓燕	女	1994/2/2	群众	江苏镇江	32110119940	137077156	
9	7	092100007	陈晶晶	女	1992/11/25	团员	江苏镇江	32112119921	139077111	
10	8	092100008	周洋	男	1994/5/27	团员	江苏镇江	32111119940	135077155	
11	9	092100009	胡楚楚	女	1993/3/4	团员	江苏镇江	32112119930	139077198	
12	10	092100010	付蓉	女	1994/1/30	群众	江苏镇江	32110219940	135077156	

图 8-33 “身份证号”列、“联系电话”列数据的输入

(7) “入学成绩”列数据的输入

步骤 1:“入学成绩”列数据以数值型格式输入。选中 J3:J12 单元格区域，单击“开始”选项卡的“数字”组中的“数字格式”下拉按钮，在其下拉列表中选择“数字”选项。

步骤 2:从 J3 单元格开始依次输入成绩数据，系统默认保留两位小数。选中 J3:J12 单元格区域，单击“开始”选项卡的“数字”组中的“减少小数位”按钮减少小数位数，操作过程如图 8-34 所示。

4. 修改工作表标签

在工作表 Sheet1 标签上单击鼠标右键，在弹出的快捷菜单中“重命名”命令，输入工作表的名称“学生信息表”，按【Enter】键确认修改。

5. 调整“身份证号”列和“联系电话”列数据的列宽

同时选中 H 列和 I 列，单击“开始”选项卡的“单元格”组中的“格式”下拉按钮，在其下

拉列表中选择"自动调整列宽"选项,如图 8-35 所示。

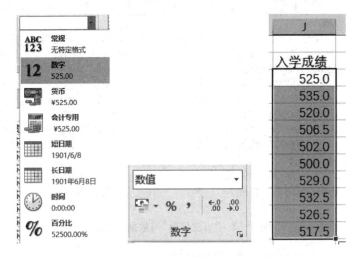

图 8-34 "入学成绩"列数据的输入

图 8-35 自动调整列宽

任务二　美化学生信息表

 任务分析

为使上一个工作任务中创建的学生信息表能更清晰、有效、美观地表现数据,我们将对此表格进行美化。要美化工作表,可先选中要进行美化操作的单元格或单元格区域,然后进行相关操作,如设置单元格格式,为单元格设置条件格式,对表格套用系统内置的样式等,本次任务最终完成效果如图 8-36 所示。

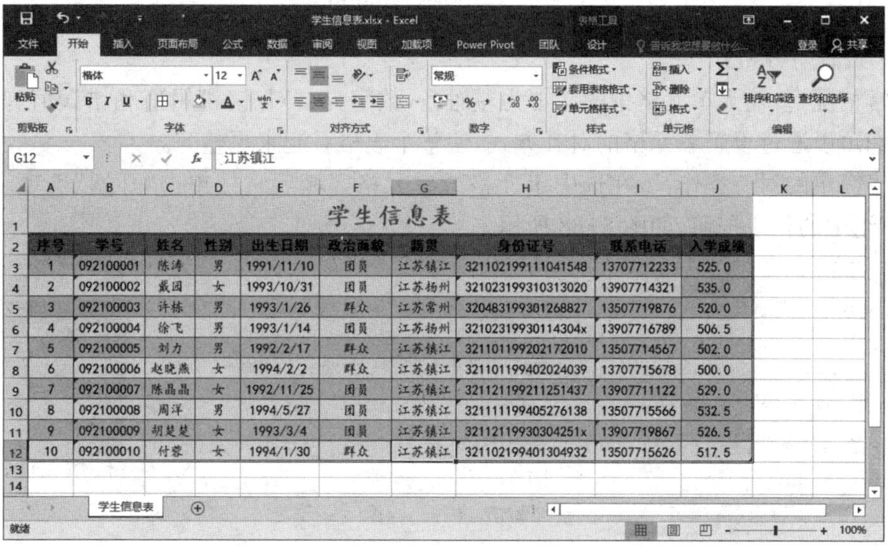

图 8-36　美化"学生信息表"最终效果

 任务目标

➤掌握 Excel 2016 单元格及表格的格式化。
➤掌握 Excel 2016 条件格式的设置。

 必备知识

1. 设置单元格格式

(1)设置字符格式

在 Excel 中设置表格内容字符格式和对齐方式的操作与在 Word 中设置相似,即选中要设置格式的单元格,然后在"开始"选项卡"字体"组或"字体"对话框中进行设置即可,如图 8-37 所示。

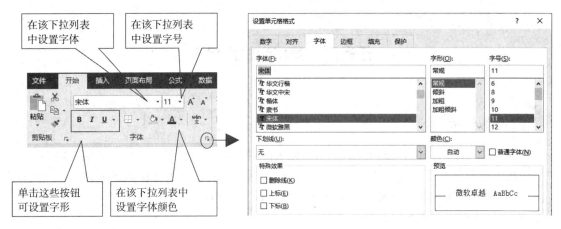

图 8-37 设置字符格式

（2）设置对齐格式

通常情况下，输入单元格中的文本为左对齐，数字为右对齐，逻辑值和错误值为居中对齐。我们可以通过设置单元格的对齐方式，使整个表格看起来更整齐。

对于简单的对齐操作，可在选中单元格或单元格区域后直接单击"开始"选项卡上"对齐方式"组中的相应按钮，如图 8-38 所示。

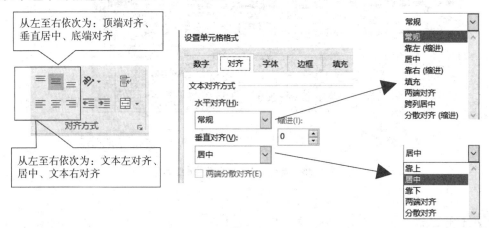

图 8-38 设置对齐格式

对于较复杂的对齐操作，例如：想让单元格中的数据两端对齐、分散对齐或设置缩进量对齐等，则可以利用"设置单元格格式"对话框的"对齐"选项卡来进行。

（3）合并单元格

合并单元格是指将相邻的单元格合并为一个单元格。合并后，将只保留所选单元格区域左上角单元格中的内容。

选择要合并的单元格，单击"开始"选项卡"对齐方式"组中的"合并后居中"按钮，或单击该按钮右侧的三角按钮，在展开的列表中选择"合并后居中"项，如图 8-39 所示。

（4）设置数字格式

Excel 2016 中的数据类型有常规、数字、货币、会计专用、日期、时间、百分比、分数和文本等。为单元格中的数据设置不同数字格式只是更改它的显示形式，不影响其实际值。

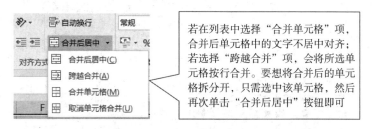

若在列表中选择"合并单元格"项，合并后单元格中的文字不居中对齐；若选择"跨越合并"项，会将所选单元格按行合并。要想将合并后的单元格拆分开，只需选中该单元格，然后再次单击"合并后居中"按钮即可

图 8-39　合并单元格

在 Excel 2016 中，若想为单元格中的数据快速设置会计数字格式、百分比样式、千位分隔、增加或减少小数位数，可直接单击"开始"选项卡上"数字"组中的相应按钮，若希望设置更多的数字格式，可单击"数字"组中"数字格式"下拉列表框右侧的三角按钮，在展开的下拉列表中进行选择。

此外，若希望为数字格式设置更多选项，可单击"数字"组右下角的对话框启动器按钮，或在"数字格式"下拉列表中选择"其他数字格式"选项，打开"设置单元格格式"对话框的"数字"选项卡进行设置，如图 8-40 所示。

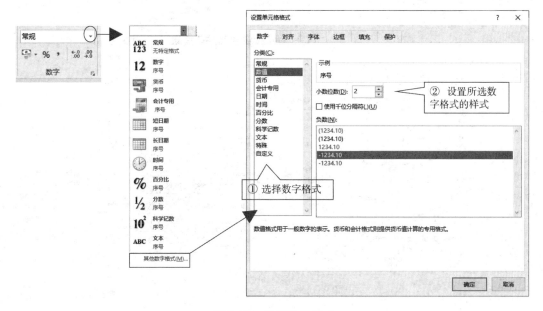

图 8-40　设置数字格式

（5）设置边框和底纹

在 Excel 工作表中，虽然从屏幕上看每个单元格都带有浅灰色的边框线，但是实际打印时不会出现任何线条。为了使表格中的内容更为清晰明了，可以为表格添加边框。此外，通过为某些单元格添加底纹，可以衬托或强调这些单元格中的数据，同时使表格显得更美观。

对于简单的边框设置和底纹填充，可在选定要设置的单元格或单元格区域后，利用"开始"选项卡上"字体"组中的"填充颜色"按钮和"边框"按钮进行设置，如图 8-41 所示。

要设置复杂的边框和底纹，可选中单元格或单元格区域后在"设置单元格格式"对话框的"边框"和"填充"选项卡进行设置，如图 8-42 所示。

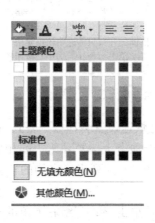

图 8-41 "填充颜色"按钮和"边框"按钮

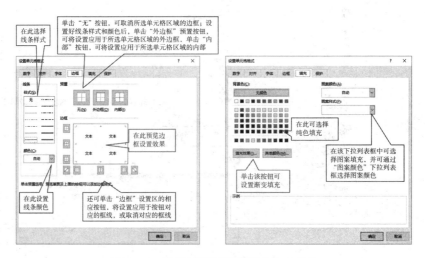

图 8-42 使用对话框设置"边框和底纹"

2. 设置条件格式

在 Excel 中应用条件格式,可以让满足特定条件的单元格以醒目方式突出显示,便于我们对工作表数据进行更好的比较和分析。

(1)设置规则

选中要添加条件格式的单元格或单元格区域,单击"开始"选项卡上"样式"组中的"条件格式"按钮,在展开的列表中列出了 5 种条件规则,选择某个规则,在打开的对话框中进行相应的设置并确定即可,如图 8-43 所示。

①突出显示单元格规则:突出显示所选单元格区域中符合特定条件的单元格。

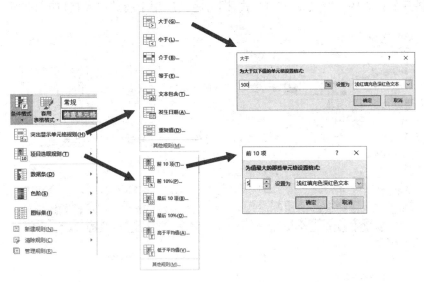

图 8-43　设置规则

②项目选取规则:其作用与突出显示单元格规则相同,只是设置条件的方式不同。

③数据条:使用数据条来标识各单元格中相对其他单元格的数据值的大小。数据条的长度代表单元格中值的大小。数据条越长,表示值越高,数据条越短,表示值越低。在观察大量数据中的较高值和较低值时,数据条尤其有用。

④色阶:是用颜色的深浅或刻度来表示值的高低。其中,双色刻度使用两种颜色的渐变来帮助比较单元格区域。

⑤图标集:使用图标集可以对数据进行注释,并可以按阈值将数据分为 3~5 个类别,每个图标代表一个值的范围。

(2) 条件格式的自定义

如果系统自带的条件格式规则不能满足需求,还可以单击"条件格式"按钮列表底部的"新建规则"选项,或在各规则列表中选择"其他规则"选项,在打开的对话框中自定义条件格式。

(3) 条件格式的编辑、修改

此外,对于已应用了条件格式的单元格,我们还可对条件格式进行编辑、修改,方法是在"条件格式"按钮列表中选择"管理规则"项,打开"条件格式规则管理器"对话框,在"显示其格式规则"下拉列表中选择"当前工作表"项,此时对话框下方将显示当前工作表中设置的所有条件格式规则,在其中编辑、修改条件格式并确定即可。

(4) 条件格式的删除

当不需要应用条件格式时,可以将其删除,方法:打开工作表,然后在"条件格式"按钮列表中选择"清除规则"选项中相应的子项。

3. 自动套用表格格式

除了利用前面介绍的方法美化表格外,Excel 2016 还提供了许多内置的单元格样式和表样式,利用它们可以快速对表格进行美化。

(1) 单元格样式

选中要套用单元格样式的单元格区域,单击"开始"选项卡"样式"组中的"单元格样式"

按钮,在展开的列表中选择要应用的样式,即可将其应用于所选单元格,如图 8-44 所示。

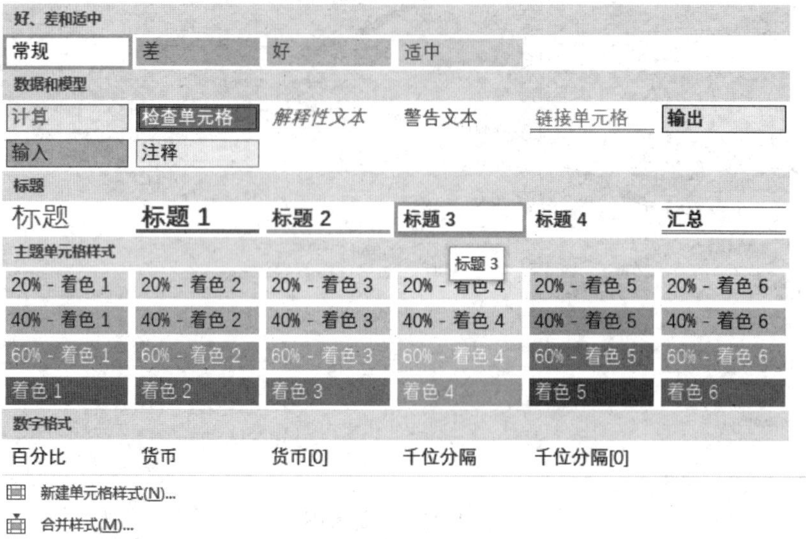

图 8-44 单元格样式

（2）套用表格样式

选中要应用样式的单元格区域,单击"开始"选项卡"样式"组中的"套用表格格式"按钮,在展开的列表中单击要使用的表格样式,在打开的"套用表格式"对话框中单击"确定"按钮,所选单元格区域将自动套用所选表格样式,如图 8-45 所示。

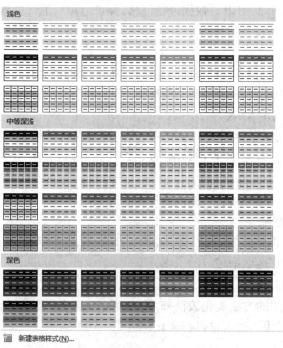

图 8-45 套用表格格式

任务实施

1. 打开工作簿

启动 Excel 2016，在窗口左侧单击"打开其他工作簿"项，显示"打开"窗口，单击"浏览"选项，在"打开"对话框中选定"学生信息表.xlsx"文件，单击"确定"按钮打开该工作簿文件。

2. 设置信息表标题格式

（1）合并单元格

操作步骤如图 8-46①②所示。

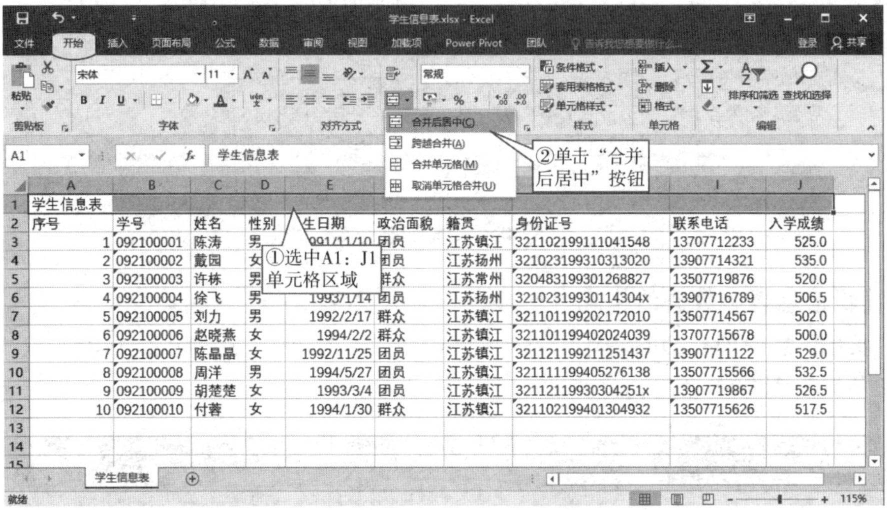

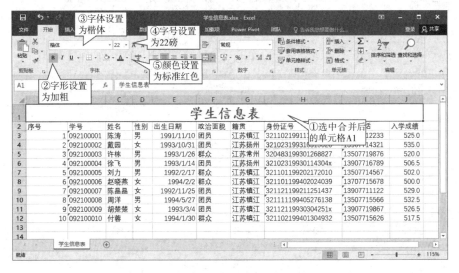

图 8-46　合并单元格

（2）设置标题文字格式

操作步骤如图 8-47①②③④⑤所示。

图 8-47　设置标题文字格式

（3）设置标题行高

操作步骤如图 8-48①②③④⑤所示。

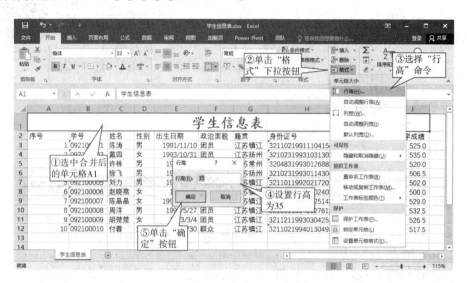

图 8-48　设置标题行高

3. 编辑信息表中数据的格式

（1）设置信息表列标题的格式

操作步骤如图 8-49①②③④所示。

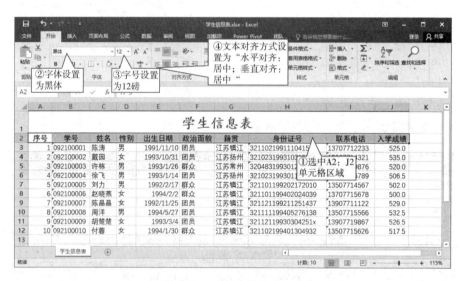

图 8-49　设置信息表列标题

（2）设置信息表的其他数据格式

操作步骤如图 8-50①②③④所示。

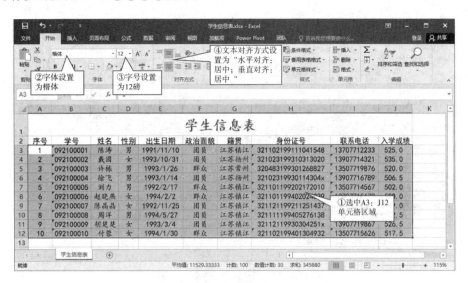

图 8-50 信息表其他数据格式的设置

（3）调整学生信息表行高

操作步骤如图 8-51①②③④⑤所示。

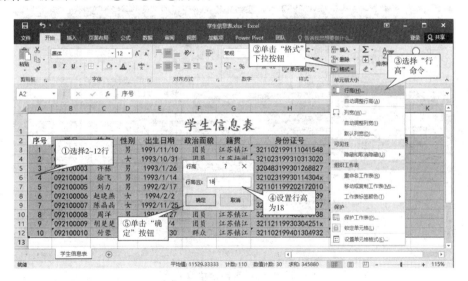

图 8-51 调整学生信息表行高

（4）调整学生信息表列宽

操作步骤如图 8-52①②③所示。

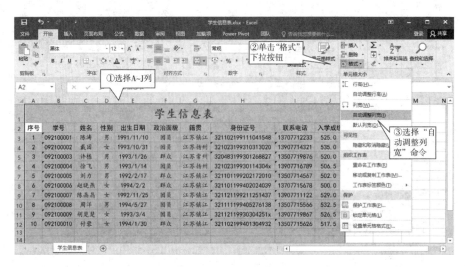

图 8-52　调整学生信息表列宽

（5）套用表格样式

操作步骤如图 8-53①②③④所示。

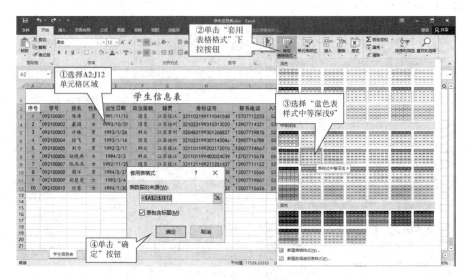

图 8-53　套用表格样式

（6）隐藏筛选按钮

操作步骤如图 8-54①②所示。

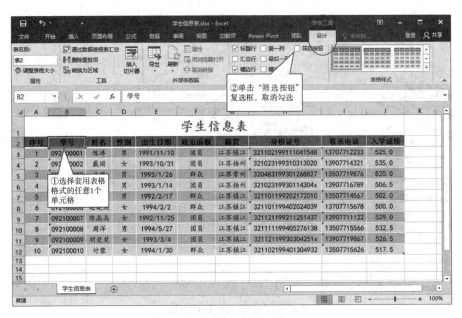

图 8-54　隐藏筛选按钮

4. 使用条件格式表现数据

利用"项目选取规则"设置"入学成绩列"，将前 3 名的入学成绩设置为"浅红色"填充。

操作步骤如图 8-55①②③④⑤所示。

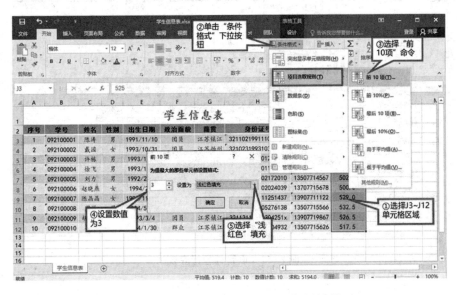

图 8-55　使用条件格式设置"入学成绩列"

5. 设置学生信息表边框

操作步骤如图 8-56①②③④⑤⑥⑦所示。

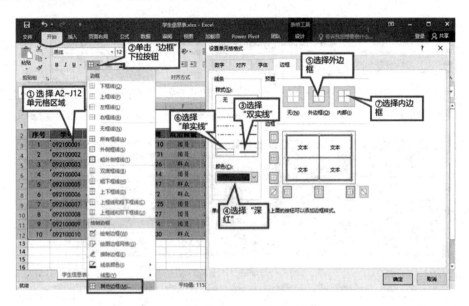

图 8-56　设置学生信息表边框

6. 设置标题行底纹

操作步骤如图 8-57①②③所示。

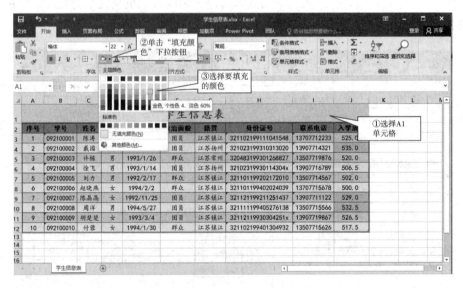

图 8-57　设置标题行底纹

任务三　管理与打印学生信息表

 **任务分析**

学生信息表中的内容,针对不同的使用者,有不同的打开、阅读、修改权限,这时可以使用数据保护功能将这些数据保护起来;学生信息表的窗口根据需要,有时要进行窗口的拆分、冻结、隐藏;学生信息表制作完毕,一般都会将其打印出来,但在打印前还需进行一些设置,如设置要打印的区域和打印标题等,这样才能按要求完美地打印工作表。本次任务主要完成学生信息表的保护与打印设置。

 **任务目标**

➤掌握 Excel2016 保护工作表的操作方法。
➤掌握 Excel2016 打印工作表的操作方法。

 **必备知识**

1. 拆分、冻结、隐藏工作表窗口

1) 拆分窗口

一个工作表窗口可以拆分为"两个窗口"或"四个窗口",如图 8-58 所示,分隔条将窗格拆分为四个窗格。窗口拆分后,可同时浏览一个较大工作表的不同部分。

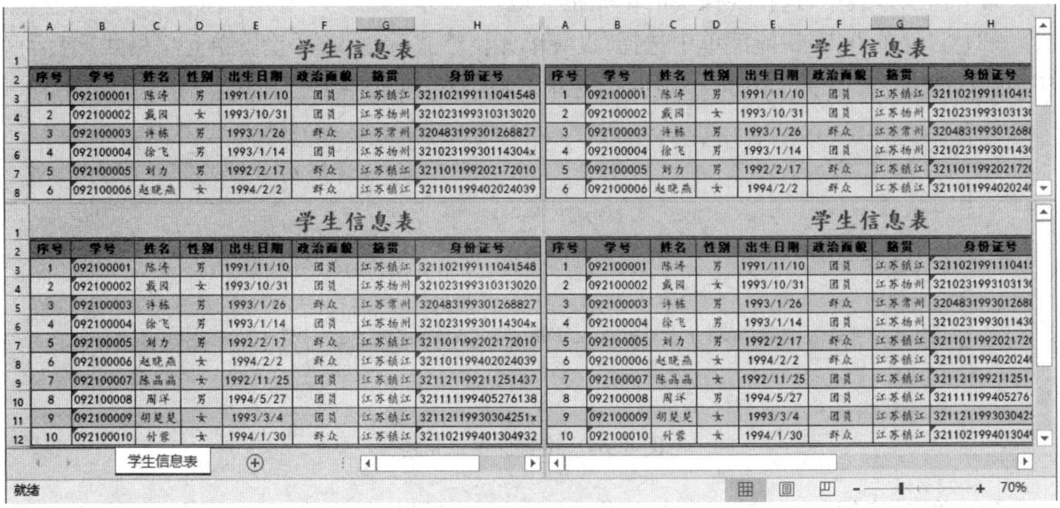

图 8-58　拆分窗口

拆分窗口的具体操作:鼠标首先单击要拆分的行或列的位置,然后单击"视图"选项卡内窗口命令组的"拆分"命令,一个窗口被拆分为两个窗格。如果再次单击"视图"选项卡内

"窗口"命令组的"拆分"命令,即可取消拆分窗口。

2)冻结窗口

(1)冻结前 N 行的方法

①选定第 N+1 行。

②选择"视图"选项卡的"窗口"命令组,单击"冻结窗口"命令下的"冻结拆分窗口"。

(2)冻结前 N 列的方法

①选定第 N+1 列。

②选择"视图"选项卡的"窗口"命令组,单击"冻结窗口"命令下的"冻结拆分窗口"。

(3)取消冻结

单击"视图/窗口/取消冻结"命令可取消冻结。

3)隐藏行、列、工作表

(1)隐藏行或列:选定需要隐藏的行或列,右击鼠标,在弹出的快捷菜单中,选择"隐藏"。

(2)取消隐藏行或列:选择隐藏的行或列的相邻行或列,右击鼠标,在弹出的快捷菜单中,选择"取消隐藏"。

(3)隐藏工作表:右键选择工作表标签,在弹出的快捷菜单中,选择"隐藏"。

4)设置工作表标签颜色

选定工作表,单击鼠标右键,在弹出的菜单中选择"工作表标签颜色",即可设置工作表标签颜色。

2. 保护工作表及单元格

在工作表中,有时有些数据我们是不想让其他人修改的,有些是只允许被授权的用户修改的,这时可以使用数据保护功能将这些数据保护起来,具体方法如下。

(1)在工作表中,选择要保护的单元格区域。

(2)右键单击,在快捷菜单中选择"设置单元格格式"命令,在"设置单元格格式"对话框中,选择"保护"选项卡,如图 8-59 所示,选中"锁定"项,单击"确定"按钮。

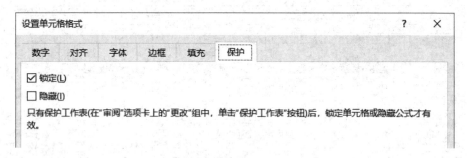

图 8-59 设置保护单元格

(3)单击"审阅"选项卡→"保护工作表"命令,在"保护工作表"对话框中,确保"保护工作表及锁定的单元格内容"项为选中状态,如图 8-60 所示,在"取消工作表保护时使用的密码(P)"中输入密码(如 123),单击"确定"按钮。

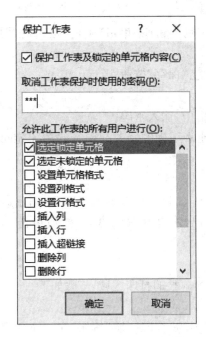

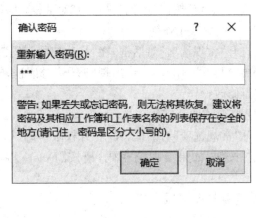

图 8-60　设置保护工作表

（4）在弹出的"确认密码"对话框中，再次输入相同的密码，单击"确定"按钮。

如果要撤销对工作表的保护，方法为：单击"审阅"选项卡→"撤销工作表保护"命令，在"撤销工作表保护"对话框中，输入正确的密码，单击"确定"按钮。

3. 保护工作簿

工作簿的保护包括两个方面：第一是保护工作簿，防止他人非法访问；第二是禁止他人对工作簿中工作表或工作簿的非法操作，如图 8-61 所示。

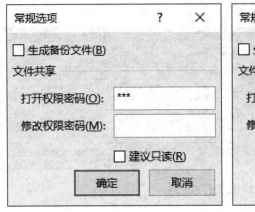

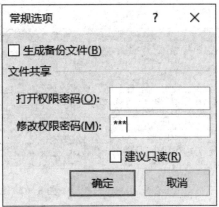

图 8-61　限制打开和修改工作簿

（1）限制打开工作簿

①打开工作簿，执行"文件|另存为"命令，打开"另存为"对话框。

②单击"另存为"对话框的"工具"下拉列表框，并单击框中"常规选项"，弹出"常规选

项"对话框。

③在"常规选项"对话框的"打开权限密码"框中输入密码,单击"确定"按钮后,要求用户再输入一次密码,以便确认。

④单击"确定"按钮,退到"另存为"对话框,再单击"保存"按钮。

(2)限制修改工作簿

①打开"常规选项"对话框,在"修改权限密码"框中,输入密码。

②再次打开工作簿时,将出现"密码"对话框,输入正确的修改权限密码后才能对该工作簿进行修改操作。

(3)修改或取消密码

打开"常规选项"对话框,在"打开权限密码"框中,如果要更改密码,请键入新密码并单击"确定"按钮;如果要取消密码,请按【Delete】键,删除打开权限密码,然后单击"确定"按钮。

4. 设置打印区域

Excel 允许将工作表的一部分或某个图表设置为单独的打印区域,步骤如下。

(1)在工作表中选择希望打印的区域或图表。

(2)在"页面布局"选项卡中单击"页面设置"组中的"打印区域"按钮,在下拉列表中单击"设置打印区域",如图 8-62 所示。

若要取消打印区域的设置,单击下拉列表中的"取消打印区域"即可。

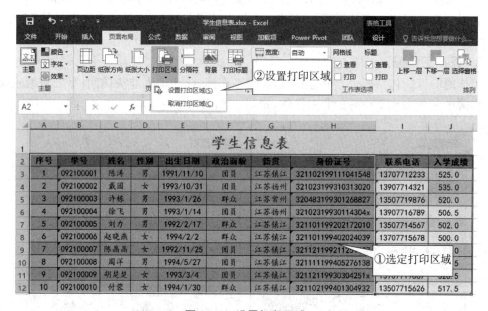

图 8-62 设置打印区域

5. 设置页面

(1)页面布局

选择"页面布局"选项卡下的"页面设置"命令组中的命令或单击"页面设置"命令组右下角的小按钮,在弹出的"页面设置"对话框中,可以进行页面打印方向、缩放比例、纸张大小以及打印质量的设置,如图 8-63 所示。

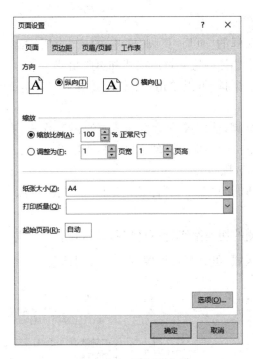

图 8-63　设置页面布局

（2）设置页边距

选择"页面设置"命令组的"页边距"命令，可以选择已经定义好的页边距，也可以利用"自定义边距"选项，利用弹出的"页面设置"对话框，设置页面中正文与页面边缘的距离，在"上""下""左""右"数值框中分别输入所需的页边距数值即可，如图 8-64 所示。

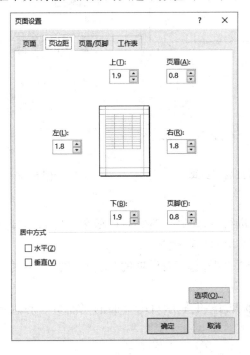

图 8-64　设置页边距

（3）设置页眉和页脚

利用"页面设置"对话框的"页眉/页脚"标签,打开"页眉/页脚"选项卡,可以在"页眉"和"页脚"的下拉列表框中选择内置的页眉格式和页脚格式。

如果要自定义页眉或页脚,可以单击"自定义页眉"和"自定义页脚"按钮,在打开的对话框中完成所需的设置。

如果要删除页眉或页脚,选定要删除页眉或页脚的工作表,在"页眉/页脚"选项卡中,单击"页眉"或"页脚"的下拉列表框,选择"无"即可,如图 8-65 所示。

（4）设置工作表打印选项

选择"页面设置"对话框的"工作表"标签,打开"工作表"选项卡,如图 8-66 所示,可进行工作表的设置。

利用"打印区域"右侧的切换按钮　可选定打印区域,利用"打印标题"右侧的切换按钮　选定行标题或列标题区域,可为每页设置打印行或列标题。

图 8-65　设置页眉和页脚

图 8-66　设置工作表

6. 打印预览

在打印之前,最好先进行打印预览,观察打印效果,然后再打印。Excel 提供的"打印预览"功能在打印前能看到实际打印的效果。

打印预览功能是利用"页面设置"对话框的"工作表"标签下的"打印预览"命令实现的,如图 8-67 所示。

（1）在预览窗口底部状态栏上显示打印页面的当前页号和总页数,中间是当前页的预览情况。

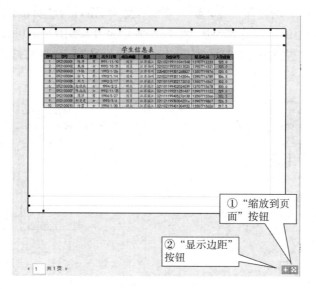

①"缩放到页面"按钮

②"显示边距"按钮

图 8-67　Excel 打印预览

（2）通过点击页号旁边的箭头可以切换到其他页，也可以直接用键盘输入想要预览的页号。

（3）单击"缩放到页面"按钮 可以在全页视图和放大视图之间切换，"缩放"功能并不影响实际打印时的大小。

（4）单击"页边距"按钮，可以显示和隐藏用于调整页边距、页眉页脚位置以及数据列宽的控制柄，其中，虚线指示了页边距及页眉、页脚的位置。当显示控制柄时，可以用鼠标拖动控制柄来改变页边距、页眉页脚的位置及调整列宽。

（5）如果显示效果不理想，可单击"←"返回工作表按钮，重新进行调整。

任务实施

步骤 1：打开"学生信息表"工作簿，选择"身份证号"和"入学成绩"两列，单击鼠标右键，在弹出的快捷菜单中选择"设置单元格格式"命令，在弹出的对话框中选择"保护"标签，单击"确定"按钮。

【扫码观看操作视频】

步骤 2：选择"审阅"选项卡菜单，单击"保护工作表"命令按钮，在弹出的对话框中输入密码"789"，确认密码中再次输入"789"，单击"确定"按钮，最后单击文件保存按钮。文件保存成功后，如果要修改"身份证号"或"入学成绩"中的内容，将会要求输入工作表密码，如图8-68 所示。

Microsoft Excel　　　　　　　　　　　　　　　　　　　　　×

⚠ 您试图更改的单元格或图表位于受保护的工作表中。若要进行更改，请取消工作表保护。您可能需要输入密码。

确定

图 8-68　保护"身份证号"和"入学成绩"两列数据

步骤3：选择文件下的打印命令，选择"页面设置"按钮，打开"页面设置"对话框，页面方向选择"横向"，页边距的居中方式勾选"水平""垂直"居中，如图8-69所示。

步骤4：单击"确定"按钮，在打印窗口设置"打印份数"和就绪的打印机，单击"打印"按钮，即可完成打印。

 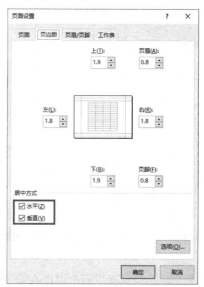

图8-69 打印前的页面设置

 项目总结

本项目通过使用Excel 2016制作学生信息表、美化学生信息表、管理与打印学生信息表三个任务，了解了Excel的基本概念，学习了工作簿和工作表的建立、保存，以及工作表的数据输入和编辑、工作表和工作簿的使用和保护、工作表打印等操作方法，特别是工作表中单元格式、行列属性、自动套用格式、条件格式等格式化设置。

 项目拓展

创建与美化员工工资表

XXX学校教职员工工资一览表							
编号	姓名	部门	基本工资	工龄工资	津贴	实发工资
HH01	王飞	教务处	1800	50	150	2000
HH02	陈瑚	后勤处	2000	55	250	2305
HH03	林风	办公室	2100	60	350	2510
HH04	赵亚	后勤处	2200	45	200	2445
HH05	何平	教研处	2500	50	180	2730
HH06	杨帅	教务处	2800	53	160	3013
HH07	张华	保卫处	2300	28	130	2458

项目九　　计算装修公司客户装修数据

Excel 2016 最强大的功能在于数据的运算和统计,这些功能主要通过公式和函数来实现,因此熟练掌握 Excel 的数值计算方法是非常重要的。

项目描述

本项目主要通过装修公司制作的家装工程明细表、家装工程进度表,学习利用 Excel 公式与函数计算家装产生的各项目费用,进行工程进度统计、项目统计、子项目统计,最后根据计算子项目成本,预算公司取得的利润。本项目具体通过以下两个任务完成。

任务一　计算家装工程明细表

任务二　统计子项目与工程进展

任务一　计算家装工程明细表

任务分析

装修公司接到新客户 3 室 1 厅 1 卫的房屋装修改造任务,通过实际勘察,制作了家装工程明细表(素材文件:项目 9\装修公司客户装修数据表. xlxs),根据双方商谈的子项目单价、实际测量的数目,要求计算每个装修项目的费用及整个装修的预算。

任务目标

➤掌握 Excel 输入公式的基本方法。

➤掌握 Excel 函数的基本形式和参数。

➤掌握单元格引用。

必备知识

为了更好地使用 Excel 提供的公式和函数功能,首先应该认识 Excel 的公式和函数的概念,了解公式与函数的使用方法,掌握单元格引用等必备知识。

1. 认识公式

(1)公式的形式

公式是工作表中用于对单元格数据进行各种运算的等式,它必须以等号"="开头。一个完整的公式,通常由运算符和操作数组成。运算符可以是算术运算符、比较运算符等;操作数可以是常量、参与运算的单元格地址和函数等,如图 9-1 所示。

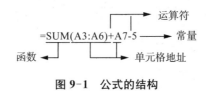

图 9-1　公式的结构

(2)运算符

运算符是用来对公式中的元素进行运算而规定的特殊符号。Excel 包含 4 种类型的运算符:算术运算符、比较运算符、文本运算符和引用运算符。如果公式中同时用到多个运算符,Excel 将按运算符的优先顺序进行运算,相同优先级的运算符从左到右进行运算。运算符及优先级顺序见表 9-1。

表 9-1　运算符及优先顺序

运算符	功能	优先级	举例
: 和 ,	引用运算符	1	=SUM(A1:A5,A8)
—	负号	2	=−6*B1
%	百分数	3	=5%
∧	乘方	4	6∧2(即 6^2)
*,/	乘、除	5	=6*7
+,−	加、减	6	=7+7
&	字符串连接	7	="China"&"2008"(即 China2008)
=,<> >,>,= <,<,=	等于,不等于 大于,大于等于 小于,小于等于	8	6=4 的值为假,6<>3 的值为真 6>4 的值为真,6>=3 的值为真 6<4 的值为假,6<=3 的值为假

若要更改公式中的优先顺序,需要将优先计算的部分包含在括号中。例如:公式"=5+3*2"将 3 与 2 相乘,然后加上 5,结果为 11。如果用括号将公式更改为"=(5+3)*2",则先求出 5+3 之和,再用结果乘以 2 得 16。

(3)公式的输入

选定要放置计算结果的单元格后,公式的输入可以在数据编辑区内进行,也可以在单元格内进行。在数据编辑区输入公式时,单元格地址可以通过键盘输入,也可以直接单击该单元格,单元格地址会自动显示在数据编辑区。输入后的公式可以进行编辑和修改,还可以将公式复制到其他单元格。

（4）公式复制的方法

方法一：选定含有公式的被复制公式单元格，单击鼠标右键，在弹出的菜单中选择"复制"命令，鼠标移至复制目标单元格，单击鼠标右键，在弹出的菜单中选择粘贴公式命令，即可完成公式复制。

方法二：选定含有公式的被复制公式单元格，拖动单元格的自动填充柄，可完成相邻单元格公式的复制。

公式计算通常需要引用单元格或单元格区域的内容，这种引用是通过使用单元格的地址来实现的。

（5）单元格地址的引用

通过单元格的引用，可以在一个公式中使用工作表不同部分的数据，或者在多个公式中使用一个单元格中的数据，还可以引用同一个工作簿中不同工作表中的单元格，甚至还可以引用不同工作簿中的数据。

Excel 中单元格的地址分相对地址、绝对地址、混合地址 3 种。根据计算的要求，在公式中会出现以上 3 种地址以及它们的混合使用。

①相对地址

相对地址的形式为：D3，A8 等，表示在单元格中，当含有该地址的公式被复制到目标单元格时，公式不是照搬原来单元格的内容，而是根据公式原来位置和复制到的目标位置推算出公式中单元格地址相对原位置的变化，使用变化后的单元格地址的内容进行计算。

如图 9-2 所示，单元格 D1 有公式"=(A1+B1+C1)/3"，复制公式到 D2 单元格时变为"=(A2+B2+C2)/3"（图 9-3），复制公式到 E3 单元格时变为"=(B3+C3+D3)/3"（图 9-4）。

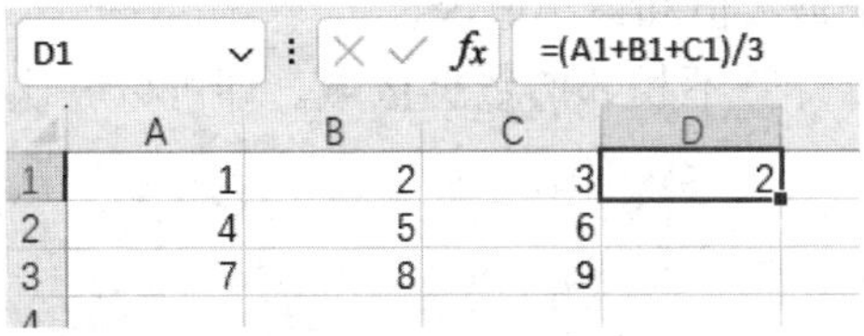

图 9-2　相对地址在公式中的应用 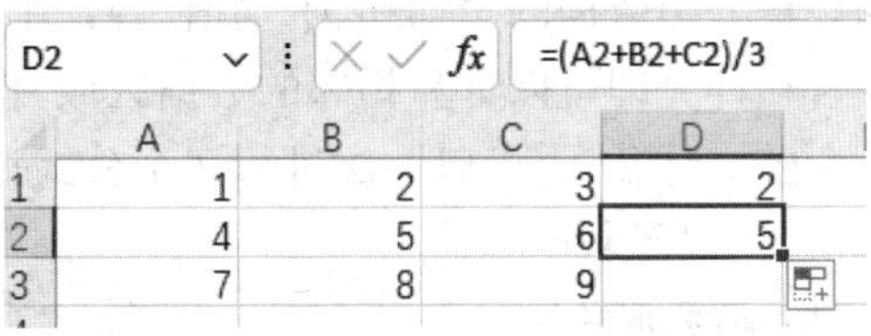　　　图 9-3　复制相对地址的公式

②绝对地址

绝对地址的形式为：＄D＄3，＄A＄8 等，表示在单元格中当含有该地址的公式无论被复制哪个单元格，公式永远是照搬原来单元格的内容。

例如：D1 单元格中公式"=(＄A＄1+＄B＄1+＄C＄1)/3"，复制到 E3 单元格公式仍然为"=(＄A＄1+＄B＄1+＄C＄1)/3"，公式中单元格引用地址也不变，如图 9-5 所示。

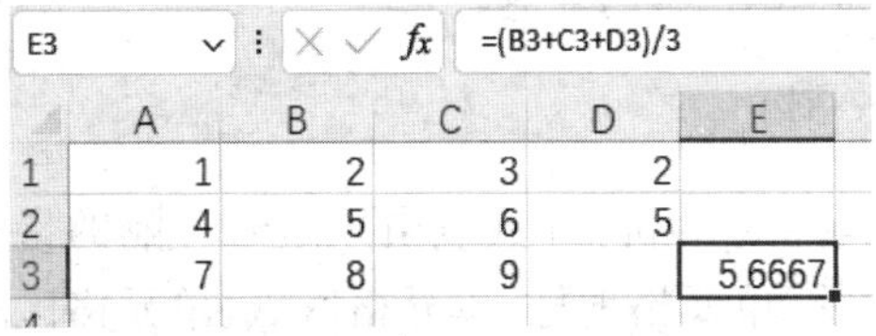

图 9-4　相对地址在公式中的应用 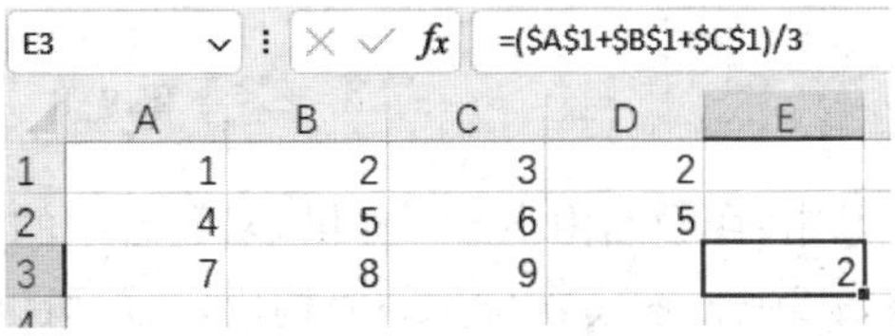　　　图 9-5　绝对地址在公式中的应用

③混合地址

混合地址的形式：D＄3，＄A8 等，表示在单元格中当含有该地址的公式被复制到目标单元格，相对部分会根据公式原来位置和复制到的目标位置推算出公式中单元格地址相对原位置的变化，而绝对部分地址永远不变，之后，使用变化后的单元格地址的内容进行计算。

例如：D1 单元格中公式"＝（＄A1＋B＄1＋C1）/3"（图 9-6）复制到 E3 单元格，公式为"＝（＄A3＋C＄1＋D3）/3"（图 9-7）。

D1		: × ✓ *fx*	=($A1+B$1+C1)/3
	A	B	C	D
1	1	2	3	2
2	4	5	6	
3	7	8	9	

图 9-6　混合地址在公式中的应用

E3		: × ✓ *fx*	=($A3+C$1+D3)/3
名称框 A	B	C	D	E
1	1	2	3	2
2	4	5	6	
3	7	8	9		3.333

图 9-7　复制混合地址的公式

④跨工作表的单元格地址引用

单元格地址的一般形式为：［工作簿文件名］工作表名！单元格地址。

在引用当前工作簿的各工作表单元格地址时，当前"［工作簿文件名］"可以省略，引用当前工作表单元格的地址时"工作表名！"可以省略。

例如：单元格 F4 中的公式为"＝（C4＋D4＋E4）＊Sheet2！Bl"，其中"Sheet2！Bl"表示当前工作簿 Sheet2 工作表中的 Bl 单元格地址，而 C4 表示当前工作表 C4 单元格地址。

2. 使用自动计算功能

利用"公式"选项卡下的自动求和命令"Σ"或在状态栏上单击鼠标右键，无须公式即可自动计算一组数据的累加和、平均值、统计个数、求最大值和最小值等。

自动计算即可以计算相邻的数据区域，也可以计算不相邻的数据区域。即可以一次进行一个公式计算，也可以一次进行多个公式计算。

3. 认识函数

（1）函数形式

函数是预先定义好的表达式，它必须包含在公式中。每个函数都由函数名和参数组成，基本形式：＝函数名（参数 1，参数 2……），如图 9-8 所示。

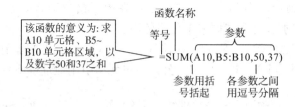

图 9-8　函数的结构

其中：函数名由 Excel 提供，函数名中的大小写字母等价，参数表由用逗号分隔的参数 1，参数 2……参数 N（$N \leqslant 30$）构成，参数可以是常数、单元格地址、单元格区域、单元格区域名称或函数等。

（2）函数引用

若要在某个单元格输入公式"＝AVERAGE(A2:A10)"，可以采用如下方法。

方法一：直接在单元格中输入公式"＝AVERAGE(A2:A10)"。

方法二：利用"公式"选项卡下的"插入函数"命令。

【扫码观看操作视频】

任务实施

原始的家装工程明细表如图 9-9 所示，最终完成的家装工程明细表如图 9-10 所示。

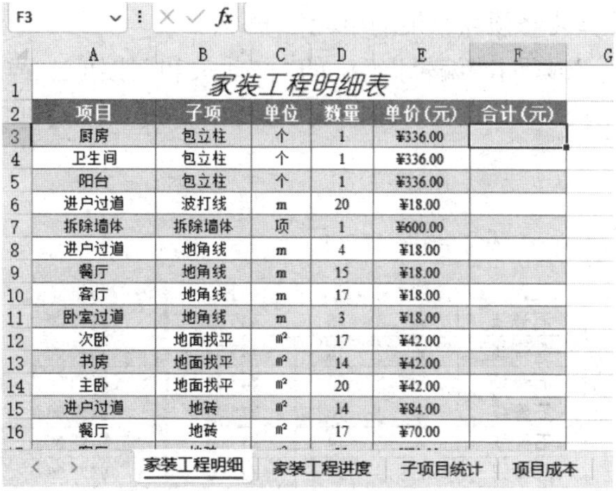

F3

	A	B	C	D	E	F
1	家装工程明细表					
2	项目	子项	单位	数量	单价(元)	合计(元)
3	厨房	包立柱	个	1	¥336.00	
4	卫生间	包立柱	个	1	¥336.00	
5	阳台	包立柱	个	1	¥336.00	
6	进户过道	波打线	m	20	¥18.00	
7	拆除墙体	拆除墙体	项	1	¥600.00	
8	进户过道	地角线	m	4	¥18.00	
9	餐厅	地角线	m	15	¥18.00	
10	客厅	地角线	m	17	¥18.00	
11	卧室过道	地角线	m	3	¥18.00	
12	次卧	地面找平	㎡	17	¥42.00	
13	书房	地面找平	㎡	14	¥42.00	
14	主卧	地面找平	㎡	20	¥42.00	
15	进户过道	地砖	㎡	14	¥84.00	
16	餐厅	地砖	㎡	17	¥70.00	

图 9-9　家装工程明细表(原始数据)

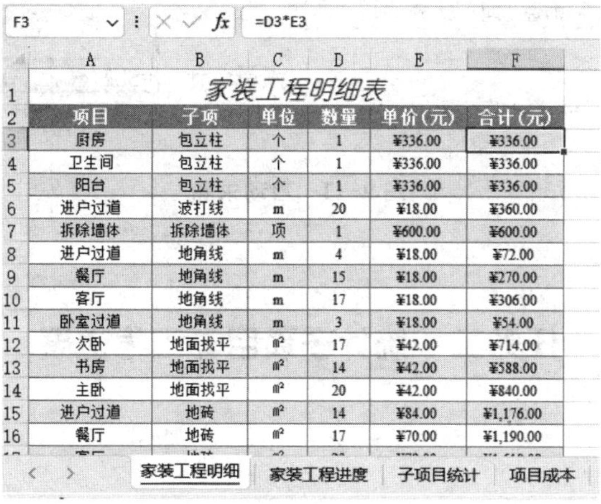

F3　=D3*E3

	A	B	C	D	E	F
1	家装工程明细表					
2	项目	子项	单位	数量	单价(元)	合计(元)
3	厨房	包立柱	个	1	¥336.00	¥336.00
4	卫生间	包立柱	个	1	¥336.00	¥336.00
5	阳台	包立柱	个	1	¥336.00	¥336.00
6	进户过道	波打线	m	20	¥18.00	¥360.00
7	拆除墙体	拆除墙体	项	1	¥600.00	¥600.00
8	进户过道	地角线	m	4	¥18.00	¥72.00
9	餐厅	地角线	m	15	¥18.00	¥270.00
10	客厅	地角线	m	17	¥18.00	¥306.00
11	卧室过道	地角线	m	3	¥18.00	¥54.00
12	次卧	地面找平	㎡	17	¥42.00	¥714.00
13	书房	地面找平	㎡	14	¥42.00	¥588.00
14	主卧	地面找平	㎡	20	¥42.00	¥840.00
15	进户过道	地砖	㎡	14	¥84.00	¥1,176.00
16	餐厅	地砖	㎡	17	¥70.00	¥1,190.00

图 9-10　家装工程明细表(最终结果)

1. 计算家装工程明细表子项目合计

打开"装修公司客户装修数据表"工作簿下的"家装工程明细"表，使用公式计算合计的操作步骤如下。

步骤 1：选定要计算合计的单元格 F3。

步骤 2：输入公式"＝D3＊E3"，(可在输入＝后，单击 D3 单元格，输入＊号，再单击 E3

单元格），按【Enter】键完成操作。

2. 自动填充公式

在家装明细表中，可以利用自动填充功能来完成公式的快速输入，计算其余项目中子项的合计，操作步骤如下。

步骤1：选中F3单元格，将鼠标移到该单元格区域右下角的填充柄上。

步骤2：此时指针由空心十字"⬦"变成实心"✚"，双击鼠标左键，将F3单元格的公式填充到F3：F55中，即可计算出其他子项目的合计。

3. 计算整个装修的预算

步骤1：单击E57单元格，输入"预算合计"。

步骤2：选定要计算装修预算结果的单元格F57。

步骤3：单击"开始"选项卡"编辑"组中的"自动求和"按钮Σ，或者按【Alt＝】组合键，Excel自动填写求和函数SUM及求和区域F3：F56，按【Enter】键完成操作，如图9-11所示。

	A	B	C	D	E	F	G
						SUM(F3:F56)	
46	进户过道	石膏线	m	10	￥15.00	￥150.00	
47	餐厅	石膏线	m	18	￥15.00	￥270.00	
48	客厅	石膏线	m	22	￥15.00	￥330.00	
49	卧室过道	石膏线	m	10	￥15.00	￥150.00	
50	次卧	石膏线	m	19	￥15.00	￥285.00	
51	书房	石膏线	m	17	￥15.00	￥255.00	
52	主卧	石膏线	m	20	￥15.00	￥300.00	
53	水电改造	水电改造	项	1	￥5,800.00	￥5,800.00	
54	厨房	烟道处理	个	1	￥130.00	￥130.00	
55	卫生间	烟道处理	个	1	￥130.00	￥130.00	
56							
57					预算合计	=SUM(F3:F56)	
58						SUM(**number1**, [number2], ...)	
59							

图9-11　自动求和

任务二　统计子项目与工程进展

任务分析

本次任务是利用Excel几个常用的函数完成工程进度表和子项目统计表的计算，根据项目成本表核算公司本单的装修利润（素材文件：项目9\装修公司客户装修数据表.xlxs）。

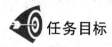

任务目标

➢掌握Excel常用函数的应用。

➤了解 Excel 公式中的错误信息。

 **必备知识**

1. Excel 常用函数类型与使用范例

Excel 针对不同的数据类型提供了不同的函数,表 9-2 列出了常用的函数类型和使用范例。

表 9-2　常用的函数类型和使用范围

函数类型	函数	使用范例
常用	SUM(求和)、AVERAGE(求平均值)、MAX(求最大值)、MIN(求最小值)、COUNT(数值计数)等	=AVERAGE(F3:F56)计算 F3:F56 单元格区域中数字的平均值
财务	DB(求资产的折旧值)、IRR(求现金流的内部报酬率)、PMT(求固定利率下贷款的分期偿还额)等	=PMT(0.45%,120,100 000)计算月利率为 0.45%,100 000 元贷款分 120 个月还清,每个月的还款额
日期与时间	YEAR(求年份)、MONTH(求月份)、DAY(求天数)、TODAY(返回当前日期)、NOW(返回当前时间)等	=YEAR(2023-10-13)计算 2023 年 10 月 13 日的年份为 2023
数学与三角	ABS(求绝对值)、INT(求整数)、ROUND(求四舍五入)、SQRT(求平方根)、RANDBETWEEN(求随机数等)	=ROUND(7 022.336,2)把 7 022.336 保留两位小数,结果为 7 022.34
统计	RANK(求大小排名)、COUNTIFS(统计单元格区域中符合多个条件的单元格数)、COUNTBLANK(求空单元格数)、SUMIFS(求多条件和)等	=COUNTIFS(B3:B55,"墙面",F3:F55,">2000"),求预算大于 2 000 元的墙面项目数
逻辑	AND(与)、OR(或)、NOT(非)、FALSE(假)、TRUE(真)、IF(如果)	=IF(A6>=60,"及格","不及格"),判断 A6 单元格是否大于等于 60,是就返回"及格",否则返回"不及格"
文本	LEFT(求左子串)、RIGHT(求右子串)、MID(求子串)、LEN(求字符串长度)EXACT(求两个字符串是否相同)等	=LEN("计算机应用基础")计算文本长度,结果为 7
信息	ISBLANK(判断是否为空单元格)、ISEVEN(判断是否为偶数)、ISERROR(判断是否为错误值)等	=ISEVEN(G3)判断 G3 单元格的值是否为偶数
查找与引用	ROW(求行序号)、COLUMN(求列序号)、VLOOKUP(在表区域首列搜索满足条件的单元格,返回)	=ROW()求当前单元格的行序号

2. 关于错误信息

单元格输入或编辑公式后,有时会出现诸如 ＃＃＃＃! 或 ＃VALUE! 的错误信息,错误值一般以"＃"符号开头,出现错误值有以下几种原因,如表 9-3 所示。

表 9-3　Excel 函数错误值表

错误值	错误值出现原因	例子
＃DIV/0!	被除数为 0	=3/0
＃N/A	引用了无法使用的数值	HLOOKUP 函数的第 1 个参数对应的单元格为空

续表

错误值	错误值出现原因	例子
＃NAME?	不能识别的名字	＝sum(a1:a4)
＃NULL!	交集为空	＝sum(a1:a3 b1:b3)
＃NUM!	数据类型不正确	＝sqrt(－4)
＃REF!	引用无效单元格	引用的单元格被删除
＃VALUE!	不正确的参数或运算符	＝1＋"a"
＃＃＃＃＃	宽度不够,加宽即可	

 **任务实施**

【扫码观看操作视频】

1. 简单函数的使用

Excel 简单函数主要有:求和函数 SUM,求平均值函数 AVERAGE,最大值函数 MAX,最小值函数 MIN,计数函数 COUNT 等。

（1）计算最大值

打开"子项目统计"表,利用插入函数向导计算子项目数出现次数的最大值,步骤如下。

步骤 1:选定要计算最大结果的单元格 K3。

步骤 2:单击"公式"选项卡下的"插入函数"命令,在"插入函数"对话框中选择函数"MAX",单击"确定"按钮,打开"函数参数"对话框,如图 9-12 所示。

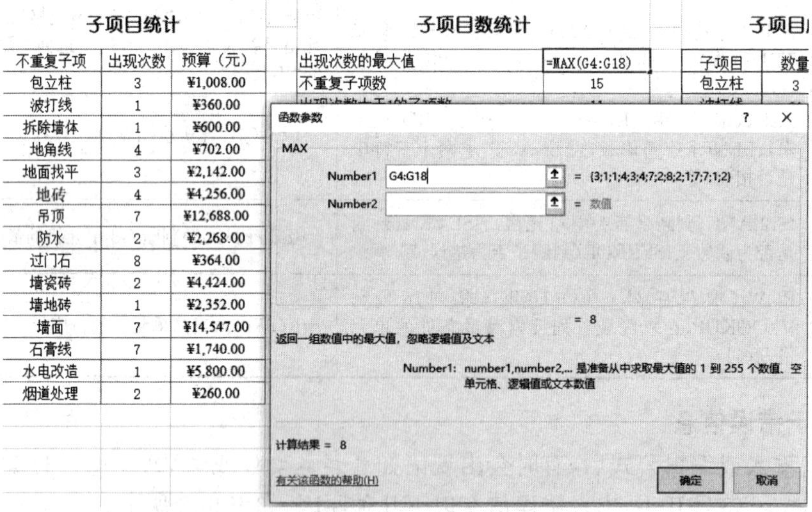

图 9-12 "函数参数"对话框

步骤 3:在"函数参数"对话框第一个参数 Number1 内输入 G4:G18 区域,单击"确定"按钮,或者单击"切换"按钮 (隐藏"函数参数"对话框的下半部分),然后在工作表上选定 G4:G18 区域,单击"切换"按钮 (恢复显示"函数参数"对话框的全部内容),单击"确定"按钮。

（2）计算不重复子项数

可直接在单元格 K4 中输入公式"＝COUNT(G4：G18)"，按【Enter】键确认，如图 9-13
所示。

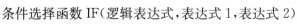

子项目数统计	
出现次数的最大值	8
不重复子项数	=COUNT(G4:G18)
出现次数大于1的子项数	
预算大于2000元的墙面项目数	
预算大于2000元的墙面项目总金额	

图 9-13　直接输入函数计算

2. IF 函数与嵌套 IF 函数

IF 函数是 Excel 中最常用的逻辑函数之一，主要实现值和值之间的逻辑比较，其格式如下。

条件选择函数 IF(逻辑表达式，表达式 1，表达式 2)

若"逻辑表达式"值为真(TRUE)，则函数值为"表达式 1"的值；若"逻辑表达式"值为假(FALSE)，则函数为"表达式 2"的值。

【扫码观看操作视频】

（1）利用 IF 函数计算工期是否截止

打开"工程进度表"，利用 IF 函数计算家装工程进度表中的工期是否截止。

步骤 1：选定要计算是否截止的单元格 E4。

步骤 2：单击"公式"选项卡下的"插入函数"命令，在"插入函数"对话框中选中函数"IF"，单击"确定"按钮，打开"函数参数"对话框，在函数对话框中输入条件表达式"＄H＄2＞C4"，其中"＄H＄2"为当前日期的单元格地址(此处为绝对地址，选中 H2 单元格后按【F4】功能键，可快速添加"＄"符号)，"C4"为截止日期的单元格地址，结果为 True 时返回值"是"，为 False 时返回值"否"，如图 9-14 所示。

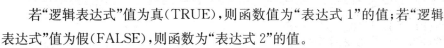

图 9-14　IF 函数计算

步骤 3：单击“确定”按钮后，双击 E4 单元格右下角实心“✚”，自动完成其余单元格的填充。

(2) 利用嵌套 IF 函数计算工期已用天数

打开“工程进度表”，利用 IF 函数嵌套计算家装工程进度表中的已用工期天数。

步骤 1：计算工期天数，选定单元格 D4，输入公式“＝C4－B4＋1”，用截止日期－开始日期＋1，得出每个项目的工期天数，如图 9-15 所示。

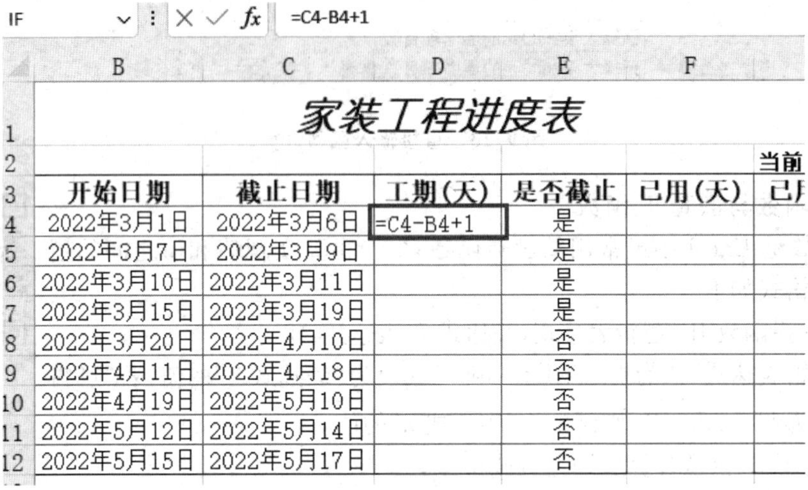
IF =C4-B4+1

家装工程进度表

开始日期	截止日期	工期(天)	是否截止	已用(天)	当前已用
2022年3月1日	2022年3月6日	=C4-B4+1	是		
2022年3月7日	2022年3月9日		是		
2022年3月10日	2022年3月11日		是		
2022年3月15日	2022年3月19日		是		
2022年3月20日	2022年4月10日		否		
2022年4月11日	2022年4月18日		否		
2022年4月19日	2022年5月10日		否		
2022年5月12日	2022年5月14日		否		
2022年5月15日	2022年5月17日		否		

图 9-15　公式计算工期

步骤 2：计算每个项目的已用天数，选择 F4 单元格，单击“公式”选项卡下的“插入函数”命令，在“插入函数”对话框中选中函数“IF”，单击“确定”按钮，打开“函数参数”对话框，在函数对话框中输入条件表达式“＄H＄2＜B4”，“B4”为开始日期的单元格地址，如果“当前日期”＜“开始日期”满足条件，则该项目还未开工，已用天数为 0，否则就有两种情形：“当前日期”＜＝“截止日期”(正在施工)和“当前日期”＞“截止日期”(施工完毕)，此处鼠标需要定位在返回值为 False 的输入框中，如图 9-16 所示。

步骤 3：再次选择名称框中的 IF 函数，在弹出的新对话框中输入条件表达式“＄H＄2＜＝C4”，在返回值为 True 的文本框中输入“＄H＄2－B4＋1”，返回值为 False 的文本框中输入“D4”，如图 9-17 所示，此处我们运用了函数对话框的方式进行了 IF 函数嵌套的计算，当然我们也可以直接在单元格 F4 中输入公式“＝IF(＄H＄2＜B4，0，IF(＄H＄2＜＝C4，＄H＄2－B4＋1，D4))”。

步骤 4：单击“确定”按钮后，双击 F4 单元格右下角实心“✚”，自动完成其余单元格的填充。

步骤 5：选定 G4 单元格，直接输入公式“＝F4/D4”，完成已用(百分比)计算。

步骤 6：选定 H4 单元格，直接输入公式“＝D4－F4”，完成剩余天数计算。

图 9-16　IF 函数嵌套 1

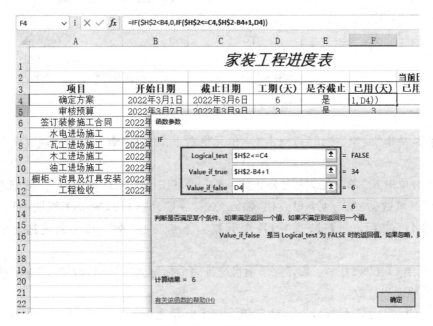

图 9-17　IF 函数嵌套 2

3. COUNTIF 函数与 COUNTIFS 函数

CUNTIF 函数是单条件计数函数,COUNTIFS 函数是多条件计数函数,其格式如下。

COUNTIF(条件区域,条件)

COUNTIFS(条件区域 1,条件 1,条件区域 2,条件 2……条件区域 n,条件 n)

（1）利用 COUNTIF 函数计算子项目统计表中标题为"项目统计"下的子项数,标题为"子项目统计"下的不重复子项的出现次数。

步骤 1:打开"子项目统计"表,选定单元格 C4,单击"公式"选项卡下的"插入函数"命令,在"插入函数"对话框搜索函数中输入函数"COUNTIF",单击"转到"按钮,选择函数 COUNTIF,单击"确定"按钮,打开"函数参数"对话框,在函数对话框区域"Range"中选择"家装工程明细! ＄A＄3:＄A＄55",在条件"Criteria"中选择 B4 单元格,如图 9-18 所示。

图 9-18 COUNTIF 函数计算

步骤 2:单击"确定"按钮后,双击 C4 单元格右下角实心"✚",自动完成其余单元格的填充。

步骤 3:单击 K5 单元格,输入公式:"＝COUNTIF(G4:G18,"＞1")",敲回车。删除"G4:G18"区域数据,单击 G4 单元格,输入公式"＝COUNTIF(家装工程明细! ＄B＄3:＄B＄55,F4)",按【Enter】键,双击 G4 单元格右下角实心"✚",自动完成其余单元格的填充。

（2）利用 COUNTIFS 函数计算子项目统计表中标题为"子项目数统计"下的预算大于 2 000 元的墙面项目数。

步骤 1:打开"子项目统计"表,选定单元格 K6,单击"公式"选项卡下的"插入函数"命令,在"插入函数"对话框搜索函数中输入函数"COUNTIFS",单击"转到"按钮,选择函数 COUNTIFS,单击"确定"按钮,打开"函数参数"对话框,在函数对话框"Criteria_range1"中选择"家装工程明细! ＄B＄3:＄B＄55",在条件 Criteria1 中输入"墙面",在"Criteria_range2"中选择"家装工程明细! ＄F＄3:＄F＄55",在条件"Criteria2"中输入"＞2000",如图 9-19 所示。

步骤 2:单击"确定"按钮,完成任务要求。

=COUNTIFS(家装工程明细!$B$3:$B$55,"墙面",家装工程明细!$F$3:$F$55,>2000)

		子项目数统计				子项目成
预算（元）	出现次数的最大值				子项目	数量
	不重复子项数				包立柱	
	出现次数大于1的子项数				波打线	
	预算大于2000元的墙面项目数	>2000)			拆除墙体	
	预算大于2000元的墙面项目总金额				地角线	

函数参数

COUNTIFS

Criteria_range1 　家装工程明细!$B$3:$B$55 　= {"包立柱";"包立柱";"包立柱";"波...

Criteria1 　"墙面" 　= "墙面"

Criteria_range2 　家装工程明细!$F$3:$F$55 　= {336;336;336;360;600;72;270;...

Criteria2 　>2000 　=

Criteria_range3 　 　= 引用

=

统计一组给定条件所指定的单元格数

Criteria2: 是数字、表达式或文本形式的条件，它定义了单元格统计的范围

图 9-19　COUNTIFS 函数计算

【扫码观看操作视频】

4. SUMIF 函数与 SUMIFS 函数

SUMIF 函数是计算符合指定一个条件的单元格区域内的数值和，SUMIFS 是计算符合多个条件的单元格区域内的数值和，其格式如下。

SUMIF（条件区域，求和条件，求和区域）

SUMIFS（求和区域，条件 1 区域，条件 1，条件区域 2，条件 2……条件区域 n，条件 n）

（1）利用 SUMIF 函数计算"子项目统计"表中标题为"项目统计"下的预算、标题为"子项目统计"下的预算、标题为"子项目成本"下的数量。

步骤 1：打开"子项目统计"表，选定单元格 D4，单击"公式"选项卡下的"插入函数"命令，在"插入函数"对话框搜索函数中输入函数"SUMIF"，单击"转到"按钮，选择函数 SUMIF，单击"确定"按钮，打开"函数参数"对话框，在函数对话框区域"Range"中选择"家装工程明细！$A$3：$A$55"，在条件 Criteria 中选择 B4 单元格，在求和区域"Sum_range"中选择"家装工程明细！$F$3：$F$54"，如图 9-20 所示。

步骤 2：单击"确定"按钮后，双击 D4 单元格右下角实心"✚"，自动完成其余单元格的填充。

步骤 3：单击 H4 单元格，输入公式"＝SUMIF（家装工程明细！$B$3：$B$55,F4,家装工程明细！$F$3：$F$55）"，按【Enter】键，双击 H4 单元格右下角实心"✚"，自动完成其余单元格的填充。

步骤 4：单击 N4 单元格，输入公式"＝SUMIF（家装工程明细！$B$3：$B$55,M4,家装工程明细！$D$3：$D$55）"，按【Enter】键，双击 N4 单元格右下角实心"✚"，自动完成其余单元格的填充。

（2）利用 SUMIFS 函数计算"子项目统计"表中标题为"子项目数统计"下的预算大于2 000 元的墙面项目总金额。

图 9-20　SUMIF 函数计算

步骤 1：打开"子项目统计"表，选定单元格 K7，单击"公式"选项卡下的"插入函数"命令，在"插入函数"对话框搜索函数中输入函数"SUMIFS"，单击"转到"按钮，选择函数 SUMIFS，单击"确定"按钮，打开"函数参数"对话框，在求和区域"Sum_range"中选择"家装工程明细！＄A＄3：＄A＄55"，在条件区域"Criteria_range1"中选择"家装工程明细！＄F＄3：＄F＄55"，在条件 Criteria1 中输入"＞2000"，在条件区域"Criteria_range2"中选择"家装工程明细！＄B＄3：＄B＄55"，在条件 Criteria2 中输入"墙面"，如图 9-21 所示。

步骤 2：单击"确定"按钮，完成要求。

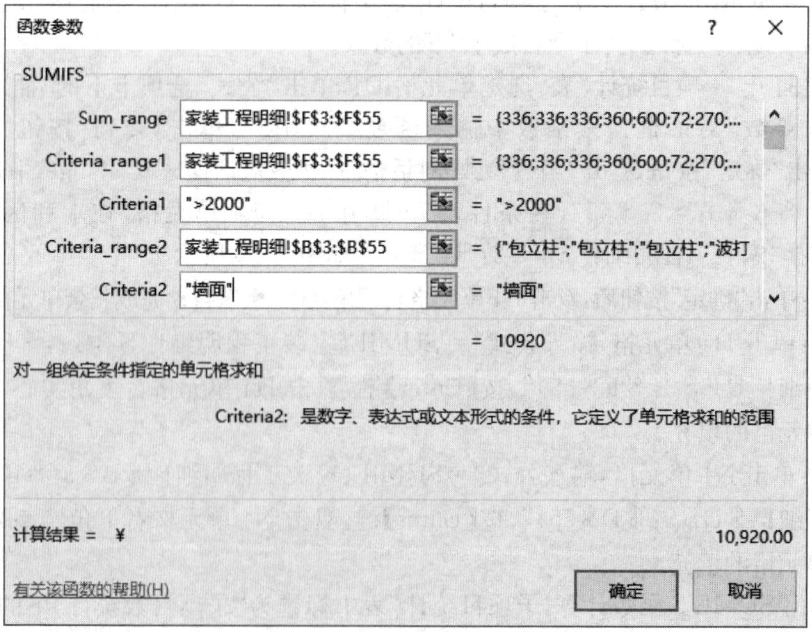

图 9-21　SUMIFS 函数计算

5. AVERAGEIF 函数与 AVERAGEIFS 函数

AVERAGEIF 函数是计算符合指定一个条件的单元格区域内的算术平均值,AVER-AGEIFS 是计算符合多个条件的单元格区域内的算术平均值,其格式如下。

AVERAGEIF(条件区域,条件,[求平均值区域]),方括号为可选项

AVERAGEIFS(求平均值区域,条件 1 区域,条件 1,[条件区域 2,条件 2……条件区域 n,条件 n]),方括号为可选项

AVERAGEIF 函数的用法与 SUMIF 函数的用法相同,AVERAGEIFS 函数的用法与 SUMIFS 用法相同,这里不再赘述。

6. VLOOKUP 函数

【扫码观看操作视频】

VLOOKUP 函数是 Excel 中的一个垂直查找函数,功能是在表格的首列查找指定的数值,并返回表格当前行中指定列处的数值,其格式如下。

VLOOKUP(查找值,查找区域,列序数,匹配条件)

利用 VLOOKUP 函数计算"子项目统计"表中标题为"子项目成本"下的成本,具体步骤如下。

步骤 1:打开"子项目统计"表,选定单元格 O4,输入公式"＝N4＊",单击"公式"选项卡下的"插入函数"命令,在弹出对话框的"搜索函数"文本框中输入函数"VLOOKUP",单击"转到"按钮,选择函数 VLOOKUP,单击"确定"按钮,打开"函数参数"对话框,在查找值"Lookup_value"中单击单元格"M4",在查找区域"Table_array"中选择"项目成本！＄A＄3：＄C＄17",在返回列序数中输入"3",在匹配条件"Range_lookup"中输入"FALSE 或 0",如图 9-22 所示。

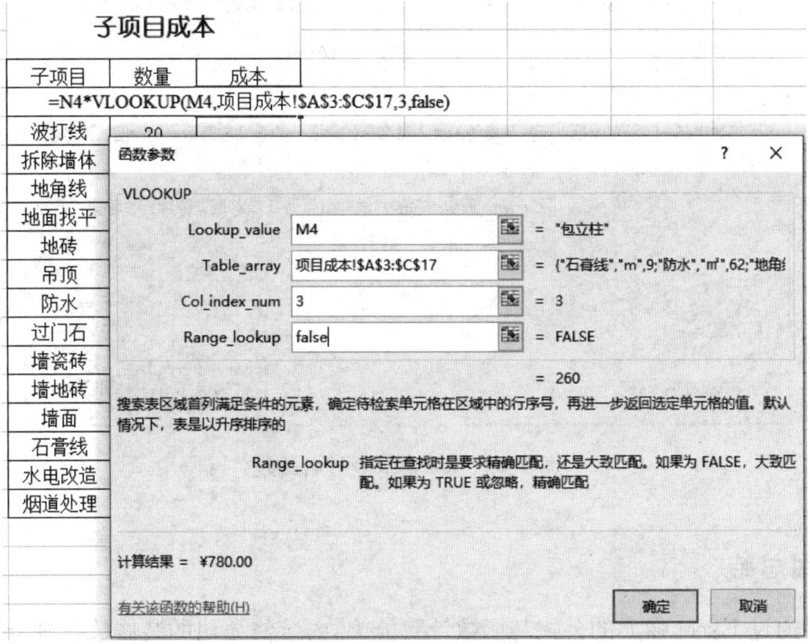

图 9-22　VLOOKUP 查找函数

步骤2：单击"确定"按钮后，双击 O4 单元格右下角实心"✚"，自动完成其余单元格的填充。

7. RANK. EQ 函数

RANK. EQ 函数是排名函数，是求某一个数值在某一区域内的排名。即返回一个数字在数字列表中的排位，其格式如下。

RANK. EQ(指定的数字，一组数，排位方式：0 或忽略表示降序)

【扫码观看操作视频】

利用 RANK. EQ 函数计算子项目统计表中标题为"子项目成本"下的利润排名，具体步骤如下。

步骤1：打开"子项目统计"表，在 P3 单元格输入"利润"，选定单元格 P4，输入公式"＝H4－O4"，单击确定按钮后，双击 P4 单元格右下角实心"✚"，自动完成其余单元格的填充。

步骤2：选定单元格 Q4，单击"公式"选项卡下的"插入函数"命令，在"插入函数"对话框搜索函数中输入函数"RANK. EQ"，单击"转到"按钮，选择函数 RANK. EQ，单击"确定"按钮，打开"函数参数"对话框，在数字"Number"中单击单元格"P4"，在"Ref"中选择"＄P＄4：＄P＄18"，在排位方式"Order"中输入"0"，如图 9-23 所示。

步骤3：单击"确定"按钮后，双击 Q4 单元格右下角实心"✚"，自动完成其余单元格的填充。可以看出，利润最高的是墙面，其次是吊顶。

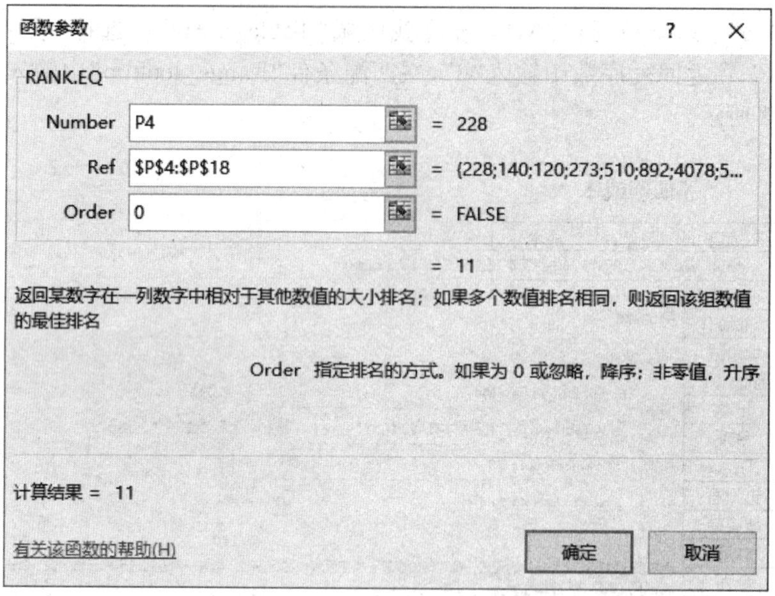

图 9-23 RANK. EQ 排名函数

项目总结

本项目通过 Excel 强大的公式与函数计算能力，对装修公司的装修数据进行了计算，掌握了各项目的装修进度，基本预算和利润，便于装修公司更好地完成客户的装修任务。

项目拓展

统计和分析学生课程成绩表

	C	D	E	F	G	H	I	J	K	L	M	N
1	季度	销售数量	销售额(元)	销售数量排名	销售额排名							
2	3	124	8680	61	60							
3	2	321	9630	29	54							
4	2	435	21750	8	23							
5	2	256	17920	36	28		求和项:销售额(元)	列标签				
6	1	167	8350	55	61		行标签	第1分部	第2分部	第3分部	第4分部	总计
7	4	157	10990	57	43		工业技术	80750	40750	44780	63392	229672
8	4	187	13090	54	38		交通科学	134065	99422	49241	50747	333475
9	4	213	10650	47	48		农业科学	63780	44910	84208	93115	286013
10	4	196	13720	52	37		生物科学	88690	62440	58660	100030	309820
11	4	219	10950	42	44		总计	367285	247522	236889	307284	1158980
12	3	234	16380	37	29							

项目十　管理与分析装修公司客户家装工程预算

Excel除了可以利用公式和函数对工作表数据进行计算和处理外,还可以利用数据排序、筛选、分类汇总等功能来管理和分析工作表中的数据。此外,还可使用数据透视表来帮助用户从不同的角度观察和分析数据。

Excel还可以根据表格中的数据生成各种形式的图表,从而直观、形象地表示和反映数据的意义和变化,使数据易于阅读、评价、比较和分析。

📖 项目描述

本项目主要是装修公司根据客户的家装工程明细表,利用Excel对工程造价进行排序、对预算项目进行自动筛选、对指定预算范围的项目进行高级筛选,对装修子项的个数及子项预算进行分类汇总;利用Excel创建数据透视表,分析各项目的总金额及占比,在此基础上创建家装工程明细比较图。本项目具体通过以下三个任务完成。

任务一　统计与分析家装工程预算
任务二　制作家装工程预算数据透视表
任务三　制作家装工程预算比较图

任务一　统计与分析家装工程预算

任务分析

根据装修公司家装工程明细表(素材文件:项目10\装修公司家装工程明细表.xlxs),创建排序工作表,按各项目的预算合计降序排序;创建自动筛选工作表,筛选出工程预算最高的前5个装修项目;创建高级筛选工作表,筛选出厨房预算大于2 000元或者客厅预算大于等于2 000元且小于3 000元的子项名称;创建分类汇总表,统计各项目的子项数及预算合计。

任务目标

➤掌握 Excel 排序的基本方法。

➤掌握 Excel 自动筛选的方法。

➤掌握 Excel 高级筛选的方法。

➤掌握 Excel 分类汇总的方法。

必备知识

1. 数据清单

数据清单是指包含一组相关数据的一系列工作表数据行。Excel 允许采用数据库管理的方式管理数据清单。数据清单由标题行(表头)和数据部分组成。数据清单中的行相当于数据库中的记录,行标题相当于记录名;数据清单中的列相当于数据库中的字段,列标题相当于字段名。如图 10-1 所示。

	项目	子项	单位	数量	单价(元)	合计(元)
	家装工程明细表					
3	进户过道	地角线	m	4	¥18.00	¥72.00
4	进户过道	波打线	m	20	¥18.00	¥360.00
5	进户过道	石膏线	m	10	¥15.00	¥150.00
6	卫生间	防水	m²	22	¥84.00	¥1,848.00
7	餐厅	地角线	m	15	¥18.00	¥270.00
8	餐厅	石膏线	m	18	¥15.00	¥270.00
9	客厅	地角线	m	17	¥18.00	¥306.00
10	客厅	石膏线	m	22	¥15.00	¥330.00
11	卧室过道	地角线	m	3	¥18.00	¥54.00
12	卧室过道	石膏线	m	10	¥15.00	¥150.00
13	次卧	石膏线	m	19	¥15.00	¥285.00
14	书房	石膏线	m	17	¥15.00	¥255.00
15	主卧	石膏线	m	20	¥15.00	¥300.00

图 10-1　"家装工程明细表"数据清单

2. 数据排序

数据排序是按照一定的规则对数据进行重新排列,方便用户浏览或为进一步处理作准备(如分类汇总)。

(1) 简单排序

简单排序是指对数据表中的单列数据按照 Excel 默认的升序或降序的方式进行排列。单击要进行排序的列中的任一单元格,再单击"数据"选项卡上"排序和筛选"组中"升序"或"降序"按钮,所选列即按升序或降序方式进行排序,如图 10-2 所示为按"基本工资"进行简单排序后的结果。在 Excel 中,不同数据类型的默认排序方式如下。

①升序排序

数字:按从最小的负数到最大的正数进行排序。

日期:按从最早的日期到最晚的日期进行排序。

文本:按照特殊字符、数字(0……9)、小写英文字母(a……z)、大写英文字母(A……Z)、汉字(以拼音排序)排序。

逻辑值:FALSE 排在 TRUE 之前。

错误值:所有错误值(如♯NUM! 和♯REF!)的优先级相同。

空白单元格:总是放在最后。

②降序排序

与升序排序的顺序相反。

图 10-2　简单排序

(2)多关键字排序

多关键字排序就是对工作表中的数据按两个或两个以上的关键字进行排序。在此排序方式下,为了获得最佳结果,要排序的单元格区域应包含列标题。

对多个关键字进行排序时,在主要关键字完全相同的情况下,会根据指定的次要关键字进行排序;在次要关键字完全相同的情况下,会根据指定的下一个次要关键字进行排序,依次类推。如图 10-3 所示。

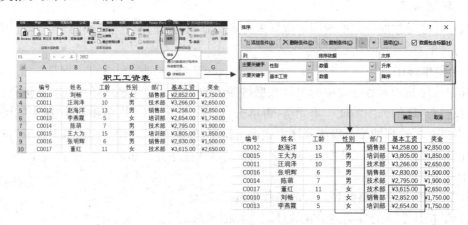

图 10-3　多关键字排序

（3）用户自定义的顺序排序

如果用户对数据的排序有特殊要求，可以单击"排序"对话框中"次序"选项下的"自定义序列"命令，用户可以不按字母或数值等常规排序方式，根据需求自行设置。

3. 数据筛选

在对工作表数据进行处理时，有时需要从工作表中找出满足一定条件的数据，这时可以利用 Excel 的数据筛选功能显示符合条件的数据，而将不符合条件的数据隐藏起来。

Excel 提供了自动筛选和高级筛选两种筛选方式，无论使用哪种方式，要进行筛选操作，数据表中必须有列标签。

（1）自动筛选

自动筛选一般用于简单的筛选，筛选时将不需要显示的记录暂时隐藏起来，只显示符合条件的记录。

①单字段条件筛选

利用单字段"性别"筛选出男职工的工资记录如图 10-4 所示。

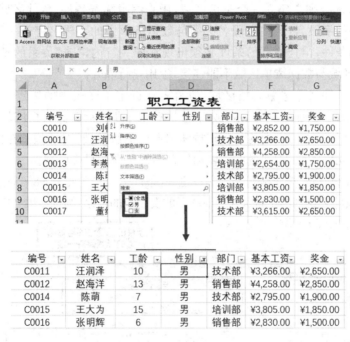

图 10-4　单字段条件筛选

②多字段条件筛选

利用"性别"和"奖金"两个字段，筛选出奖金大于等于 1 850 元且小于 1 950 元的男职工的记录，如图 10-5 所示。

③取消筛选

选择"数据|排序与筛选"命令组的"清除"命令，或在筛选对象的下拉列表框中，选择"全选"即可取消筛选，恢复所有数据。

（2）高级筛选

Excel 的高级筛选方式主要用于多字段条件的筛选，其筛选结果可显示在原数据表格

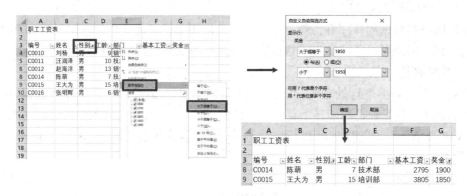

图 10-5　多字段条件筛选

中,不符合条件的记录被隐藏起来。也可以在新的位置显示筛选结果,不符合条件的记录保留在原数据表格中,从而便于进行数据的对比。

使用高级筛选必须先建立一个条件区域,用来编辑筛选条件,条件区域的第一行是所有作为筛选条件的字段名,这些字段名必须与数据清单中的字段名完全一样,条件区域的其他行输入筛选条件,"与"关系的条件必须出现在同一行内,"或"关系的条件不能出现在同一行内,条件区域与数据清单区域不能连接,须用空行隔开。

要通过多个条件来筛选单元格区域,应首先在选定工作表中的指定区域创建筛选条件,然后单击数据区域中任一单元格,或者选中要进行高级筛选的数据区域,最后单击"数据"选项卡上"排序和筛选"组中的"高级"按钮,打开"高级筛选"对话框。在对话框中,分别选择要筛选的单元格区域、筛选条件区域和保存筛选结果的目标区域。

例如,利用高级筛选,要求满足两个条件之一:条件 1 为奖金大于 1 850 元且小于 1 950 元的男职工记录,条件 2 为基本工资大于 3 000 元的女职工的记录,筛选结果如图 10-6 所示。

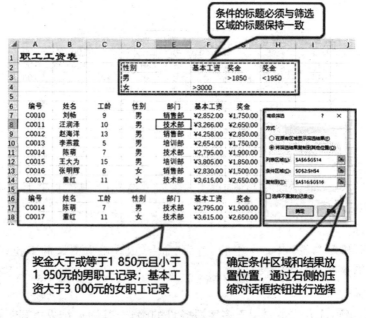

图 10-6　高级筛选

4. 数据分类汇总

分类汇总是把数据表中的数据分门别类地进行统计处理,无需建立公式。Excel 将会自动对各类别的数据进行求和、求平均值、统计个数、求最大值(最小值)和总体方差等多种计算,并且分级显示汇总的结果,从而增加了工作表的可读性,使用户能更快捷地获得需要的数据并做出判断。

分类汇总分为简单分类汇总和嵌套分类汇总两种方式。分类汇总只能对数据清单进行,数据清单的第一行必须有列标题,而且在分类汇总之前必须按分类字段对数据清单进行排序,以使得数据中拥有同一类关键字的记录集中在一起,最后再对记录进行分类汇总操作。

(1) 简单分类汇总

指对数据表中的某一列以一种汇总方式进行分类汇总。

利用简单分类汇总,按性别求出男、女职工基本工资和奖金的平均值,结果如图 10-7①②③④所示。

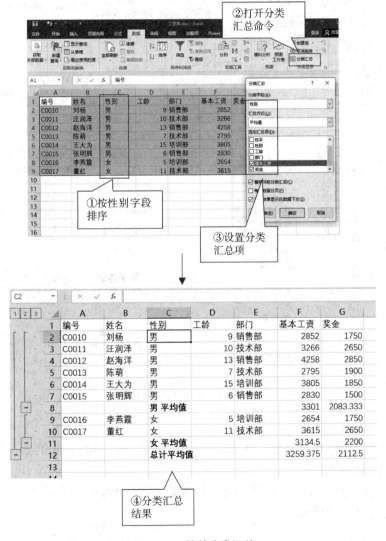

图 10-7 简单分类汇总

（2）嵌套分类汇总

嵌套分类汇总是指在一个已经建立了分类汇总的工作表中再进行另外一种分类汇总，两次分类汇总的字段可以相同，也可以不同。如果分类的字段不同，在建立嵌套分类汇总前，首先要对需要进行分类汇总的字段进行多关键字排序，排序的主要关键字应该是第 1 级汇总关键字，排序的次要关键字应该是第 2 级汇总关键字，其他的依次类推。

利用嵌套分类汇总，按性别求出男、女职工基本工资和奖金的平均值，并统计男、女职工的人数，结果如图 10-8 所示。

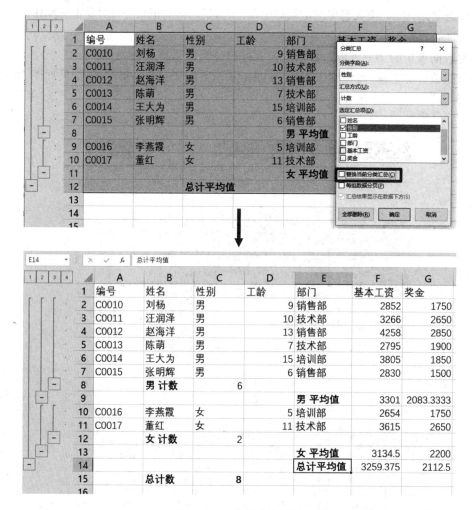

图 10-8　嵌套分类汇总

（3）分类分级显示数据

对工作表中的数据执行分类汇总后，Excel 会自动按汇总时的分类分级显示数据。

① 分级显示明细数据

在分级显示符号中单击所需级别的数字，较低级别的明细数据会隐藏起来，如图 10-9 所示为单击数字 3 后的结果。

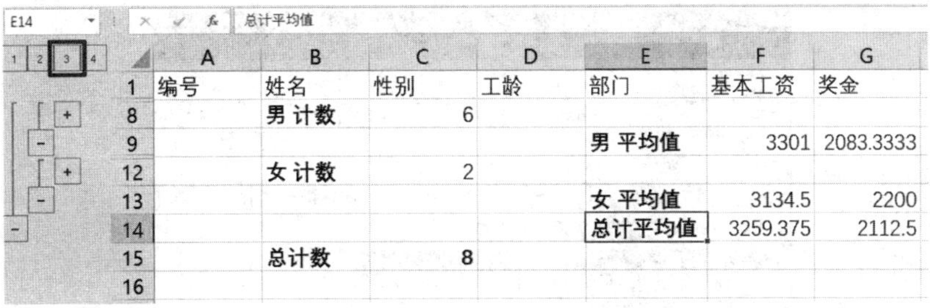

	A	B	C	D	E	F	G
1	编号	姓名	性别	工龄	部门	基本工资	奖金
8		男 计数	6				
9					男 平均值	3301	2083.3333
12		女 计数	2				
13					女 平均值	3134.5	2200
14					总计平均值	3259.375	2112.5
15		总计数	8				
16							

图 10-9 分级显示明细数据

②隐藏与显示明细数据

单击工作表左侧的折叠按钮可以隐藏原始数据，此时该按钮变为“＋”，如图 10-10 所示，单击该按钮将显示组中的原始数据。

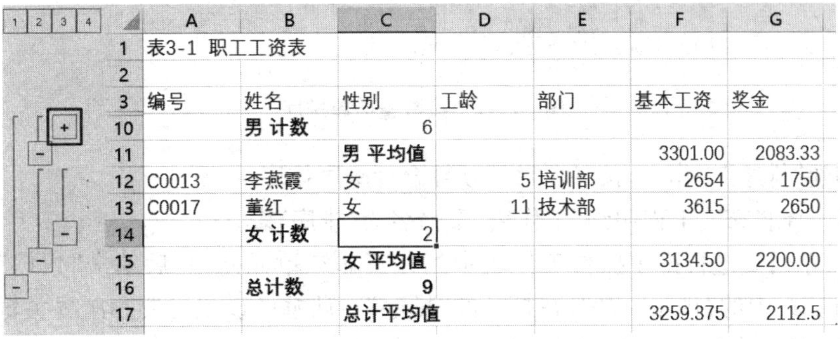

	A	B	C	D	E	F	G
1	表3-1 职工工资表						
2							
3	编号	姓名	性别	工龄	部门	基本工资	奖金
10		男 计数	6				
11			男 平均值			3301.00	2083.33
12	C0013	李燕霞	女	5	培训部	2654	1750
13	C0017	董红	女	11	技术部	3615	2650
14		女 计数	2				
15			女 平均值			3134.50	2200.00
16		总计数	9				
17			总计平均值			3259.375	2112.5

图 10-10 隐藏与显示明细数据

③清除分级显示

不需要分级显示时，可以根据需要将其部分或全部的分级删除。方法是选择要取消分级显示的行，然后单击“数据”选项卡上“分级显示”组中的“取消组合”下的“清除分级显示”项，可取消部分分级显示；要取消全部分级显示，可单击分类汇总工作表中的任意单元格，然后单击“数据”选项卡上“分级显示”组中的“取消组合”下的“清除分级显示”项即可。

(4) 取消分类汇总

要取消分类汇总，可打开“分类汇总”对话框，单击“全部删除”按钮。删除分类汇总的同时，Excel 会删除与分类汇总一起插入到列表中的分级显示。

任务实施

【扫码观看操作视频】

(1) 创建“简单排序”工作表，按“数量”升序排序。

步骤 1：复制“家装工程明细”工作表，重命名为“简单排序”表。

步骤 2：单击“数量”列中的任一单元格，再单击“数据”选项卡上“排序和筛选”组中“升序”按钮，即可完成简单排序，如图 10-11 所示。

图 10-11　按数量简单排序

（2）创建"排序"工作表，按各项目的预算合计降序排序。

步骤 1：复制"家装工程明细"工作表，重命名为"排序"表。

步骤 2：单击要进行排序操作工作表中的任意非空单元格，然后单击"数据"选项卡上"排序和筛选"组中的"排序"按钮，在打开的"排序"对话框中设置主要和次要关键字条件分别为"项目"和"合计"，单击"确定"按钮，如图 10-12 所示。

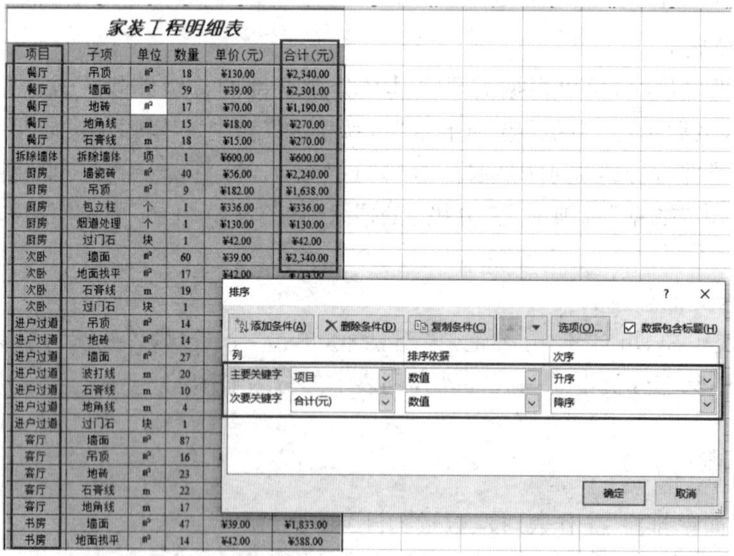

图 10-12　按各项目的合计排序

（3）对"家装工程明细"工作表数据清单的内容进行自动筛选，条件：装修费用合计最高的 5 个项目。

步骤1：复制"家装工程明细"工作表，重命名为"自动筛选"表。

步骤2：将光标放在记录表中的任一位置，选择选项卡"数据|排序与筛选|筛选"命令，此时，工作表中数据清单的列标题全部变成下拉列表框。

步骤3：在"合计（元）"筛选器中选择"数字筛选"→"前10项"，如图10-13所示，在弹出的"自动筛选前10个"对话框中指定条件为"最大"，数值为"5"，如图10-14所示，单击"确定"按钮，筛选后的结果如图10-15所示，筛选字段有"漏斗"图标。

图10-13　装修费用合计最高5项

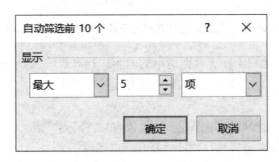

图10-14　自动筛选前10个对话框

（4）对"家装工程明细"工作表数据清单的内容进行自动筛选，条件：卫生间合计费用大于等于1 000元的子项目。

1	家装工程明细表					
2	项目	子项	单位	数量	单价(元)	合计(元)
29	客厅	墙面	m²	87	¥39.00	¥3,393.00
38	主卧	墙面	m²	74	¥39.00	¥2,886.00
39	阳台	墙地砖	m²	42	¥56.00	¥2,352.00
40	阳台	吊顶	m²	14	¥182.00	¥2,548.00
54	水电改造	水电改造	项	1	¥5,800.00	¥5,800.00

图 10-15　最高 5 项结果

步骤 1:将光标放在记录表中的任一位置,选择选项卡"数据|排序与筛选|清除"命令,此时,工作表中数据清单的列标题全部变成下拉列表框。

步骤 2:在"项目"筛选器中只勾选"卫生间",在"合计(元)"筛选器中选择"数字筛选"→"大于或等于"项,如图 10-16 所示,在弹出的"自定义自动筛选方式"对话框中指定条件为"大于或等于",数值为"1 000",单击"确定"按钮。

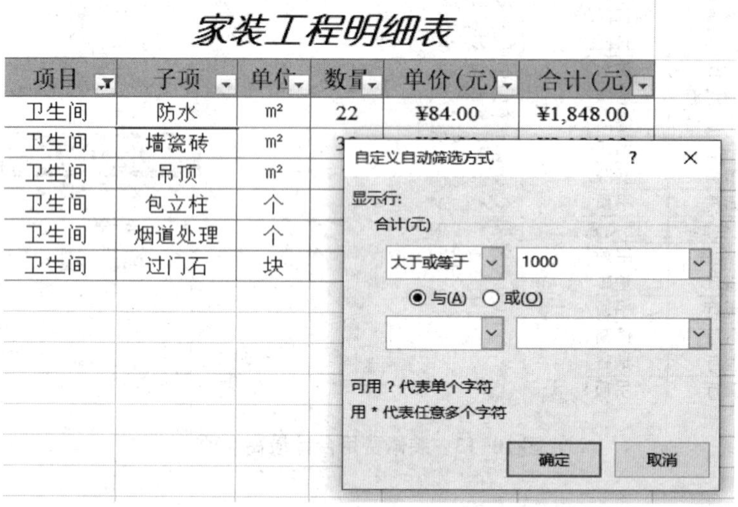

图 10-16　卫生间合计费用大于等于 1 000 元的子项目

(5) 对"家装工程明细"工作表数据清单的内容进行高级筛选,须同时满足两个条件,条件 1:厨房项目费用合计大于 2 000 元;条件 2:客厅项目费用合计大于等于 2 000 元且小于等于 3 000 元。

步骤 1:复制"家装工程明细"工作表,重命名为"高级筛选"表。

步骤 2:在工作表的指定区域(H2:J4)输入筛选条件。

步骤 3:用鼠标选择工作表的数据清单区域。

步骤 4:单击选项卡"数据/排序与筛选/高级"命令,弹出"高级筛选"对话框,选择"将筛选结果复制到其他位置"按钮,在"条件区域"选择"＄H＄2：＄J＄4",在"复制到"选择"＄H＄6",单击"确定"按钮即可完成高级筛选,如图 10-17 所示。

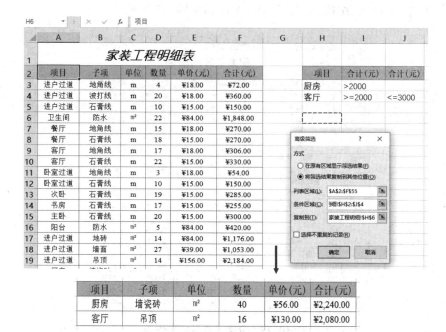

图 10-17 "家装工程明细表"使用高级筛选

（6）对"家装工程明细"工作表数据清单的内容进行分类汇总，统计每个装修项目中的子项目个数（分类字段为"项目"，汇总方式为"计数"，汇总项为"子项"），汇总结果显示在数据下方。

步骤 1：复制"家装工程明细"工作表，重命名为"分类汇总"表。

步骤 2：按主要关键字"项目"对数据清单进行排序。

步骤 3：选择"数据|分级显示|分类汇总"命令，在弹出的"分类汇总"对话框中，选择分类字段为"项目"，汇总方式为"计数"，选定汇总项为"子项"，选中"汇总结果显示在数据下方"，如图 10-18 所示。

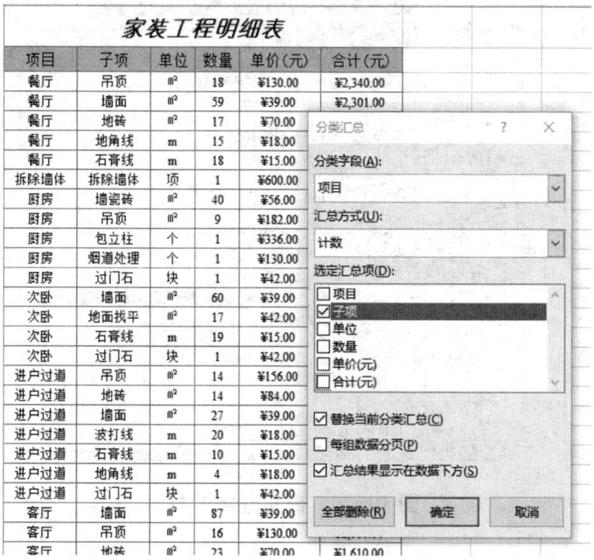

图 10-18 分类汇总

步骤 4:单击“确定”按钮,分类汇总的结果如图 10-19 所示。

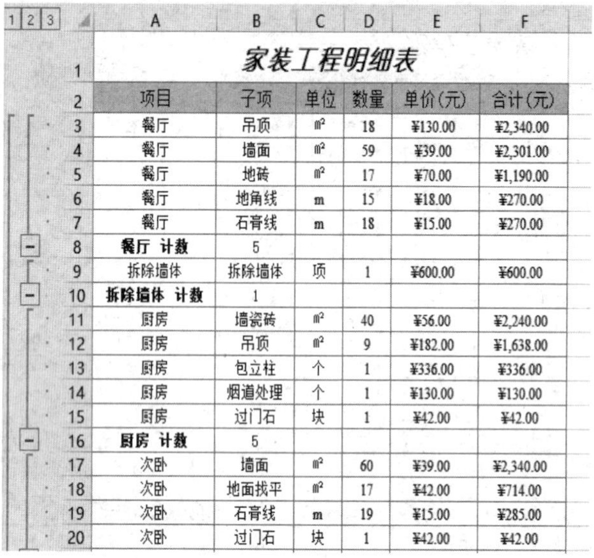

	A	B	C	D	E	F
1	家装工程明细表					
2	项目	子项	单位	数量	单价(元)	合计(元)
3	餐厅	吊顶	㎡	18	¥130.00	¥2,340.00
4	餐厅	墙面	㎡	59	¥39.00	¥2,301.00
5	餐厅	地砖	㎡	17	¥70.00	¥1,190.00
6	餐厅	地角线	m	15	¥18.00	¥270.00
7	餐厅	石膏线	m	18	¥15.00	¥270.00
8	**餐厅 计数**	5				
9	拆除墙体	拆除墙体	项	1	¥600.00	¥600.00
10	**拆除墙体 计数**	1				
11	厨房	墙瓷砖	㎡	40	¥56.00	¥2,240.00
12	厨房	吊顶	㎡	9	¥182.00	¥1,638.00
13	厨房	包立柱	个	1	¥336.00	¥336.00
14	厨房	烟道处理	个	1	¥130.00	¥130.00
15	厨房	过门石	块	1	¥42.00	¥42.00
16	**厨房 计数**	5				
17	次卧	墙面	㎡	60	¥39.00	¥2,340.00
18	次卧	地面找平	㎡	17	¥42.00	¥714.00
19	次卧	石膏线	m	19	¥15.00	¥285.00
20	次卧	过门石	块	1	¥42.00	¥42.00

图 10-19　分类汇总后的工作表

(7) 在统计每个项目子项个数的基础上,继续统计每个项目的合计装修费用。

步骤 1:再次选择“分类汇总”命令,将“汇总方式”修改为“求和”、“选定汇总项”修改为“合计”。

步骤 2:将“分类汇总”对话框内的“替换当前分类汇总”复选框中的“√”去掉,如图 10-20 所示。

步骤 3:单击“确定”按钮,汇总结果如图 10-21 所示。

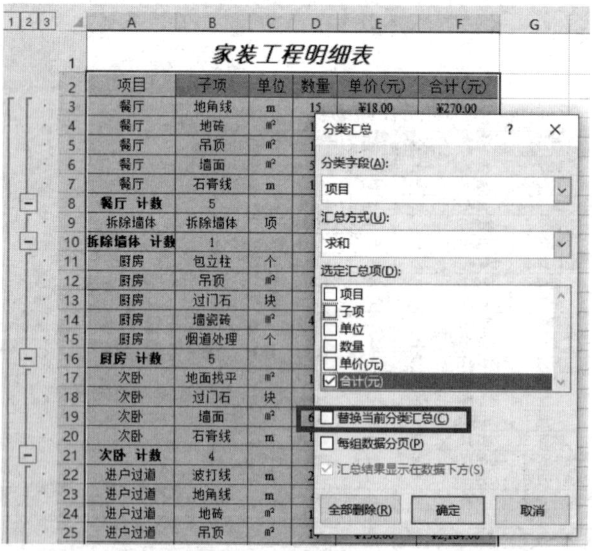

图 10-20　嵌套分类汇总

	A	B	C	D	E	F
1	家装工程明细表					
2	项目	子项	单位	数量	单价(元)	合计(元)
3	餐厅	地角线	m	15	¥18.00	¥270.00
4	餐厅	地砖	㎡	17	¥70.00	¥1,190.00
5	餐厅	吊顶	㎡	18	¥130.00	¥2,340.00
6	餐厅	墙面	㎡	59	¥39.00	¥2,301.00
7	餐厅	石膏线	m	18	¥15.00	¥270.00
8	餐厅 汇总					¥6,371.00
9	餐厅 计数	5				
10	拆除墙体	拆除墙体	项	1	¥600.00	¥600.00
11	拆除墙体 汇总					¥600.00
12	拆除墙体 计数	1				
13	厨房	包立柱	个	1	¥336.00	¥336.00
14	厨房	吊顶	㎡	9	¥182.00	¥1,638.00
15	厨房	过门石	块	1	¥42.00	¥42.00
16	厨房	墙瓷砖	㎡	40	¥56.00	¥2,240.00
17	厨房	烟道处理	个	1	¥130.00	¥130.00
18	厨房 汇总					¥4,386.00
19	厨房 计数	5				
20	次卧	地面找平	㎡	17	¥42.00	¥714.00
21	次卧	过门石	块	1	¥42.00	¥42.00
22	次卧	墙面	㎡	60	¥39.00	¥2,340.00
23	次卧	石膏线	m	19	¥15.00	¥285.00
24	次卧 汇总					¥3,381.00
25	次卧 计数	4				

图 10-21 嵌套分类汇总后的工作表

(8) 分级显示厨房装修项目的个数和费用。

使用鼠标左键单击“分类汇总”表数字 3“厨房计数”下的折叠按钮“+”,即可显示厨房的装修明细,如图 10-22 所示。

	A	B	C	D	E	F
1	家装工程明细表					
2	项目	子项	单位	数量	单价(元)	合计(元)
8	餐厅 汇总					¥6,371.00
9	餐厅 计数	5				
11	拆除墙体 汇总					¥600.00
12	拆除墙体 计数	1				
13	厨房	包立柱	个	1	¥336.00	¥336.00
14	厨房	吊顶	㎡	9	¥182.00	¥1,638.00
15	厨房	过门石	块	1	¥42.00	¥42.00
16	厨房	墙瓷砖	㎡	40	¥56.00	¥2,240.00
17	厨房	烟道处理	个	1	¥130.00	¥130.00
18	厨房 汇总					¥4,386.00
19	厨房 计数	5				
24	次卧 汇总					¥3,381.00
25	次卧 计数	4				
33	进户过道 汇总					¥5,037.00
34	进户过道 计数	7				
40	客厅 汇总					¥7,719.00
41	客厅 计数	5				
46	书房 汇总					¥2,718.00
47	书房 计数	4				
49	水电改造 汇总					¥5,800.00

图 10-22 分级显示“家装工程明细表”数据

任务二　制作家装工程预算数据透视表

任务分析

根据装修公司家装工程明细表(素材文件:项目 10\装修公司家装工程明细表.xlxs),创建数据透视表,分析各项目及子项目占装修费用的百分比。

任务目标

➤掌握 Excel 创建数据透视表的基本方法。
➤掌握 Excel 利用数据透视表进行筛选和分类汇总数据。
➤掌握 Excel 利用插入切片器快速筛选数据。

必备知识

1. 使用数据透视表计算

数据透视表是一种可以快速汇总大量数据和建立交叉表的交互式表格,可以转换行和列,以不同的方式显示分类汇总的结果。数据透视表能够将数据筛选、排序和分类汇总等操作依次完成(不需要使用公式和函数),并生成汇总表格。

数据透视表也是分析、组织复杂数据表的重要工具。利用"插入"选项卡下"表格"选项组的命令可以完成数据透视表的创建。

创建数据透视表的第一步要选择数据源,数据源可以是现有的工作表数据,也可以是外部数据源,接着指定放置数据透视表的位置,最后设置字段布局。用"职工基本信息"工作表的数据来创建数据透视表,并按部门分别统计男、女职工的人数的示例如图 10-23 所示。

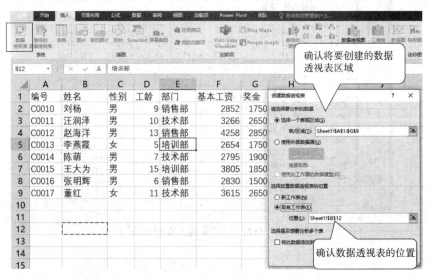

图 10-23 "创建数据透视表"对话框

默认情况下,"数据透视表字段列表"窗格显示为两部分:上方的字段列表区是源数据表中包含的字段,将其拖入下方字段布局区域中的"列""行"和"∑值"列表框中,即可在报表区域(工作表编辑区)显示相应的字段和汇总结果,如图 10-24 所示。"数据透视表字段列表"窗格下方各选项的含义如下

行:用于将字段显示为报表侧面的行;

列:用于将字段显示为报表顶部的列;

∑值:用于显示汇总数值数据;

筛选器:用于基于报表筛选中的选定项来筛选整个报表。

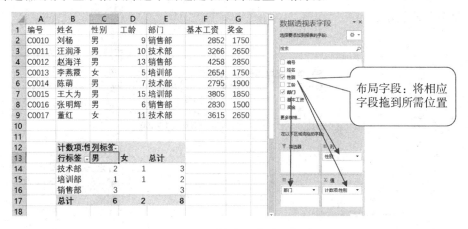

图 10-24　设置数据透视表页面窗口

2.数据透视表汇总方式的修改

创建数据透视表后,单击透视表区域任一单元格,将显示"数据透视表字段列表"窗格,用户可在其中更改字段。其中,在字段布局区单击添加的字段,从弹出的列表中选择"删除字段"项可删除字段。对于添加到"数值"列表中的字段,还可选择"值字段设置"选项,在打开的对话框中重新设置字段的汇总方式,如图 10-25 所示,将"求和"改为"平均值",将汇总"人数"改为汇总"基本工资",按部门分别统计男女职工基本工资的平均值。

图 10-25　按部门分别统计男女职工基本工资的平均值

3. 使用切片器快速筛选

切片器是 Excel 中的一个数据透视表工具，可以用来过滤数据透视表中的数据。通过切片器，用户可以轻松实现对数据透视表的操作，只需单击切片器中的选项，就可以快速地过滤数据，实现数据动态展示效果。

添加切片器的步骤如下。

（1）选中数据透视表的任意一个单元格。

（2）在"数据透视表分析"选项卡中，单击"插入切片器"按钮。

（3）在弹出的"插入切片器"窗口中，选择需要添加的字段，选择完毕后，单击"确定"按钮，如图 10-26 所示。

图 10-26　利用"切片器"快速筛选男女职工的平均工资

生成的切片器将会在 Excel 工作表中出现，单击切片器中的不同选项即可过滤并动态显示数据。

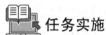 **任务实施**

【扫码观看操作视频】

（1）现有"家装工程明细表"工作表数据清单，建立数据透视表，显示各装修项目各子项目的金额的和。

步骤 1：选择"家装工程明细表"数据清单的 A2:F55 数据区域，或者单击数据清单内的任一单元格，单击"插入"选项卡"表格"命令组下的"数据透视表"命令，打开"创建数据透视表"对话框，如图 10-27 所示。

步骤 2：在"创建数据透视表"对话框中，自动选中了"选择一个表或区域"（或通过"表/区域"切换按钮⊞选定区域"家装工程明细！$A$2:$F$55"），在"选择放置数据透视表的位置"选择"新工作表"，单击"确定"按钮，会创建一个新工作表"sheet1"，同时在窗口右侧弹出"数据透视表字段"窗格和未完成的数据透视表。

步骤 3：在"数据透视表字段列表"窗格中，选定数据透视表的列标签、行标签和需要处理的方式，此处分别将"项目"字段拖到行区域，"子项"字段拖到列区域，"合计"字段拖到"∑值"区域，即可在放置位置显示相应的字段和汇总结果，如图 10-28 所示。

（2）修改透视图的数据透视表汇总方式，计算各项目及子项目占总装修费用的百分比，将透视表更名为"项目分析"表，结果如图 10-29 所示。

图 10-27　"创建家装工程明细表数据透视表"对话框

图 10-28　完成的数据透视表

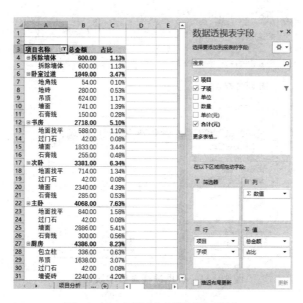

图 10-29　"项目分析"数据透视表

步骤1:将列区域"子项"字段拖到行区域"项目"字段的下方,将"合计"字段再次拖到"Σ值"区域,单击"Σ值"下的第1项"求和项合计(元)"的下拉箭头,选择"值字段设置",在弹出的对话框中,修改自定义名称为"总金额",单击"数字格式"按钮,选择2位小数位数,如图10-30所示。

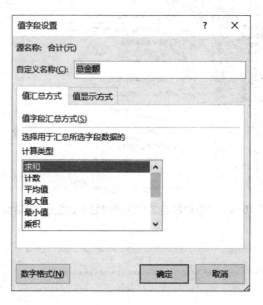

图 10-30　值字段设置

步骤2:单击"Σ值"下的第2项"求和项合计(元)"的下拉箭头,选择"值字段设置",在弹出的对话框中,修改自定义名称为"占比",在"值显示方式"下,选择总计的百分比,如图10-31,单击"确定"按钮。

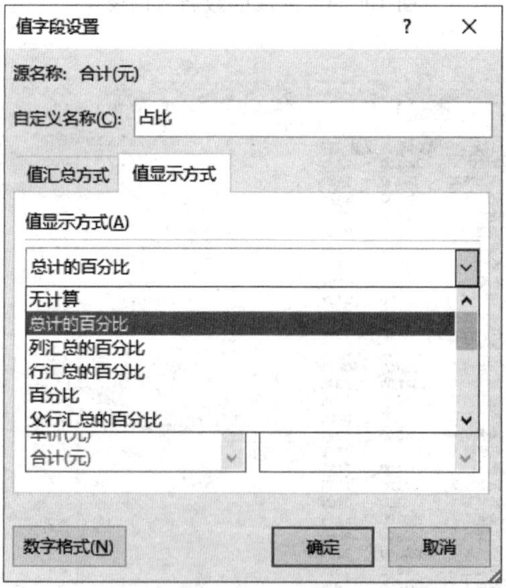

图 10-31　数据透视表值字段设置

步骤3:单击行标签右侧的下拉箭头,单击"其他排序选项",在弹出的对话框中,选择"占比"字段,如图10-32所示,单击"确定"按钮。

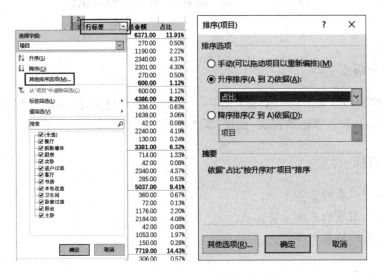

图10-32 数据透视表按"占比"排序

步骤4:修改行标签名为"项目名称",单击"数据透视表工具"下的"设计"选项,选择"浅色17"样式。

步骤5:修改工作表表名为"项目分析",完成整个数据透视表的操作。

(3) 利用切片器工具,快速筛选各项目的装修总金额和占比。

步骤1:打开"项目分析"数据透视表,单击表内任一单元格,在"数据透视表工具"下选择"分析"选项卡,在"筛选"选项组中单击"插入切片器"按钮。

步骤2:在弹出的对话框中,勾选"项目"复选框,单击"确定"按钮,弹出切片器,单击切片器中的"餐厅"项目,会自动筛选出"餐厅"的装修总金额和占比,如图10-33所示。

步骤3:单击"切片器工具"选项,设置切片器样式为"浅色6",完成任务。

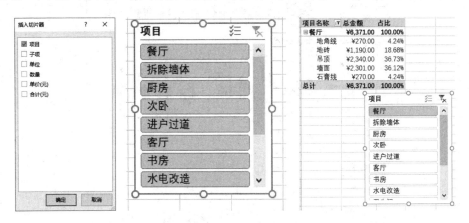

图10-33 使用切片器快速筛选"项目"

任务三　制作家装工程预算比较图

任务分析

根据装修公司家装工程明细表下的"项目分析"表(素材文件:项目 10\装修公司家装工程明细表.xlxs),修改数据透视表,创建"家装工程明细比较图"。

任务目标

➢掌握创建图表的基本方法。

➢掌握编辑图表的基本方法。

➢掌握图表的格式化操作。

必备知识

1. 认识图表

图表是以图形化方式直观地表示 Excel 工作表中的数据,它具有较好的视觉效果,方便用户查看数据的差异和预测趋势。此外,使用图表还可以让平面的数据立体化,更易于分析和比较数据。

(1) 图表类型

Excel 提供了标准图表类型。每一种图表类型又分为多个子类型,可以根据需要的不同,选择不同的图表类型表现数据,如图 10-34 所示。

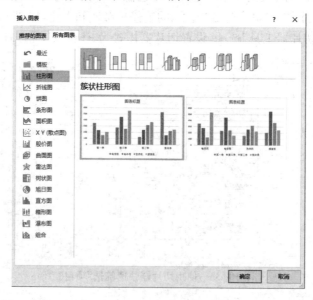

图 10-34　图表类型

常用的图表类型:柱形图、条形图、折线图、饼图、面积图、XY 散点图、圆环图、股价图、曲面图、圆柱图、圆锥图和棱锥图等。

(2) 图表的构成

要创建和编辑图表,首先需要认识图表的组成元素(称为图表项),如图 10-35 所示,它主要由图表区、标题、绘图区、坐标轴、图例、数据系列等组成。

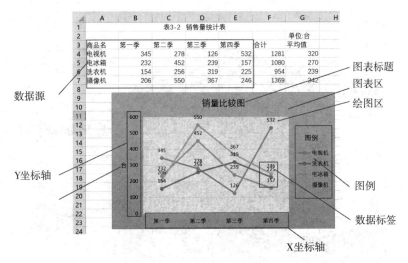

图 10-35　图表的构成

①图表区:整个图表及其全部元素。

②绘图区:在二维图表中,是指通过轴来界定的区域,包括所有数据系列,在三维图表中,同样是通过轴来界定的区域,包括所有数据系列、分类名、刻度线标志和坐标轴标题。

③数据系列:在图表中绘制的相关数据点,这些数据源自数据表的行或列。

④坐标轴:界定图表绘图区的线条,用作度量的参照框架,y 轴通常为垂直坐标轴并包含数据,x 轴通常为水平坐标轴并包含分类。

⑤标题:图表标题是说明性的文本,可以自动与坐标轴对齐或在图表顶部居中。

⑥数据标签:为数据标记提供附加信息的标签,数据标签代表源于数据表单元格的单个数据点或值。

⑦图例:图例用于说明图表中某种颜色或图案所代表的数据系列或分类。

2. 创建图表

可通过插入"图表|推荐的图表"选项组命令创建图表,如图 10-36 所示。

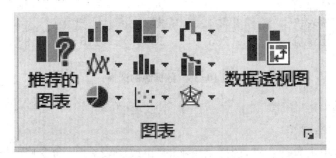

图 10-36　插入图表命令

（1）嵌入式图表与独立图表

①嵌入式图表

指图表作为一个对象与其相关的工作表数据存放在同一工作表中，如图 10-35 所示。

②独立图表

以一个工作表的形式插在工作簿中，如图 10-37 所示。

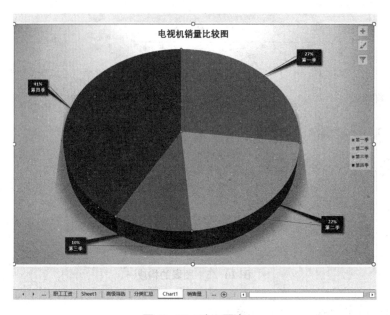

图 10-37　独立图表

嵌入式图表与独立图表的创建操作基本相同，主要利用"插入"选项卡下的"图表"命令组完成，区别在于它们存放的位置不同。

（2）创建图表的方法

要创建图表，首先选中要创建图表的数据源（数据区域），然后选择一种图表类型即可。数据源可以是连续的区域，也可以是不连续的区域，不连续区域的选择顺序：首先选择 1 行或 1 列，然后按住【Ctrl】键不放的同时再选择其他行或列，如图 10-38 所示。

一分店销量统计				
商品名	第一季	第二季	第三季	第四季
电视机	125	117	147	325
电冰箱	232	263	521	145
洗衣机	154	222	221	244
摄像机	206	183	116	98

图 10-38　数据源的选择

3. 编辑图表

（1）修改图表类型

选中图表后，单击鼠标右键，选择菜单下的"更改图表类型"命令修改图表类型，也可利

用选项卡"图表工具|设计|更改图表类型"命令修改,如图 10-39 所示。

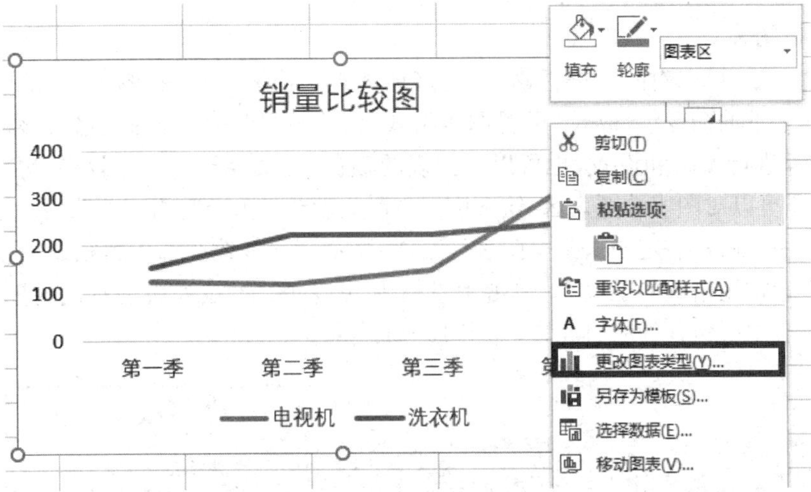

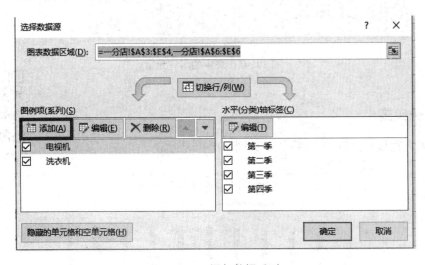

图 10-39　更改图表类型

(2) 修改图表源数据

①在图表中添加源数据

选中绘图区,鼠标单击选项卡"图标工具|数据|选择数据"命令,或鼠标右击绘图区,选择快捷菜单里的"选择数据"命令,在弹出的"选择数据源"对话框中,添加图表数据,如图 10-40 所示。

图 10-40　添加数据系列

②删除图表中的数据

如果要同时删除工作表和图表中的数据,只要删除工作表中的数据,图表数据将会自动更新。

如果只从图表中删除数据,在图表上单击所要删除的图表系列,按【Delete】键即可完成。

利用"选择源数据"对话框的"图例项（系列）"选项卡中的"删除"按钮也可以进行图表数据删除。

4. 美化图表

图表建立后，可以对图表进行修饰，更好地表现工作表。利用"图表工具"的"设计"和"格式"选项卡下的命令组，以及"设置图表格式"窗格，可以对图表的网格线、数据表、数据标志、布局等进行编辑和设置，也可以对图表的颜色、图案、线型、填充效果、边框和图片等进行修饰，还可以对图表的图表区、绘图区、坐标轴、背景墙和基底等进行设置。

在图表中用鼠标右键单击某个图表元素，将显示用于修改当前元素格式的快捷菜单和一个用于设置常用格式的工具栏，单击工具栏中"图表区"下拉列表框右侧的下拉按钮，可看到当前图表中所包含的所有元素，如图 10-41 所示。

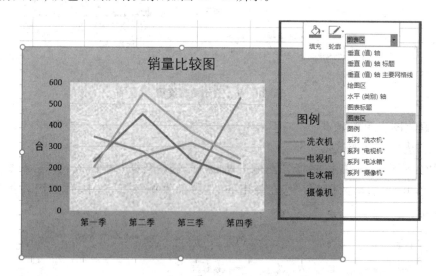

图 10-41　表中的所有元素

任务实施

"家装工程预算比较图"最终效果如图 10-42 所示。

【扫码观看操作视频】

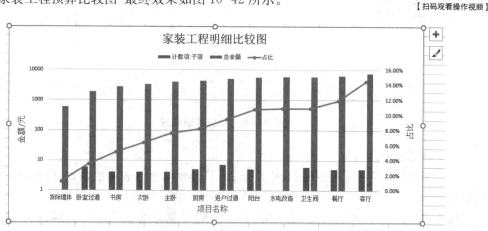

图 10-42　家装工程预算比较图

步骤1：打开家装工程明细表"项目分析"工作表，选择"数据透视表工具|分析|显示"选项卡下的"字段列表"按钮，将布局"行"区域的"子项"字段拖到布局"Σ值"区域，得到如图10-43所示数据系列。

图10-43　数据系列

步骤2：选择透视表数据区域，单击插入"图表|数据透视图"命令，例如：在弹出的对话框中选择"组合"，将系列名称"占比"右侧的次坐标轴复选框勾选上，将折线图修改为"带数据标记的折线图"，如图10-44所示。

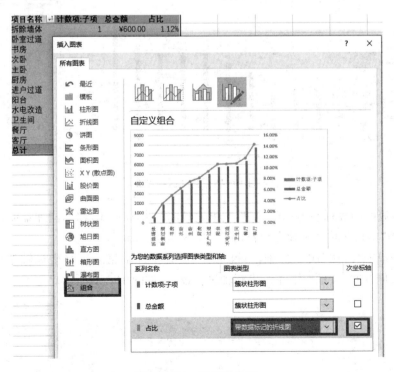

图10-44　创建组合图

步骤 3:单击"确定"按钮,得到如图 10-45 所示透视图。

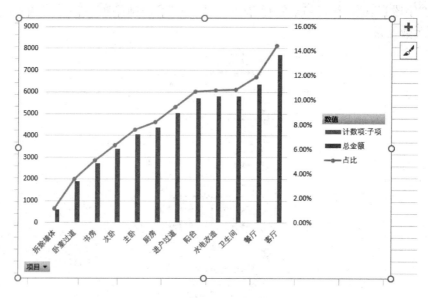

图 10-45   数据透视图 1

步骤 4:单击右侧图例,鼠标右键,选择设置图例格式,打开对话框,选择图例位置靠上。鼠标单击图表右上角"+"号,添加"图表标题",如图 10-46 所示。

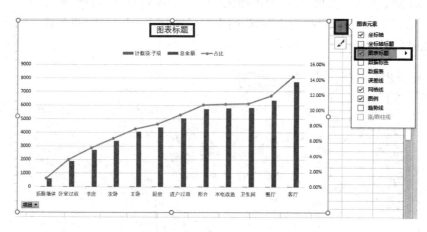

图 10-46   数据透视图 2

步骤 5:修改图表标题为"家装工程明细比较图",大小为"18 磅",同理添加 3 个"坐标轴标题"分别为"项目名称""占比""金额/元",大小均为"12 磅"。

步骤 6:单击"占比"次坐标轴,右键选择"设置坐标轴格式",将坐标轴选项进行如图 10-47 设置,同样对"金额/元"主纵坐标轴进行设置,如图 10-48 所示。

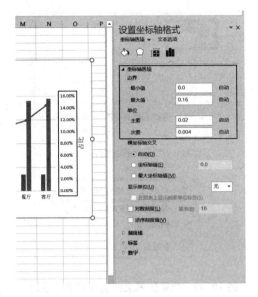

图 10-47 数据透视图 3

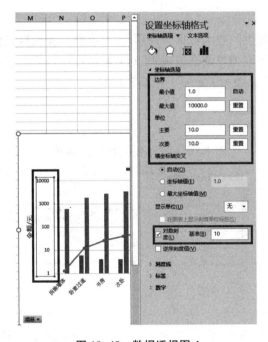

图 10-48 数据透视图 4

步骤 7:鼠标右击左下角"项目"按钮,选择隐藏,如图 10-49 所示,完成整个图表的制作。

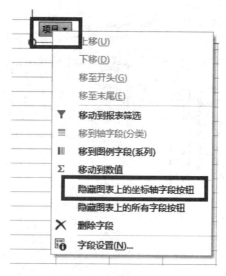

图 10-49　隐藏图表上的坐标轴字段按钮

项目总结

本项目通过 Excel 提供的强大数据管理功能,对家装工程预算数据进行了统计与分析;利用 Excel 创建的家装工程预算数据透视表,对装修项目预算进行了比较;通过制作家装工程预算比较图,进一步直观展示了家装工程预算情况。

项目拓展

图书销售统计表的数据透视表

季度	销售数量	销售额(元)	销售数量排名	销售额排名
3	124	8680	61	60
2	321	9630	29	54
2	435	21750	8	23
2	256	17920	36	28
1	167	8350	55	61
4	157	10990	57	43
4	187	13090	54	38
4	213	10650	47	48
4	196	13720	52	37
4	219	10950	42	44
3	234	16380	37	29

求和项:销售额(元)	列标签				
行标签	第1分部	第2分部	第3分部	第4分部	总计
工业技术	80750	40750	44780	63392	229672
交通科学	134065	99422	49241	50747	333475
农业科学	63780	44910	84208	93115	286013
生物科学	88690	62440	58660	100030	309820
总计	367285	247522	236889	307284	1158980

思政小课堂

职场人说:Word 和 PPT 学不好,至少不会太明显,而如果不会 Excel,在工作当中就会立马暴露出来。尤其是在职场的前三年,大家年龄相仿,如果这个时候你连最基本的数据录入、数据整理都做不好,那么还怎么跟别人竞争。相反,如果精通 Excel,则可以让你在职场当中大放异彩!

学好 Excel 有什么好处? 好处一:录入信息快 10 倍;好处二:汇报的时候更加耀眼;好处三:争取资源时更有理有据。

学完本单元后,我们通过 Excel 电子表格能够计算物品的价值,那么人生的价值能不能通过 Excel 实现呢? 谈谈学好 Excel 对于生活、工作中的重要性。

单元五
演示文稿制作

项目十一　制作"计算机基础"演示文稿

PowerPoint 2016 是 Office 2016 办公软件套装中的重要组件,它帮助用户以简单的可视化操作,快速创建具有精美外观和极富感染力的演示文稿,帮助用户图文并茂地向公众表达自己的观点、传递信息、进行学术交流和展示新产品等,可以达到复杂的多媒体演示效果。

PowerPoint 2016 最强大的功能在于快速创建精美的演示文稿,帮助用户图文并茂的表达观点。美观的演示文稿由图片、形状、艺术字、表格、SmartArt 等组件构成,通过结合动画设计、切换放映方式使得演示文稿更加赏心悦目。因此熟练掌握 PowerPoint 的制作方法是非常重要的。

📖 项目描述

本项目主要是用户根据计算机的发展历史,通过创建"计算机基础"演示文稿,并在幻灯片中插入各种对象,结合幻灯片动态效果及放映方式,向同学们介绍计算机发展的四个阶段。本项目具体通过以下四个任务完成。

　　任务一　创建"计算机基础"演示文稿
　　任务二　幻灯片文本的编辑
　　任务三　管理幻灯片与设置幻灯片模板
　　任务四　幻灯片动态效果的设置

任务一　创建"计算机基础"演示文稿

🖥 任务分析

本次任务通过创建和编辑简单的演示文稿,帮助读者掌握如何启动及退出 PowerPoint 2016,了解 PowerPoint 2016 工作界面的组成、学习如何利用不同视图巧妙编排演示文稿中的幻灯片,为演示文稿的后续学习打下坚实的基础。

任务目标

➤掌握 PowerPoint 2016 的启动方法。

➤掌握新建与保存演示文稿的方法。

➤掌握打开和关闭演示文稿的方法。

必备知识

1. 启动与退出 PowerPoint 2016

（1）启动 PowerPoint

在 Windows 环境下启动 PowerPoint 有多种方法，常用的启动方法如下。

①单击"开始"→"所有程序"→"PowerPoint 2016"命令。

②双击桌面上的 PowerPoint 程序图标。

③双击文件夹中的 PowerPoint 演示文稿文件（其扩展名为. pptx），将启动 Power-Point，并打开该演示文稿。

用前两种方法，系统将启动 PowerPoint，随后在屏幕上单击右侧的"空白演示文稿"按钮即可生成一个名为"演示文稿 1"的空白演示文稿。

（2）退出 PowerPoint

退出 PowerPoint 最简单的方法是单击 PowerPoint 窗口右上角的"关闭"按钮，也可以按组合键【Alt＋F4】退出 PowerPoint。

退出时系统会弹出对话框，要求用户确认是否保存对演示文稿的编辑工作，选择"保存"则存盘退出，选择"不保存"则退出但不存盘。

2. 认识 PowerPoint 2016 的工作界面

正在编辑的 PowerPoint 演示文稿窗口如图 11-1 所示，工作界面由标题栏、快速访问工具栏、选项卡、功能区、幻灯片浏览窗格、幻灯片窗格、备注窗格、状态栏、视图按钮、显示比例按钮等部分组成。

（1）标题栏

标题栏显示当前演示文稿文件名，右端有"最小化"按钮、"最大化|还原"按钮和"关闭"按钮，最左端是快速访问工具栏。

（2）快速访问工具栏

快速访问工具栏位于标题栏左端，把常用的几个命令按钮放在此处，便于快速访问。通常有"保存""撤销"和"恢复"等按钮，需要时用户可以增加或更改。

（3）选项卡

标题栏下面是选项卡，通常有"文件""开始""插入"等 9 个不同类别的选项卡，不同选项卡包含不同类别的命令按钮组，单击某选项卡，将在功能区出现与该选项卡类别相对应的多组操作命令提供选择。

有的选项卡平时不出现，在某种特定情况下会自动显示，提供该情况下的命令按钮，这种选项卡称为"上下文选项卡"。例如：幻灯片中某一图片，只有当该图片被选择的情况下才会显示"图片工具-格式"选项卡。

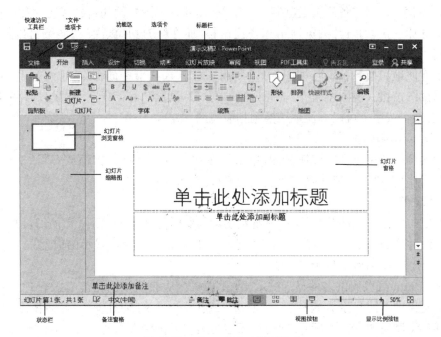

图 11-1　PowerPoint 窗口组成

（4）功能区

功能区用于显示与选项卡相对应的命令按钮，一般用于对各种命令进行分组显示。例如：单击"开始"选项卡，其功能区将按"剪贴板"" 幻灯片""字体""段落""绘图""编辑"等分组，分别显示各组操作命令。

（5）演示文稿编辑区

功能区下方的演示文稿编辑区分为 3 个部分：左侧的幻灯片浏览窗格、右侧上方的幻灯片窗格和右侧下方的备注窗格，拖动窗格之间的分界线可以调整各窗格的大小，以便满足编辑需要。幻灯片窗格显示当前幻灯片，用户可以在此编辑幻灯片的内容，在备注窗格中可以添加与幻灯片有关的注释内容。

①幻灯片窗格

幻灯片窗格显示幻灯片的内容，包括文本、图片、表格等各种对象。可以直接在该窗格中输入和编辑幻灯片内容。

②备注窗格

在此窗格中输入与编辑对幻灯片的解释、说明等备注信息，供演讲者参考。

③幻灯片浏览窗格

幻灯片浏览窗格的功能是显示各幻灯片缩略图，图 11-1 显示了 1 张幻灯片的缩略图，当前幻灯片是第 1 张幻灯片。单击某幻灯片缩略图，将立即在幻灯片窗格中显示该幻灯片。在这里还可以轻松地重新排列、添加或删除幻灯片。

在"普通"视图下，这 3 个窗格同时显示在演示文稿编辑区，用户可以同时看到 3 个窗格的显示内容，有利于从不同角度编排演示文稿。

（6）视图按钮

视图是当前演示文稿的不同显示方式，有"普通"视图、"幻灯片浏览"视图、"幻灯片放映"视图、"阅读"视图、"备注页"视图和"母版"视图 6 种视图。例如：在"普通"视图下可以同时显示幻灯片窗格、幻灯片浏览窗格和备注窗格，而在"幻灯片放映"视图下可以放映当前演示文稿。

为了方便地切换各种不同视图，可以使用"视图"选项卡中的命令，也可以利用窗口底部右侧的视图按钮。视图按钮有"普通视图""幻灯片浏览""阅读视图"和"幻灯片放映"4 个按钮，单击某个按钮就可以方便地切换到相应视图。

（7）显示比例按钮

显示比例按钮位于视图按钮右侧，单击该按钮，可以在弹出的"缩放"对话框中选择幻灯片的显示比例，也可以拖动该按钮左侧的滑块，调节显示比例。

（8）状态栏

状态栏位于窗口底部左侧，主要显示当前幻灯片的序号、当前演示文稿幻灯片的总数、采用的幻灯片主题和语言等信息。右击状态栏可以增加或者减少显示的信息。

3. 认识 PowerPoint 2016 视图

PowerPoint 可以提供多种显示演示文稿的方式，从而从不同角度有效管理演示文稿，这些演示文稿的不同显示方式称为视图。PowerPoint 中的视图包括"普通视图""大纲视图""幻灯片浏览视图"等。采用不同的视图会为某些操作带来方便。

切换视图的常用方法：采用功能区命令和单击视图按钮。

①功能区命令

打开"视图"选项卡，在"演示文稿视图"组中有不同视图命令按钮供选择。单击即可切换到相应视图，如图 11-2 所示。

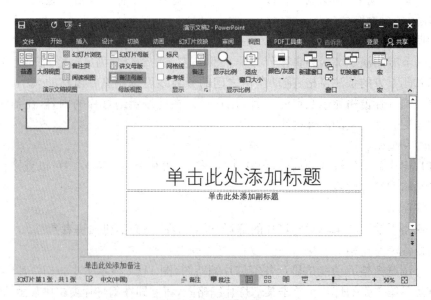

图 11-2 "视图"选项卡

②视图按钮

在 PowerPoint 窗口底部有 4 个视图按钮（"普通""幻灯片浏览""阅读视图"和"幻灯片放映"），单击所需的视图按钮就可以切换到相应的视图。

（1）普通视图

在"视图"选项卡中单击"演示文稿视图"组的"普通"命令按钮，切换到"普通"视图。

"普通"视图是创建演示文稿的默认视图。在"普通"视图下，窗口由3个窗格组成：左侧的幻灯片浏览窗格、右侧上方的幻灯片窗格和右侧下方的备注窗格。"普通"视图可以同时显示演示文稿的幻灯片缩略图、幻灯片和备注内容。

一般地，"普通"视图下的"幻灯片"窗格面积较大，显示的3个窗格大小是可以调节的，方法是拖动两部分之间的分界线。若将"幻灯片"窗格尽量调大，则幻灯片上的细节一览无余，最适合编辑幻灯片，如对象、修改文本等。

（2）"幻灯片浏览"视图

单击窗口下方的"幻灯片浏览"视图按钮，即可进入"幻灯片浏览"视图，如图11-3所示。在"幻灯片浏览"视图中，一屏可显示多张幻灯片缩略图，可以直观地显示演示文稿的整体外观，便于进行多张幻灯片的排序、复制、移动、插入和删除等操作。还可以设置幻灯片的切换效果并预览。但在此种视图下，不能直接编辑和修改幻灯片的内容，如果要修改幻灯片的内容，则需双击某个幻灯片，切换到普通视图后进行编辑。

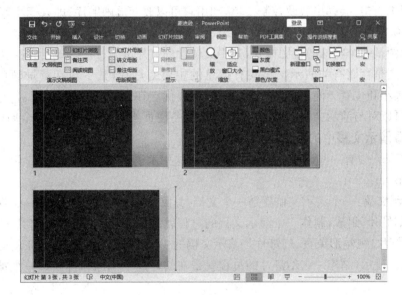

图11-3　"幻灯片浏览"视图

（3）"备注页"视图

在"视图"选项卡中单击"演示文稿视图"组的"备注页"命令按钮，进入"备注页"视图，在此视图下显示一张幻灯片及其下方的备注页，用户可以输入或编辑备注页的内容。

（4）"大纲视图"

在"视图"选项卡中单击"演示文稿视图"组的"大纲视图"命令按钮，进入"大纲视图"。"大纲视图"将演示文稿显示为由每张幻灯片中的标题和主文本组成的大纲，每个标题都显示在"幻灯片浏览"窗格的左侧，并显示幻灯片图标和幻灯片编号，主文本在幻灯片标题下缩进，图形对象仅显示为"大纲视图"中幻灯片图标上的小型符号。

（5）"阅读视图"

在"视图"选项卡中单击"演示文稿视图"组的"阅读视图"按钮，切换到"阅读视图"。

在"阅读视图"下,只保留幻灯片窗格、标题栏和状态栏,其他编辑功能被屏蔽,目的是在幻灯片制作完成后进行简单的放映。通常是从当前幻灯片开始放映,单击可以切换到下一张幻灯片,直到放映最后一张幻灯片后退出"阅读视图"。在放映过程中随时可以按Esc键退出"阅读视图",也可以单击状态栏右侧的其他视图按钮,退出"阅读视图"并切换到相应视图。

（6）"幻灯片放映"视图

创建演示文稿的目的是向观众放映和演示。创建者通常会采用各种动画方案、设置放映方式和幻灯片切换方式等,以提高放映效果。在"幻灯片放映"视图下不能对幻灯片进行编辑,若不满意幻灯片效果,必须切换到"普通"视图等其他视图下进行编辑修改。

只有切换到"幻灯片放映"视图,才能全屏放映演示文稿。在"幻灯片放映"选项卡中单击"开始放映幻灯片"组中的"从头开始"命令按钮（或按【F5】键）,就可以从演示文稿的第一张幻灯片开始放映,也可以选择"从当前幻灯片开始"命令,从当前幻灯片开始放映。另外,单击窗口底部"幻灯片放映"视图按钮,也可以从当前幻灯片开始放映。

在"幻灯片放映"视图下单击,可以从当前幻灯片切换到下一张幻灯片,直到放映完毕。在放映过程中右击,会弹出放映控制菜单,利用它可以改变放映顺序、即兴标注等。

（7）母版视图

母版视图是一个特殊的视图模式,其中又包含幻灯片母版、讲义母版和备注母版3类视图。母版视图是存储有关演示文稿共有信息的主要幻灯片,其中包括背景颜色、字体、效果、占位符大小和位置。使用母版视图的一个主要优点在于,在幻灯片母版、备注母版或讲义母版上,可以对与演示文稿关联的每个幻灯片、备注页或讲义的样式进行全局更改。

4. 掌握演示文稿中的常用术语

PowerPoint中有一些该软件特有的术语,对这些术语的掌握可以帮助学习者更好地理解和学习PowerPoint。

（1）演示文稿:一个演示文稿就是一个文档,其默认扩展名为PPTX。一个演示文稿是由若干张"幻灯片"组成,制作一个演示文稿的过程就是依次制作每一张幻灯片的过程。

（2）幻灯片:视觉形象页,幻灯片是演示文稿的一个个单独的部分。每张幻灯片就是一个单独的屏幕显示,制作一张幻灯片的过程就是在幻灯片中添加和排放每一个被指定对象的过程。

（3）对象:是可以在幻灯片中出现的各种元素,可以是文字、图形、表格、图表、音频和视频等。

（4）版式:是各种不同占位符在幻灯片中的"布局"。版式包含了要在幻灯片上显示的全部内容的格式设置、位置和占位符。

（5）占位符:带有虚线或影线标记边框的框,它是绝大多数幻灯片版式的组成部分,这些框容纳标题和正文,以及图表、表格和图片等。

（6）幻灯片母版:指幻灯片的外观设计方案,它存储了有关幻灯片的主题和幻灯片版式的所有信息,包括背景,颜色、字体、效果、占位符大小和位置,也包括为幻灯片特定添加的对象。

（7）模板:指一个演示文稿整体上的外观设计方案,它包含每一张幻灯片预定义的文字格式,颜色以及幻灯片背景图案等。

5. 创建与保存演示文稿

1）创建演示文稿

创建演示文稿主要有如下几种方式：创建空白演示文稿、根据主题或模板创建演示文稿等。

创建一个没有任何设计方案和示例文本的空白演示文稿，可以根据自己的需要选择幻灯片版式开始演示文稿的制作。

主题是事先设计好的一组演示文稿的样式框架，主题规定了演示文稿的外观样式，包括母版、配色、文字格式等。使用主题，不必费心设计演示文稿的母版和格式，直接在系统提供的各种主题中选择一个最适合自己的主题，创建一个该主题的演示文稿，且使整个演示文稿外观一致。

模板是预先设计好的演示文稿样本，PowerPoint 提供了丰富多彩的模板。因为模板已经提供多项设置好的演示文稿外观效果，所以用户只需将内容进行修改和完善即可创建美观的演示文稿。

预设的模板毕竟有限，要想找到更多的模板，可以在联网情况下，在 PowerPoint 中搜索联机模板和主题。

（1）创建空白演示文稿

创建空白演示文稿有两种方法，第一种是启动 PowerPoint，随后在屏幕单击右侧的"空白演示文稿"按钮即可生成一个名为"演示文稿 1"的空白演示文稿；第二种方法是在 PowerPoint 已经启动的情况下，单击"文件"选项卡的"新建"命令，单击"空白演示文稿"按钮即可。

（2）用主题（模板）创建演示文稿

主题规定了演示文稿的母版配色文字格式和效果等。使用主题，可以简化演示文稿风格设计的大量工作，快速创建所选主题的演示文稿。

模板是预先设计好的演示文稿样本，包括多张幻灯片，所有幻灯片主题相同，以保证整个演示文稿外观一致。使用模板方式，可以在系统提供的各式各样的模板中，选用其中一种内容最接近自己需求的模板。由于演示文稿外观效果已经确定，所以只需修改幻灯片内容即可快速创建具有专业水平的演示文稿，这样可以不必自己设计演示文稿的样式，省时省力，提高工作效率。

单击"文件"选项卡的"新建"命令，执行如下某个操作。

①右侧区域显示了多种 PowerPoint 的联机主题（模板）样式，从中找到所要的主题（模板）。

②在联网情况下，PowerPoint 还可以搜索到大量的联机主题（模板），在右侧区域"搜索联机模板和主题"字段中输入关键字或短语，并按【Enter】键，即可快速找到所要的主题（模板）。

找到所需的主题（模板）并单击，PowerPoint 会显示主题（模板）的信息，如图 11-4 所示，单击"创建"按钮即可，也可以直接双击找到的主题（模板）。

2）保存演示文稿

在演示文稿制作完成后，应将其保存在磁盘上。实际上，在制作过程中也应每隔一段时间保存一次，以防因停电或故障而丢失已经制作完成的幻灯片信息。

图 11-4　显示信息的主题(模版)

演示文稿可以保存在原位置,也可以保存在其他位置甚至改名保存。既可以保存为 PowerPoint 2016 格式(.pptx),也可以保存为 PowerPoint 97—2003 格式(.ppt),以便与未安装 PowerPoint 2016 的用户交流。

(1) 保存在原位置

①在演示文稿制作完成后,保存演示文稿的常用方法是单击快速访问工具栏的"保存"按钮(也可以单击"文件"选项卡的"保存"命令),若是第一次保存,将出现如图 11-5 所示"另存为"窗口,否则不会出现该窗口(直接按原路径及文件名存盘)。单击"浏览"按钮,出现如图 11-6 所示"另存为"对话框。

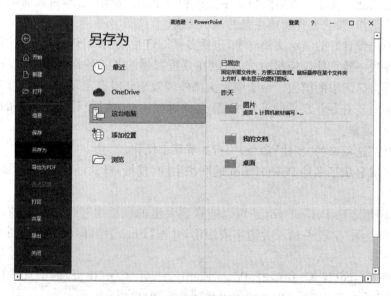

图 11-5　"另存为"窗口

图 11-6 "另存为"对话框

②在"另存为"对话框左侧选择保存位置（文件夹），在下方"文件名"栏中输入演示文稿文件名，单击"保存类型"栏的下拉按钮，从下拉列表中选择"PowerPoint 演示文稿（.pptx)"，也可以根据需要选择其他类型，例如"PowerPoint 97—2003 演示文稿（.ppt)"。

③单击"保存"按钮。

（2）保存在其他位置或改名保存

对已存在的演示文稿，希望存放在另一位置，可以先单击"文件"选项卡的"另存为"命令，出现"另存为"窗口，然后按上述操作确定保存位置，再单击"保存"按钮。这样，演示文稿用原名保存在另一指定位置。若需要改名保存，则在"文件名"栏输入新文件名后，单击"保存"按钮。

（3）自动保存

自动保存是指在编辑演示文稿的过程中，每隔一段时间就自动保存当前文件。自动保存将避免意外断电或死机带来的损失。若设置了自动保存，遇意外而重新启动后，Power-Point 会自动恢复最后一次保存的内容，减少损失。

设置"自动保存"功能的方法：单击"文件"选项卡的"选项"命令，弹出"PowerPoint 选项"对话框，单击左侧的"保存"选项，单击"保存演示文稿"选项组中的"保存自动恢复信息时间间隔"前的复选框，使其出现"√"，然后在其右侧输入时间（如 10 分钟），表示每隔指定时间间隔就自动保存一次。

"默认本地文件位置"栏可设定演示文稿存放的默认文件夹，以后保存文件时不必指定路径就能存入该文件夹，节约时间，值得设置。

 **任务实施**

1. PowerPoint 2016 的启动

在 Windows 桌面上，单击任务栏上的"开始"按钮，从弹出的开始菜单中

【扫码观看操作视频】

选择"PowerPoint 2016"程序项,单击"空白演示文稿",系统将启动 PowerPoint 2016 应用程序并创建一个空白的演示文稿,其窗口如图11-7所示,这是一个16∶9的宽屏格式演示文稿,默认文件名为"演示文稿1"。

如果要以4∶3的格式操作演示文稿,单击"设计"选项卡,单击"自定义"→"幻灯片大小"命令进行选择。

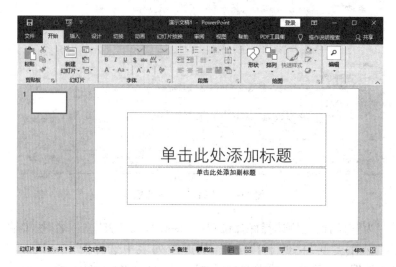

图 11-7   PowerPoint 2016 窗口

2. 新建、保存、打开和关闭演示文稿

(1) 新建并保存一个名为"计算机基础"的空白演示文稿

步骤1:启动 PowerPoint 2016 应用程序,系统自动新建一个空白演示文稿,默认文件名为"演示文稿1"。

步骤2:单击"文件"选项卡中的"保存"按钮,屏幕显示"另存为"选择界面。

步骤3:选择"浏览"或"这台电脑",打开"另存为"对话框。

步骤4:依次选择文件要保存到的磁盘以及文件夹,在"文件名"文本框中输入"计算机基础",单击"保存"按钮,系统默认其扩展名为".pptx"。

步骤5:选择"文件"选项卡中的"关闭"命令,可以关闭"计算机基础"演示文稿,此时并没有退出 PowerPoint 2016 应用程序。

(2) 打开和关闭"计算机基础"演示文稿

【方法一】

步骤1:在 PowerPoint 2016 应用程序窗口,单击"文件"选项卡中的"打开"命令。

步骤2:依次选择"计算机基础"演示文稿所在的磁盘和文件夹,选择"计算机基础",单击"打开"按钮。

步骤3:选择"文件"选项卡中的"另存为"命令,可以将该演示文稿以其他文件名保存,或将该文件另存到其他磁盘或文件夹中。

步骤4:单击 PowerPoint 2016 应用程序窗口右上角的"关闭"按钮,系统关闭演示文稿,并退出 PowerPoint 2016 应用程序。

【方法二】

如果事先没有启动 PowerPoint 2016 应用程序,可以在磁盘或文件夹中找到"计算机基础"演示文稿并双击它,系统将直接启动 PowerPoint 2016 并打开该文件。

任务二 幻灯片文本的编辑

 **任务分析**

以制作"计算机基础为主题"幻灯片为任务,要求应用主题和设置背景以统一演示文稿的外观风格。幻灯片除了含有文本信息外,还需要包含精美图片(图形)、形状、艺术字、表格和 SmartArt 图形,以丰富演示文稿。

 **任务目标**

➢掌握幻灯片制作及格式化的方法。
➢学习在幻灯片中插入各种对象的方法。
➢掌握幻灯片的基本操作方法。

 **必备知识**

1. 插入文本

普通视图是编辑演示文稿最直观的视图模式,也是最常用的一种模式。在普通视图中,任一幻灯片中的任何文字和图片信息等都和最后幻灯片放映时的效果类似,只是幻灯片的大小与最终的播放效果有所差别。

(1)插入文本框

演示文稿有各种版式,其中与文本有关的主要有以下三种格式。

①标题框:在每张幻灯片的顶部有一个矩形框,用于输入幻灯片的标题。

②正文项目框:该区域内一般用于输入幻灯片所要表达的正文信息,在每一条文本信息的前面都有一个项目符号。

③文本框:这是在幻灯片上另外添加的文本区域。通常在需要输入除标题和正文以外的文本信息时,由用户另外添加。

新建一张幻灯片时,单击"开始"选项卡,在出现的功能区中选择"幻灯片"栏,单击"新建幻灯片"按钮,在打开的列表中选择相应的版式,如图 11-8 所示。单击该版式后,Power-Point 将为该幻灯片中的各对象区域给出一个虚框,提示用户在该位置输入相应内容,这些虚框称为"文本占位符"。

在幻灯片中,若要输入文字信息,只要单击文本占位符,将光标置入占位符中,就可以在其中输入文字了,文字输入完成后,单击占位符虚线框外的任何位置,即退出对该对象的编辑,如图 11-9 所示。

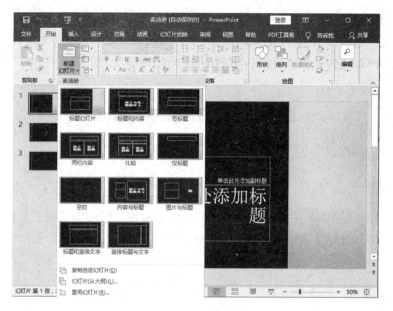

图 11-8　新建幻灯片

图 11-9　幻灯片版式

如果文字输入太多,PowerPoint 2016 会自动调整字号。如果自动匹配不能完成,可以用鼠标拖动边框线,改变文本框尺寸。

除了在固定的占位符中输入文字以外,有时用户希望在幻灯片的任意位置插入文字,这时可以利用文本框来解决。选择"插入"选项卡,单击"文本"栏中的"文本框"按钮,在打开的列表中选择"横排文本框"和"垂直文本框"两种编排方式之一。将鼠标移动到幻灯片中,当鼠标指针变为十字形状时,单击鼠标并斜向拖动鼠标,即可绘制出一个文本框。这时光标已经在文本框中,可以直接输入文字。

用户可以根据需要来改变系统默认的文本框格式以达到更好的表达效果。方法以下两种。

方法一：在文本框上右击，在弹出的快捷菜单中选择"设置形状格式"命令，PowerPoint 2016 窗口右侧显示"设置形状格式"窗格；

方法二：单击"绘图工具格式"选项卡，在"形状样式"功能区中选择相应命令进行设置。

还可以在"自选图形"中添加文字。单击"插入"选项卡，在"插图"功能区中单击"形状"按钮，在打开的列表中单击相应的图形。将鼠标移动到幻灯片中，当鼠标指针变为十字形状时，单击鼠标并斜向拖动鼠标，即可绘制出一个图形。选中图形，右击鼠标，在弹出的快捷菜单中选择"编辑文字"命令。此时，图形中出现文本插入点光标在闪动，输入文字即可。

（2）文本的编辑

在幻灯片中输入文字之后应该对其进行检查，如果发现错误，要对文字进行修改和编辑。一般的编辑方法包括文字的选择、复制、剪切、移动、删除和撤销删除等操作，这些操作与前面章节中已经介绍的方法相同，在这里就不重复介绍。

（3）文字的格式化

文字的基本格式设置主要是设置文字的属性，文字的基本属性有设置字体、字号和颜色等，可以通过多种方法进行设置。

①使用"字体"功能区设置文字格式

在"开始"选项卡中的"字体"功能区中包含了对文字格式的基本设置内容。选中要设置格式的文字，单击"字体"功能区中的"字体"下拉列表框右侧的向下黑三角按钮，在展开的列表中选择相应的字体，如图 11-10 所示。用同样的方法还可以设置字号和颜色。

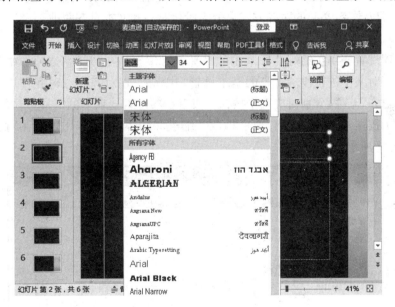

图 11-10 "字体"下拉列表框

②通过浮动工具栏设置文字格式

在幻灯片中添加文字后，当选择了文本之后，会出现一个浮动的工具栏"绘图工具格式"，如图 11-11 所示。将鼠标移动到该工具栏上，单击相应的按钮也可以对文字进行格式设置。

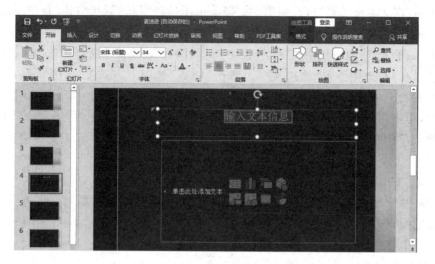

图 11-11　浮动工具栏

③通过对话框设置文字格式

在选择了幻灯片中的文字后，右击鼠标，在弹出的快捷菜单中选择"字体"命令，将打开"字体"对话框。

（4）文本的对齐方式

在占位符中输入文字后，PowerPoint 默认情况是居中对齐方式显示的。但当有特殊需要的时候也可以改变，文字的对齐方式可分为段落对齐和文本对齐两种。

①段落对齐

用来实现设置文字在幻灯片段落中的水平相对位置。在"开始"选项卡中的"段落"功能区中包含了对文字进行段落对齐的基本设置，共分为"左对齐""右对齐""居中""分散对齐"和"两端对齐"五种，分别对应五个按钮。或者在"开始"选项卡的"段落"功能区中，单击右下角的箭头按钮，将打开"段落"对话框，在"缩进和间距"选项卡中可看到对齐方式的设置，如图 11-12 所示。

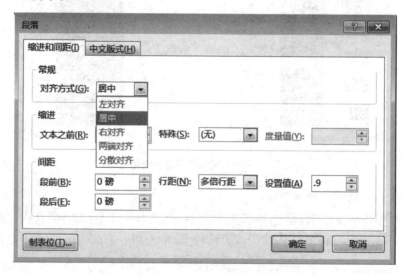

图 11-12　"段落"对话框

②文本对齐

用来实现同一占位符中文字的垂直对齐方式。单击"开始"选项卡中的"段落"栏中的"对齐文本"按钮，在展开的列表框中选择"其他选项"，在窗口右侧打开"设置形状格式"窗格，在"设置形状格式"窗格中选择"文本选项"下的"文本框"按钮，在打开的窗格中单击"垂直对齐方式"右侧的下拉列表，如图 11-13 所示，对文字进行垂直对齐方式的设置，共分"顶端对齐""中部对齐""底端对齐""顶部居中""中部居中"和"底部居中"六种。或者在占位符中选中需要对齐的文本，右击鼠标，在弹出的快捷菜单中选择"设置形状格式"命令，打开"设置形状格式"窗格。

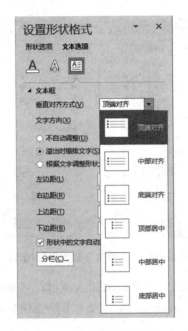

图 11-13　"设置形状格式"对话框

图 11-14　"行距"对话框

（5）段落的格式化

通过对段落列表级别和行距的设置可以使文本内容更加层次化、条理化。

①行间距设置

选中需要调整段落间距的文本框或文本框中的某一段落，单击"开始"选项卡，在"段落"功能区中单击"行距"按钮，在弹出的列表框中选择需要的行间距数值，如图 11-14 所示。或者在列表框中选择"行距选项"命令，打开"段落"对话框，在"缩进和间距"选项卡的"间距"栏中可以手动输入行间距的数值。也可以通过单击"开始"选项卡的"段落"功能区中右下角的箭头按钮，打开"段落"对话框进行设置。

②段落列表级别设置

幻灯片主体文本的段落是有层次的，PowerPoint 2016 的每个段落可以有八个级别，每个级别有不同的项目符号，字型大小也不相同，这样可以使层次感增强。单击"开始"选项卡，在"段落"功能区的"行距"按钮的左边有"降低列表级别"和"提高列表级别"两个按钮，在文本的浮动工具栏上也有这两个按钮，选择相应的段落文本，单击这两个按钮将改变文本的列表级别。

（6）项目符号和编号

当文本内容太多时，在文本的前面添加项目符号和编号，可使文本具有条理性。PowerPoint 中的项目符号和编号操作与 Word 中此项操作方法相同。选定操作文本后，单击"开始"选项卡，在"段落"功能区中单击"项目符号"按钮或者"编号"按钮，将会在文本前面出现默认的项目符号或编号，单击图标旁边的黑三角按钮，在弹出的列表框中可以选择需要的项目符号或编号，如图 11-15 所示。如果希望选择其他的项目符号和编号的样式，选择列表框中的"项目符号和编号"命令，打开"项目符号和编号"对话框，在"项目符号"或"编号"选项卡中选择希望使用的符号或编号，然后单击"确定"按钮，如图 11-16 所示。

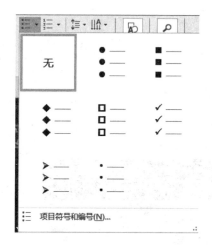

图 11-15 "项目符号"列表   图 11-16 "项目符号和编号"对话框

每次确定一个项目符号或编号后，按【Enter】键，下一段自动插入项目符号或编号。此外还可以通过"项目符号和编号"对话框中"大小"和"颜色"两个选项来改变项目符号的大小和颜色。

为了丰富项目符号的样式，PowerPoint 2016 还可以设置添加图片或其他符号使其成为项目符号，添加图片项目符号的方法如下。

①打开图 11-16 所示"项目符号"选项卡，单击"图片"按钮，打开"图片项目符号"对话框，如图 11-17 所示，可以选择使用本地图片或联机图片如果想使用自己创建的图片作为项目符号，将自己的图片导入 PowerPoint 2016 的图片库中，然后重复上述步骤即可。

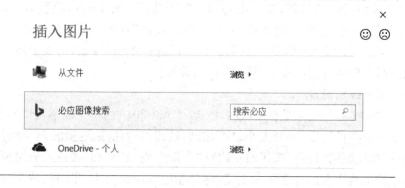

图 11-17 "图片项目符号"对话框

②如果要设置其他符号作为项目符号,则可在"项目符号和编号"对话框中,单击"自定义"按钮,在弹出的"符号"对话框中选择相应的符号,单击"确定"按钮即可。

取消项目符号和编号一般有以下两种方法。

①在"项目符号和编号"对话框的"项目符号"或"编号"选项卡中选择"无"项目符号,使之成为空白状态。

②在选中对象后,直接单击"开始"选项卡,在"段落"功能区中单击"项目符号"按钮或者"编号"按钮即可取消。

(7) 分栏显示文本

当输入的文本过多,但又需要在一张幻灯片中显示时,可以通过设置分栏来显示文本。首先选中要分栏的文本,单击"开始"选项卡,在"段落"栏中单击"分栏"按钮,在弹出的列表框中选择"一栏""两栏"或"三栏"命令,如图 11-18 所示。如果希望选择更多的列,可单击列表框中的"更多栏"命令,打开"分栏"对话框,输入栏数和选择数值的单位,单击"确定"按钮即可。

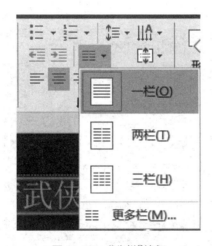

图 11-18　"分栏"按钮

2. 插入图片和图形

(1) 插入图片

在进行产品展示、销售报告、电子相册等幻灯片制作时,为了使制作出的幻灯片生动形象,通常都需要使用图片,让幻灯片图文并茂,更加具有说服力和欣赏性,PowerPoint 2016 提供了插入图片功能。

在 PowerPoint 2016 中插入图片的方法主要有以下两种。

①在"普通"视图中,单击需要插入图片的幻灯片,在"插入"选项卡的"图像"功能区中单击"图片"按钮。

②选中需要插入图片的幻灯片,在包含有插入对象的占位符中单击"图片"按钮,执行上述任意命令后,都将打开"插入图片"对话框。通过对话框左边的导航栏和上面的地址栏定位图片所在的具体位置,在中间的列表框中选择要插入的图片文件,然后单击"插入"按钮即可。

图片被插入幻灯片后,将自动启动"图片工具格式"选项卡,选中需要编辑的图片,单击

"格式"选项卡,在该选项卡的"调整"功能区中可设置图片的背景、亮度、对比度及压缩图片等;在"图片样式"功能区中可设置图片的形状,边框、效果、版式等;在"排列"功能区中可设置图片的叠放次序或对齐方式等;在"大小"功能区中可以裁剪图片并设置其大小和位置,如图 11-19 所示。

图 11-19 "格式"选项卡

除此之外,还可以通过"设置图片格式"窗格对图片的边框线型、阴影、映像、三维格式、三维旋转、发光和柔化边缘等进行编辑,如图 11-20 所示。打开"设置图片格式"窗格的方法有以下几种。

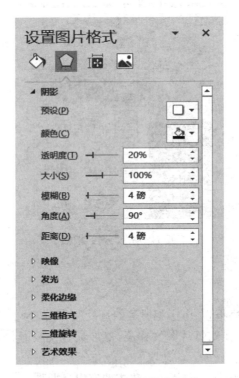

图 11-20 "设置图片格式"窗格

①选中需要编辑的图片,右击鼠标,在弹出的快捷菜单中选择"设置图片格式"命令。

②单击"格式"选项卡下的"图片样式"功能区,或者单击"大小"功能区右下角的"↘"按钮。

除了通过"格式"选项卡和"设置图片格式"窗格外,还可以通过图片周围的八个控制点来设置图片的大小。另外,拖动图片的旋转控制点还可以旋转图片以改变图片的倾斜角度。

（2）插入自选图形

自选图形，就是自己选择需要的图形进行绘制，PowerPoint 2016 提供了许多简单的几何图形供用户选择。自选图形包括一些基本的线条、矩形、箭头、公式形状和流程图等图形，绘制自选图形有如下方法。

①单击"开始"选项卡，在"绘图"功能区的左上角有一个图形列表框，可以选择其中的图形进行绘制。或者单击该图形列表框右下角的"其他"按钮，在弹出的下拉列表框中选择需要的自选图形，如图 11-21 所示。

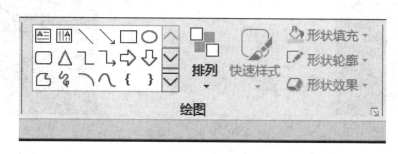

图 11-21　"绘图"按钮

②单击"插入"选项卡，在"插图"栏中单击"形状"按钮，在弹出的下拉列表框中选择需要的自选图形。

在弹出的下拉列表框中单击选择需要绘制的自选图形后，将鼠标指针移动到幻灯片中，此时鼠标指针变成＋形状，在幻灯片空白处拖动鼠标即可绘制该自选图形。

自选图形绘制完毕后，如果需要，还可以在图形中添加文本。选中图形，右击鼠标，在弹出的快捷菜单中选择"编辑文字"命令，此时自选图形中间出现一个闪烁的光标，这时就可以输入所需文本。

插入图形之后，如果需要对图形进行格式的设置，可以使用"开始"选项卡里的"绘图"功能区中的选项进行设置。或者选中图形后，单击出现的"绘图工具格式"选项卡，利用其中的选项对图形进行形状改变或对形状样式、艺术字样式、图形排列和大小进行设置。

3. 插入艺术字

艺术字在幻灯片中的使用，丰富了幻灯片页面布局，增强了幻灯片的可观赏性，同时能够吸引观看者更多的注意力。在 PowerPoint 2016 中，艺术字的制作有以下两种方式。

①选择需要插入艺术字的幻灯片，然后单击"插入"选项卡，在"文本"功能区中单击"艺术字"按钮，在弹出的艺术字样式列表中选择一种艺术字样式，在幻灯片中出现的文本框中输入文字即可，如图 11-22 所示。

②选中文本框或要修改的文字，在出现的"格式"选项卡下的"艺术字样式"功能区中选择想要的效果，此时被选中的文字就变成了艺术字样式。

插入艺术字后，若要改变它的形状、格式和位置等，可选中该艺术字，单击"格式"选项卡下的"艺术字样式"功能区中的"文本填充"按钮、"文本效果"按钮和"文本轮廓"按钮等来进行设置。或者单击"格式"选项卡下的"艺术字样式"功能区右下角的"↘"按钮，打开"设置形状格式"窗格的"文本选项"来进行设置。也可以通过选择"设置形状格式"窗格的"形状选项"来设置艺术字所在的形状的效果。

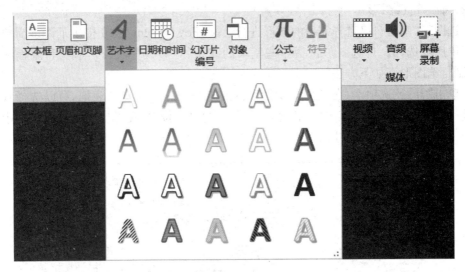

图 11-22 "艺术字"按钮

4. 插入表格和图表

（1）插入表格

在 PowerPoint 2016 的幻灯片中可以添加表格，默认情况下最多只能创建 8 行 10 列的表格。单击"插入"选项卡下"表格"功能区中的"表格"按钮，在弹出的下拉列表框中，用鼠标指向"表格框"，移动鼠标，则被选择的表格边线为橙色。当达到需要的行列数时单击，需要绘制的表格就出现在幻灯片中，如图 11-23 所示。

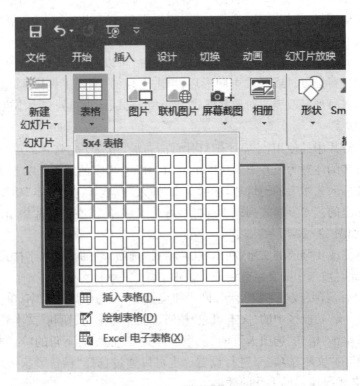

图 11-23 "表格"按钮

如果需要绘制的表格超过了 8 行 10 列，则可以使用"表格"对话框来达到目的。在需要表格的幻灯片中，单击"插入"选项卡下"表格"功能区的"表格"按钮，在弹出的下拉列表框中选择"插入表格"命令，打开"插入表格"对话框，在"列数"数值框中输入需要的列数，在"行数"数值框中输入需要的行数，单击"确定"按钮即可。

此外，PowerPoint 2016 还提供了手工绘制表格的功能，通过手工可以绘制出自己需要的任意样式的表格。在需要插入表格的幻灯片中，单击"插入"选项卡下"表格"功能区的"表格"按钮，在弹出的下拉列表框中选择"绘制表格"命令。此时，鼠标指针变成了一支笔的形状，拖动鼠标在幻灯片中绘制出一个表格，但该表格只有一个单元格。若要绘制出更多的单元格，在新出现的"表格工具"中的"设计"选项卡，单击"绘制边框"功能区中的"绘制表格"按钮，用变为笔形状的鼠标指针在表格中画线即可。

刚创建的表格样式很单调，若不满意，可以对其进行修改。设置表格样式有快速套用已有的样式和自定义表格样式两种。

选择幻灯片中的表格，单击"设计"选项卡，在"表格样式"功能区中，单击"其他"按钮，在弹出的下拉列表中选择样式。

自定义表格样式则可以单独为某个或某些选中的单元格设置表格样式。选择表格中的第一个单元格，单击"设计"选项卡下的"表格样式"功能区，利用其中的"底纹"按钮、"边框"按钮和"效果"按钮进行格式设置。

除了对表格样式进行设置外，还可以利用"设计"选项卡下的"艺术字样式"功能区中的选项，对表格中的文字进行设置；利用"表格工具"中的"布局"选项卡中的选项，对表格进行行列的插入删除、合并拆分以及对单元格大小、对齐方式、表格尺寸和排列方式等设置。

（2）插入图表

在制作演示文稿时，经常需要在幻灯片中输入数据，将枯燥的文字数据用形象直观的图表显示出来，更容易让人理解。在幻灯片中插入图表，不仅可以直观地体现数据之间的关系，便于分析或比较数据，还可以增添幻灯片的美感，便于人们的理解。PowerPoint 2016 中的图表功能操作与 Excel 2016 中的操作非常类似，许多窗口与对话框基本相同。

在 PowerPoint 2016 的幻灯片中，插入图表常用的方法有以下两种。

①选择要插入图表的幻灯片，单击"插入"选项卡，在"插图"功能区中单击"图表"按钮。

②选择要插入图表的幻灯片，在拥有可插入对象的占位符中单击"插入图表"按钮，执行上述任意一种操作后，都将打开"插入图表"对话框，如图 11-24 所示。在该对话框中选择需要的图表类型，然后单击"确定"按钮即可插入。插入图表后，在 PowerPoint 2016 窗口旁边将自动启动 Microsoft Excel 窗口，在该窗口中可以输入编辑图表所需的数据。

插入图表后，将会出现两个新的选项卡，分别是"图表工具设计"和"图表工具格式"。利用"图表工具设计"选项卡中的命令，可以更改图表类型，重新编辑图表数据，调整图表中各标签的布局，变换图表的样式。

利用"图表工具格式"选项卡中的命令，可以设置图表的形状样式，为图表中的文字设置艺术字样式，调整图表在幻灯片中的位置排列和大小。

5. 插入 SmartArt 图形

SmartArt 图形因其丰富的组织形状和优美的外观效果深受用户的喜爱，SmartArt 图形提供了许多种不同效果和结构的组织布局，供用户选择使用，能够快速、有效、准确地传

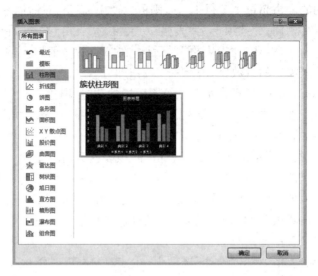

图 11-24 "插入图表"对话框

达演讲者所要表达的意思。

（1）插入 SmartArt 图形

添加 SmartArt 图形的方法主要有以下两种。

①选择需要添加 SmartArt 图形的幻灯片，单击"插入"选项卡，在"插图"功能区中单击 SmartArt 按钮。

②选择需要添加 SmartArt 图形的幻灯片，在包含有插入对象的占位符中单击"插入 SmartArt 图形"按钮。

以上两种操作都将打开"选择 SmartArt 图形"对话框，如图 11-25 所示。在该对话框中选择需要的图形样式，单击"确定"按钮即可在幻灯片中添加 SmartArt 图形。

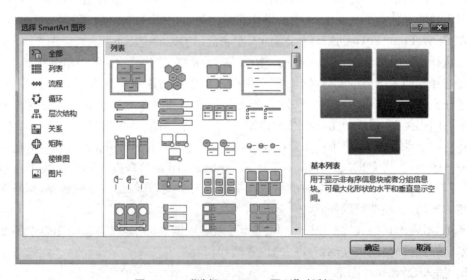

图 11-25 "选择 SmartArt 图形"对话框

（2）在 SmartArt 图形中添加文本

在已经插入的 SmartArt 图形中单击标"［文本］"字样，原有的文字消失，输入光标出现在文本框中，即可输入文字。

（3）修改 SmartArt 图形样式

插入的 SmartArt 图形会有默认的颜色设置，为了使 SmartArt 图形更加美观，可通过设置改变它的外观。选择幻灯片中的 SmartArt 图形，单击"SmartArt 工具"中的"设计"选项卡，在"SmartArt 样式"功能区中单击"更改颜色"按钮和样式列表框右下角的"其他"按钮，为 SmartArt 图形选择不同的颜色和样式，在"版式"功能区中可为 SmartArt 图形选择不同的组织结构。如果对刚刚设置的 SmartArt 图形颜色和样式不满意，可单击"重置"功能区中的"重设图形"按钮，让 SmartArt 图形重新回到默认设置状态。

（4）添加 SmartArt 图形形状

插入 SmartArt 图形后，如果现有图形形状的个数不能满足需要，可以向 SmartArt 图形中添加形状，主要方法有以下两种。

①选择幻灯片中 SmartArt 图形中的一个形状，右击鼠标，在弹出的快捷菜单中选择"添加形状"→"在后面添加形状"/"在前面添加形状"命令。

②单击"SmartArt 工具"中的"设计"选项卡，在"创建图形"功能区中单击"添加形状"按钮，再进行选择。

（5）修改 SmartArt 图形格式

若对插入的 SmartArt 图形的外观及文字的样式不满意，可重新进行设置，主要设置方式有以下两种。

①单击"SmartArt 工具"中的"格式"选项卡，利用功能区中的各种选项可设置图形的形状、形状样式、艺术字样式及图形排列和大小。

②选中某个形状，右击鼠标，在弹出的快捷菜单中选择"设置形状格式"命令，在弹出的"设置形状格式"窗格中选择相应命令进行设置。

6. 插入声音和影片

（1）插入声音

幻灯片中除了可以插入图片、形状、SmartArt 图形、表格和图表等以外，还可以插入音频文件，既可以插入 PC 上的音频，也可以录制音频插入。

①插入 PC 上的音频

有时用户需要将自己制作的声音文件或者其他的声音文件在幻灯片中进行播放，此时可单击"插入"选项卡，在"媒体"功能区中单击"音频"按钮，如图 11-26 所示，在弹出的下拉列表中选择"PC 上的音频"命令，在打开的"插入音频"对话框中选择要插入的声音文件，单击"插入"按钮即可。

插入声音后，在幻灯片编辑区将出现一个小喇叭的图标，用鼠标拖动该图标，将其移动到合适的位置。通过调整其边框上的八个控制点，可改变图标的大小，把鼠标光标移动到小喇叭上，在其下方将显示播放工具栏，单击"播放/暂停"按钮即可欣赏插入的声音。

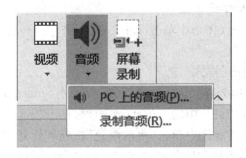

图 11-26 "插入音频"按钮

②插入录制的音频

PowerPoint 2016 允许使用"录音机"软件录制的声音,这时用户可以将幻灯片中所需要的演讲词和解说词等插入在幻灯片中。单击"插入"选项卡,在"媒体"功能区中单击"音频"按钮,在弹出的下拉列表框中选择"录制音频"命令,将打开"录音"对话框,在对话框中的"名称"文本框中输入所录声音文件的名称,然后单击"录制"按钮开始录制声音。录制完成后,单击"停止"按钮停止录制,在"声音总长度"后将显示出声音的长度,单击"播放"按钮,播放刚才录制的声音,如果满意,则单击"确定"按钮,否则单击"取消"按钮。如果单击了"确定"按钮,则返回到幻灯片编辑状态,在其编辑区中将出现一个小喇叭图标,表示已完成了幻灯片配音。

③设置声音效果

在插入了声音文件的幻灯片中,选中幻灯片编辑区中的声音图标,此时将自动启动"音频工具"的"格式"和"播放"选项卡,通过其中的"播放"选项卡,可以对插入的声音效果进行设置。在"播放"选项卡的"音频选项"功能区中可以设置音量的大小、声音播放的开始形式、放映隐藏和循环播放等选项。在编辑功能区中可对声音进行剪辑和设置声音的淡化持续时间。

要查看插入声音的最终效果,直接放映幻灯片即可。在默认情况下,插入的声音只在当前幻灯片播放时有效,当该幻灯片播放结束,切换到其他幻灯片时声音的播放也将结束。

(2)插入影片

在制作幻灯片时,有时需要在幻灯片中播放视频,PowerPoint 2016 同样允许插入视频影片,不仅可以插入 PC 上存放的视频文件和联机视频文件,还可以录制屏幕并插入幻灯片,插入 PC 上的视频的方法有以下两种。

①在"普通"视图下,选中需要插入影片的幻灯片,单击"插入"选项卡,在"媒体"功能区中单击"视频"按钮,在弹出的下拉列表中选择"PC 上的视频"命令。

②选中需要插入影片的幻灯片,在包含有插入对象的占位符中单击"插入视频文件"按钮,如图 11-27 所示,并在打开的对话框中单击"来自文件浏览"按钮。

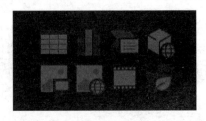

图 11-27 "插入视频文件"按钮

执行上述任意一种命令后,都将打开"插入视频文件"对话框,在其中可以选择需要插入的影片。

如果在插入选项卡"媒体"功能区中单击"视频"按钮,在弹出的下拉列表中选择"联机视频",则可以选择链接到本地驱动器上的视频文件或上传到网站(如 YouTube)的视频文件。

如果在插入选项卡"媒体"功能区中单击"屏幕录制",则可以选择录制区域录制一段屏幕视频,并插入当前幻灯片中。

如果要剪裁视频,在幻灯片中单击选中视频文件,选择"视频工具播放"选项卡,在"编辑"功能区单击"剪裁视频"按钮,在弹出的"剪裁视频"对话框中即可进行视频剪裁。

7. 幻灯片基本操作

(1) 选择幻灯片

①选择一张幻灯片

在"幻灯片浏览"窗格单击幻灯片的缩略图即可,若未出现目标幻灯片,则拖动"幻灯片浏览"窗格滚动条进行再次查找并单击选中即可。

②选择多张相邻幻灯片

首先在"幻灯片浏览"窗格中单击第一张需选中幻灯片的缩略图,然后按住【Shift】键并单击所选最后一张幻灯片缩略图,则这两张幻灯片之间(含这两张幻灯片)所有的幻灯片均被选中。

③选择多张不相邻幻灯片

在"幻灯片浏览"窗格中按住【Ctrl】键并逐个单击要选择的幻灯片缩略图。

(2) 插入幻灯片

常用的插入幻灯片的方式有两种:插入新幻灯片和插入当前幻灯片的副本。前者需用户重新定义幻灯片的格式(如版式等);后者直接复制当前幻灯片作为插入的幻灯片。

①插入新幻灯片

首先在"幻灯片浏览"窗格中选择目标幻灯片(新幻灯片将插在该幻灯片之后),然后在"开始"选项卡中"幻灯片"功能区下拉选中"新建幻灯片"选项,在弹出的幻灯片版式列表中选择一种版式(如"标题和内容"),即可完成制定板式幻灯片的插入。

另外,也可以直接选中"幻灯片浏览"中的幻灯片缩略图,鼠标右击在弹出的菜单中选择"新建幻灯片"命令,即可完成新幻灯片的创建。

②插入当前幻灯片的副本

选中目标幻灯片后鼠标右击,在弹出的菜单中选择"复制幻灯片"命令,在目标幻灯片后面插入新幻灯片,新建的幻灯片内容和格式与之相同。

(3) 删除幻灯片

在"幻灯片浏览"窗格中选择目标幻灯片,然后按【Delete】键。也可以鼠标右击目标幻灯片缩略图,在弹出的菜单中选择"删除幻灯片"命令。若要删除多张幻灯片,则先选中这些幻灯片,然后按【Delete】键完成删除操作。

(4) 移动幻灯片

移动幻灯片的方式主要有两方法:第一种在"幻灯片浏览"窗格中选择要移动的幻灯片,按住鼠标左键拖动幻灯片到目标位置即可;第二种是打开"视图"选项卡,选择"幻灯片浏览"视图,在该视图中选择要移动的幻灯片,按住鼠标左键拖动幻灯片到目标位置即可。

📖 **任务实施**

1. 幻灯片的制作及格式化

（1）幻灯片的制作

以"计算机基础"为主题制作幻灯片。

步骤1:双击要打开的空白演示文稿"计算机基础"。

步骤2:在标题幻灯片的标题区输入"计算机基础",在副标题区输入"计算机知识讲座"。

步骤3:选择"开始"选项卡,单击"幻灯片"组中的"新建幻灯片"下拉箭头,选择一种幻灯片版式,如"标题和内容"版式。

步骤4:按如下参考文字输入幻灯片的内容,制作除标题幻灯片外的其他3张幻灯片,并为每张幻灯片添加标题。

自从1946年第一台电子计算机诞生以来,计算机得到了迅猛的发展和推广,已广泛应用于社会的各个领域。

1946年2月,世界公认的第一台通用电子数字计算机 ENIAC,即"电子数字积分计算机"在美国宾夕法尼亚大学研制成功。

计算机的应用:科学计算、数据处理、计算机辅助系统[包括辅助设计（CAD）、辅助制造（CAM）、辅助教育（CBE）]、过程控制、人工智能、计算机仿真、计算机网络、多媒体技术。

（2）幻灯片的格式化

对上面制作的幻灯片"计算机基础"的文本进行格式化,并插入相应图片。

步骤1:选定标题幻灯片中的"计算机基础",设置字体为"隶书""80"号字,颜色为标准色"深红"。

步骤2:选定副标题"计算机知识讲座",设置字体为"华文行楷""44"号字,颜色选择标准色"深蓝"。

步骤3:选定其他幻灯片文本的外边框,设置字体、字号和段落间距。

步骤4:在第2张、第4张幻灯片中插入相应的图片。

步骤5:选定图片,拖动调整图片的大小和位置。

步骤6:保存"计算机基础"演示文稿到自备的 U 盘上。

所建立的幻灯片如图11-28所示。

2. 在幻灯片中插入各种对象

（1）艺术字的设置

将标题幻灯片中的文字"计算机基础"更改为艺术字体,效果如图11-29所示。

步骤1:选定标题幻灯片中的"计算机基础",选择"绘图工具|格式"选项卡,单击"艺术字样式"组中的"快速样式"下拉箭头,选择"填充-橙色,着色2,轮廓-着色2"。

步骤2:单击"艺术字样式"对话框启动器,显示"设置形状格式"任务窗格。

步骤3:单击"形状选项"→"效果"按钮,"阴影""颜色"选深红;"映像预设"选"半映像:接触"。

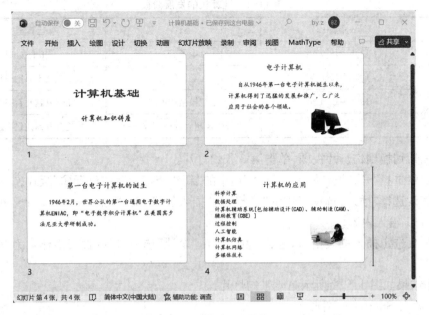

图 11-28　在幻灯片浏览视图中查看制作的幻灯片

操作结果如图 11-29 所示。

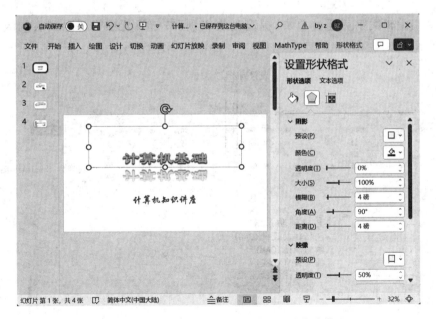

图 11-29　"设置形状格式"任务窗格及艺术字效果

（2）插入 1 张幻灯片

在图 11-28 所示第 3 张幻灯片后插入 1 张新幻灯片，并插入 1 张表格，内容如表 11-1所示。

表 11-1　计算机的发展阶段

时代	年份	器件	运算速度
一	1946～1957 年	电子管	几千次/秒
二	1958～1964 年	晶体管	几十万次/秒
三	1965～1971 年	小规模集成电路	几十万到几百万次/秒
四	1972 年至今	大规模及超大规模集成电路	几百万到几亿万次/秒

步骤 1：切换到幻灯片视图，单击第 3 张幻灯片。

步骤 2：选择"开始"选项卡"幻灯片"组中的"新建幻灯片"→"仅标题"版式。

步骤 3：选择"插入"选项卡中的"表格"→"插入表格"命令，插入一个 5 行 4 列的表格，并按表 11-1 输入内容。

步骤 4：选定插入的表格后，选择"表格工具|设计"选项卡，设置表格样式为"中度样式 2-强调 1"。

操作结果如图 11-32 所示第 4 张幻灯片。

（3）插入 SmartArt 图形

将图 11-28 所示第 4 张幻灯片文本"计算机辅助系统"转换为 SmartArt 图形，在"辅助教育（CBE）"下增加"计算机辅助教学（CAI）"和"计算机管理教学（CMI）"，并插入新建的幻灯片中。

步骤 1：编辑文字后通过单击"提高列表级别"按钮设置项目符号列表的级别，如图 11-30 所示。

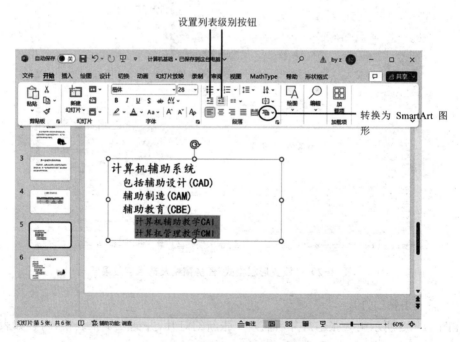

图 11-30　设置项目符号列表的级别

步骤 2：选中文本框，单击"开始"选项卡中"段落"组的"转换为 SmartArt 图形"按钮，显示选择 SmartArt 图形列表框,从列表框里选择如图 11-31 所示"组织结构图"。

11-31 选择 SmartArt 图形结构

步骤 3:屏幕显示"SmartArt 工具"的"设计"和"格式"选项下,在"设计"选项卡"Smart-Art 样式"组中单击样式选择框的"其他"按钮,选择三维"嵌入"形式,单击"更改颜色"下拉箭头,选择"彩色-个性色"进行颜色的配置。

步骤 4:单击"版式"组中的"更改布局"下拉箭头,选择"水平层次结构"。

操作结果如图 11-32 所示第 6 张幻灯片。

(4)在幻灯片中插入形状

在刚刚建立的 SmartArt 图形上方插入一个"星与旗帜"的形状,并输入文字"计算机辅助系统";在图 11-28 所示第 4 张幻灯片中插入"左大括号"表现文字包含关系。

步骤 1:选择"插入"选项卡"插图"组中的"形状"→"星与旗帜"→"前凸带形"。

步骤 2:拖动鼠标"+"字光标形成前凸带形状,输入文字"计算机辅助系统",字体设为"华文行楷""40"号字,颜色设为"黑色"。

步骤 3:单击"绘图工具|格式"选项卡,在"形状样式"组的形状外观样式中选"细微效果-绿色,强调颜色 6"。

步骤 4:选择图 11-28 所示第 4 张幻灯片,重新编辑文字。

步骤 5:选择"插入"选项卡"插图"组中的"形状"→"基本形状"→"左大括号",拖动鼠标指针,并调整大小,设置形状轮廓线为黑色。

经上述设置后的幻灯片如图 11-32 所示。

(5)为幻灯片添加背景音乐

在制作的幻灯片"计算机基础"中加入一段背景音乐,要求幻灯片换页时连续播放。

图 11-32　制作的 6 张幻灯片效果图

步骤 1：在第 1 张幻灯片中，单击"插入"选项卡"媒体"组中的"音频"下拉箭头，选择"PC 上的音频"命令，弹出"插入音频"对话框。

步骤 2：找到所需的音频文件，单击"插入"按钮，在当前幻灯片中插入一个小喇叭音频图标。

步骤 3：单击小喇叭音频图标，其下面显示声音播放器，供试听声音使用。

步骤 4：单击"音频工具|播放"选项卡，在"音频选项"组的"开始"选择框中选择"自动"，并勾选"跨幻灯片播放"复选框，则可在幻灯片换页时连续播放，如图 11-33 所示。

如果播放 3 张幻灯片后要更换背景音乐，则进行如下设置。

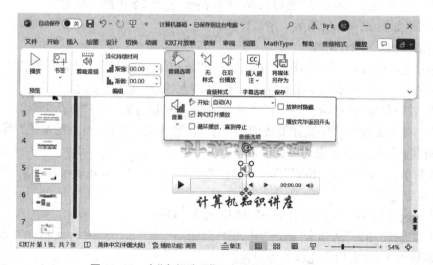

图 11-33　在"音频选项"组中选择"跨幻灯片播放"

步骤 5：选择"动画"选项卡中的"高级动画"→"动画窗格"命令打开动画窗格。

步骤 6：单击音频文件右边的下拉箭头，从下拉列表框中选择"效果选项"，如图 11-34 所示。

步骤 7：在随后显示的"播放音频"对话框中设置背景音乐连续播放的幻灯片张数，如图 11-35 所示为在第 3 张幻灯片后停止播放该段音乐。

图 11-34 在"动画窗格"中选择"效果选项"命令

图 11-35 "播放音频"对话框

步骤 8：按上述方法在下一张幻灯片中插入第 2 个音频文件，即可实现在 1 个演示文稿中播放 2 段不同的音乐。

3. 幻灯片的基本操作

将图 11-34 所示第 2 张和第 5 张幻灯片复制到本演示文稿的最后，将第 5 张幻灯片移动到第 4 张前，再删除最后 2 张幻灯片。

【扫码观看操作视频】

步骤1:切换到幻灯片浏览视图,单击第2张幻灯片,按住【Ctrl】键的同时单击第5张幻灯片。

步骤2:选择"开始"选项卡中的"剪贴板"→"复制"按钮。

步骤3:将鼠标指针移动到演示文稿的最后空白处并单击,以定位幻灯片复制的目标位置。

步骤4:单击"开始"选项卡中的"剪贴板"→"粘贴"按钮,完成幻灯片的复制和粘贴。

步骤5:单击第5张幻灯片,按住鼠标左键拖动到第4张前,完成幻灯片的移动。

步骤6:选择复制到最后的2张幻灯片,按【Delete】键,可以删除选定的2张幻灯片。

步骤7:保存"计算机基础"演示文稿到自备的U盘上。

任务三　管理幻灯片与设置幻灯片模板

 任务分析

用户根据计算机发展简史,创建了"计算机基础"演示文稿(素材文件:项目十一\制作"计算机基础".pptx),为保证整体风格样式美观,将对演示文稿的外观进行统一设计。

 **任务目标**

➢掌握幻灯片母版设置方法。

➢掌握幻灯片页眉页脚的设置方法。

➢掌握幻灯片背景的设置方法。

➢掌握幻灯片主题的设置方法。

 必备知识

1. 设置幻灯片母版

幻灯片母版是用于显示每张幻灯片元素的特殊版式,其中包括文本占位符、图片、动作选项等元素。每个演示文稿的每个关键功能区件(幻灯片、标题幻灯片、演讲者备注和听众讲义)都有一个母版。幻灯片母版使所有的幻灯片拥有统一的元素。在幻灯片母版中进行的更改,可以同步更新到应用此母版的所有幻灯片。通过"视图/母版视图"选项卡,PowerPoint 2016提供了3种母版类型,分别是幻灯片母版、讲义母版、备注母版,如图11-36所示。

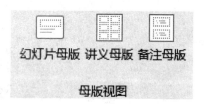

图11-36　"母版视图"类型

2. 幻灯片背景设置

1) 认识幻灯片背景

幻灯片背景主要包括:主题背景样式和设置背景格式(纯色、颜色渐变、纹理、图案或图片)。通过对幻灯片背景的颜色、图案和纹理等进行调整,可以使幻灯片的放映效果更加协调美观。

2）设置背景样式

通过单击"设计"选项卡"变体"功能区右下角的"变体"选项，在弹出的下拉菜单中，选择"背景样式"命令，则显示当前主题的 12 种背景样式列表，如图 11-37 所示。从背景样式列表中选择 1 种背景样式，则演示文稿全体幻灯片均采用此种背景样式。若只希望改变部分幻灯片的背景样式，则应先选择这些幻灯片，然后选择 1 种背景样式后，单击鼠标右键，应用于所选幻灯片。

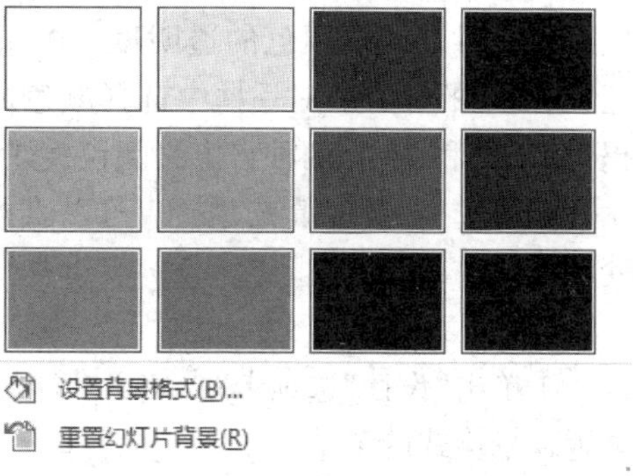

3）设置背景格式

如果认为背景样式过于简单，用户也可以自己设置背景格式。常用的 4 种方式：改变背景颜色、图案填充、纹理填充和图片填充。

图 11-37 "背景样式"列表

（1）改变背景颜色

改变背景颜色有"纯色填充"和"渐变填充"2 种方式。"纯色填充"是选择单一颜色填充背景，而"渐变填充"是将两种或更多种填充颜色逐渐混合在一起，以某种渐变方式从一种颜色逐渐过渡到另一种颜色，操作方法如下。

①首先在幻灯片浏览窗格中选中目标幻灯片，通过单击"设计"选项卡"自定义"功能区的"设置背景格式"命令，在工作区右侧会弹出设置背景格式的菜单。也可以鼠标右击幻灯片浏览窗格中的某个幻灯片，在弹出的快捷菜单中选择"设置背景格式"命令，也会在工作区右侧弹出设置背景格式的菜单，如图 11-38 所示。

图 11-38 "设置背景格式"窗格

②背景格式设置提供 2 种背景颜色填充方式："纯色填充"和"渐变填充"，选择"纯色填充"按钮，单击"颜色"下拉对话框，在下拉列表颜色中选择背景填充颜色。通过拖动"透明度"滑块，可以调整颜色的透明度。若系统列表中的颜色不满意，可以单击"其他颜色"按钮，从出现的"颜色"对话框中选择颜色或单击自定义背景颜色按钮进行自定义颜色（系统提供 RGB 和 HSL 两种自定义颜色模式）。

如果选择"渐变填充"按钮，可以直接选择系统预设颜色填充背景，也可以自己定义渐变颜色。

（2）图案填充

①单击"设计"选项卡"自定义功能区"的"设置背景格式"命令，则在屏幕的右侧弹出的设置背景格式的菜单。

②选择"图案填充"按钮，在弹出的图案列表中选择所需图案（如"对角砖型"），通过"前景"和"背景"栏可以自定义图案的前景颜色和背景颜色。

③默认应用到当前选中的幻灯片，可以通过单击"全部应用"应用到所有幻灯片。

（3）图片或纹理填充

①单击"设计"选项卡"自定义功能区"的"设置背景格式"命令，则在屏幕的右侧弹出的设置背景格式的菜单。

②选择"图片或纹理填充"选项，单击"纹理"下拉选项，在出现的纹理列表中选择所需纹理。

③选择"图片或纹理填充"选项，单击"插入图片来自"选项，单击"文件"按钮，在弹出的"插入图片"对话框中选择所需图片文件，单击"插入"按钮，回到"设置背景格式"状态，所选图片成为幻灯片背景。

3．幻灯片主题设置

（1）认识幻灯片主题

幻灯片主题由主题颜色、主题文字、主题效果组成。设置好主题的颜色、字体和图形等外观效果，可以使演示文稿具有统一的风格。

PowerPoint 2016 提供了 30 多种内置主题，用户若对自己的演示文稿在颜色、字体和图形外观方面不满意，可以从中选择 1 种内置主题并应用到演示文稿，以统一演示文稿的外观。

（2）设置幻灯片主题

单击"设计"选项卡，弹出的主题功能区，显示了部分主题列表，单击主题列表框右下角的"其他"选项，就可以显示全部内置主题，如图 11-39 所示。

将鼠标移到某主题，会显示该主题的名称。变体功能区给出当前使用主题下 4 种颜色变化，如图 11-40 所示。单击变体列表框右下角的"其他"选项，就可以通过更改配色方案、字体、效果和背景样式来丰富主题。单击该主题，系统自动调整主题颜色、图形外观效果修饰颜色文稿。

如果只想把主题应用到部分幻灯片中，选中想要的主题鼠标右击，在弹出的对话框中选择"应用于选定幻灯片"命令，则指定幻灯片按该主题效果进行修改，其他幻灯片效果不变。若选择"应用于所有幻灯片"命令，则所有幻灯片均采用所选主题效果。

图 11-39　"主题"列表

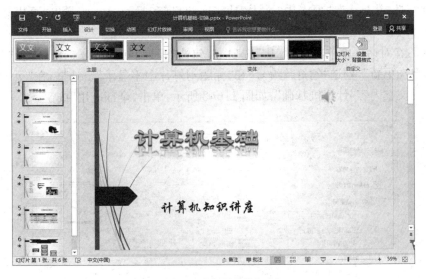

图 11-40　"主题变体"列表

 **任务实施**

【扫码观看操作视频】

（1）为演示文稿"计算机基础"设置幻灯片母版，操作步骤如下。

步骤 1：单击"视图"选项卡中的"母版视图"功能区中的"幻灯片母版"命令，打开幻灯片母版选项卡。

步骤 2：选择"Office 主题幻灯片母版"，如图 11-41 所示，对演示文稿中所有幻灯片编辑母版样式。

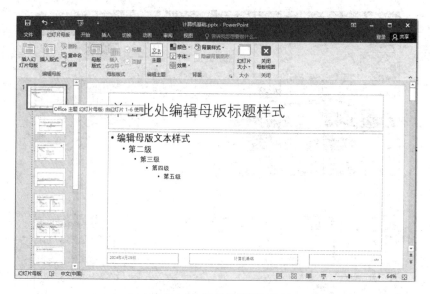

图 11-41　"幻灯片母版"设置窗口

　　步骤 3:单击标题区,编辑母版标题样式,设置字体"隶书",颜色"深蓝",字号"54"。

　　步骤 4:选择"插入"选项卡中"文本"功能区"日期和时间"命令,弹出"页眉和页脚"对话框。

　　步骤 5:在对话框中单击"幻灯片"选项卡,勾选"日期和时间"复选框,选择"日期和时间"中的"自动更新",勾选"幻灯片编号"和"标题幻灯片中不显示"复选框,在"页脚"区输入需要显示的文本内容"计算机基础",如图 11-42 所示,单击"全部应用"按钮。

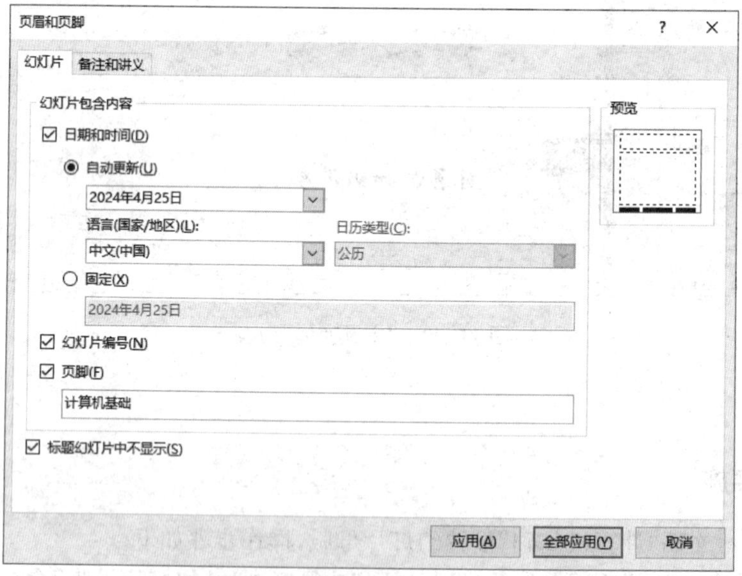

图 11-42　设置幻灯片母版的页眉和页脚

　　步骤 6:选择幻灯片母版视图中下端的日期、页脚和页码,将字号设置为"18"。

步骤7：单击幻灯片母版大纲视图区的"标题和内容 版式"，向幻灯片母版中插入一个红色五角星，则具有该版式的幻灯片都拥有该对象。

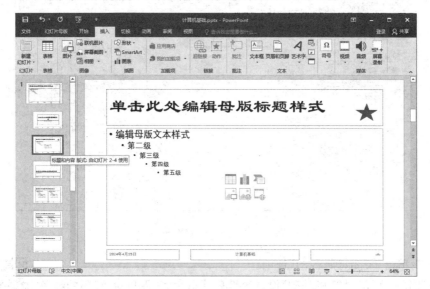

图 11-43 标题和内容 版式

步骤8：单击"关闭母版视图"按钮返回幻灯片编辑窗口，效果如图 11-44 所示。

图 11-44 设置幻灯片母版后的效果

（2）为演示文稿"计算机基础"设置讲义母版，要求每页打印 6 张幻灯片。

步骤1：单击"视图"选项卡"母版视图"功能区中的"讲义母版"命令，在弹出的讲义母版对话框中，单击"讲义母版"选项卡。

步骤2：在"页面设置"功能区中单击"每页幻灯片数量"下拉箭头，在弹出的下拉列表中选择"6 张幻灯片"，如图 11-45 所示。

【扫码观看操作视频】

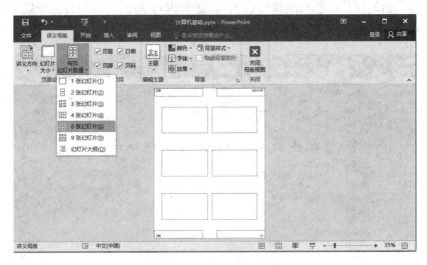

图 11-45 "讲义母版"列表

步骤 3:单击"关闭母版视图"选项。

（3）为演示文稿"计算机基础"设置个性色浅蓝色、透明度为 50％的纯色背景。

步骤 1:打开"计算机基础"演示文稿,切换到"设计"选项卡。

步骤 2:单击"自定义"功能区中的"设置背景格式"命令,显示"设置背景格式"任务窗格。

步骤 3:在"设置背景格式"任务窗格的"填充"区中选择"纯色填充",单击"颜色"下拉箭头选择个性色"浅蓝"。

步骤 4:输入或者拖动滚动条调整透明为"50％",为所选幻灯片设置纯色背景,如图 11-46 所示。

步骤 5:单击"全部应用"选项,为演示文稿中的所有幻灯片设置背景。

【扫码观看操作视频】

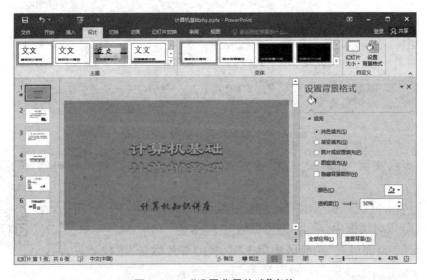

图 11-46 "设置背景格式"窗格

（4）为演示文稿"计算机基础"设置"羊皮纸"纹理背景，并设置透明度为 20%，清晰度为 10%，对比度为－20%。

步骤 1：打开"计算机基础"演示文稿切换到"设计"选项卡。

步骤 2：单击"自定义"功能区中的"设置背景格式"命令，在屏幕右侧弹出"设置背景格式"菜单。

步骤 3：在"设置背景格式"任务窗格的"填充"区中选择"图片或纹理填充"按钮。单击"纹理"下拉箭头，选择"羊皮纸"，单击"透明度"，设置参数为 20%，如图 11-47 所示。

【扫码观看操作视频】

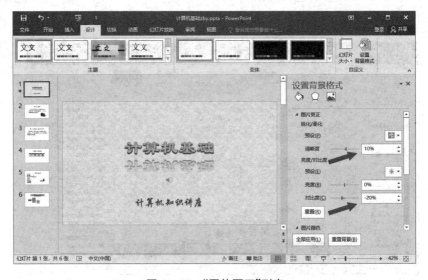

图 11-47 "设置背景格式"窗格

步骤 4：单击"图片"选项，在"图片更正"区单击"清晰度"和"对比度"单击下拉箭头，从下拉列表中设置清晰度为"10%"，对比度为"－20%"如图 11-48 所示。

图 11-48 "图片更正"列表

步骤 5：单击"全部应用"选项，为演示文稿中的所有幻灯片设置纹理背景。

（5）对演示文稿"计算机基础"应用"画廊"主题。

步骤 1：打开"计算机基础"演示文稿，单击到"设计"选项卡。

步骤 2：单击"主题"功能区中的下拉箭头，在弹出的下拉列表中选择"画廊"主题。

步骤 3：单击"变体"菜单，设置"字体"为"华文楷体"如图 11-48 所示。

【扫码观看操作视频】

图 11-49 "主题"列表

（6）为设置的主题调整变体效果。

步骤 1：单击"设计"选项卡"变体"功能区中的下拉箭头，弹出下拉菜单"颜色""字体""效果""背景样式"。

步骤 2：单击"颜色"选项，选择颜色为"红橙色"，如图 11-50 所示。

步骤 3：单击"效果"选项，选择效果为"office"。

步骤 4：单击"背景样式"选项，选择"背景样式 1"。

【扫码观看操作视频】

图 11-50 设置主题变体效果

任务四 幻灯片动态效果设置

任务分析

用户创建演示文稿目的在于向观众演示,其中演示过程是很重要的。掌握放映演示文稿的方法,结合动画设计、幻灯片切换效果、超链接技术可以有效地提高演示文稿的放映效果。

任务目标

➤掌握幻灯片动画效果设置方法。
➤掌握幻灯片切换效果设置方法。
➤掌握超链接设置方法。
➤掌握动作按钮添加方法。
➤掌握演示文稿放映方法。

必备知识

为了更加丰富多彩的展示幻灯片中的内容,可以通过为幻灯片中的各种对象设置动画效果和声音效果,既能突出重点,又能吸引观众的注意力,使得放映过程变得生动有趣。

1. 认识动画

PowerPoint 2016 动画主要分为四类:"进入"动画、"强调"动画、"退出"动画和"动作路径"动画。

(1)"进入"动画

对象的"进入"动画是指幻灯片在播放时对象进入播放画面时的动画效果。例如:对象从画面下方进入播放画面等。选择"动画"选项卡,"动画"功能区给出了部分动画效果列表。

设置"进入"动画的方法如下。

①在幻灯片中选择需要设置动画效果的对象,在"动画"选项卡的"动画"功能区中单击动画效果列表框右下角的"其他"按钮,出现各种动画效果的下拉列表,如图 11-51 所示。其中有"进入""强调""退出"和"动作路径"四类动画,每类又包含若干不同的动画效果。

②在"进入"类中选择一种动画效果,如"淡化",则所选对象被赋予该动画效果。

对象添加动画效果后,对象旁边出现数字编号,它表示该动画在幻灯片中出现顺序的序号。

如果对动画效果不满意,可以单击动画样式下拉列表下方的"更多进入效果"命令,弹出"更改进入效果"对话框,其中按"基本型""细微型""温和型"和"华丽型"列出更多动画效果供选择,如图 11-52 所示。

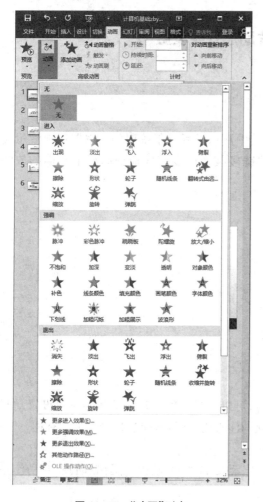

图 11-51 "动画"列表

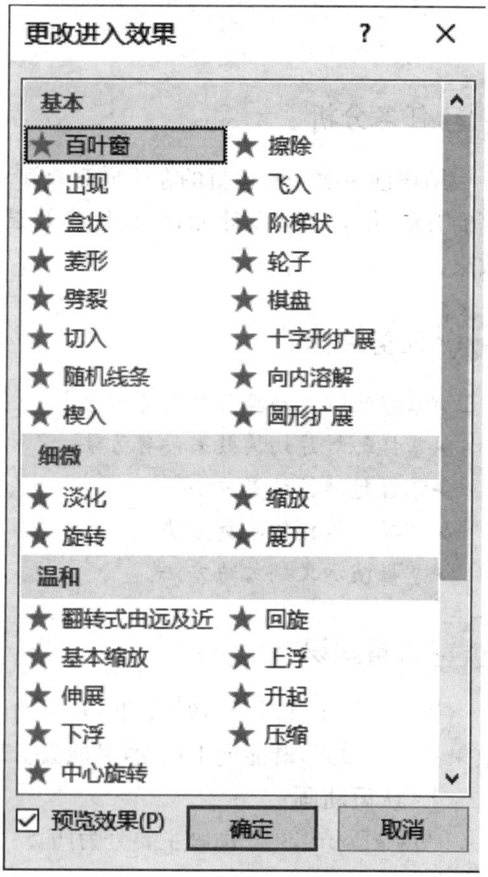

图 11-52 "进入"类动画列表

（2）"强调"动画

"强调"动画主要对播放画面中的对象进行突出显示，起强调作用。设置方法和设置"进入"动画相同。

①首先选择需要设置动画效果的对象，在"动画"选项卡的"动画"功能区中单击动画效果列表框右下角的"其他"按钮，弹出的对话框按"基本型""细微型""温和型"和"华丽型"列出了更多动画效果供选择，如图 11-53 所示。

②在"强调"类中选择一种动画效果，如"补色"，则所选对象被赋予该动画效果。

同样，也可以单击动画效果下拉列表下方的"更多强调效果"命令，打开"更改强调效果"对话框，选择更多类型的"强调"动画效果。

（3）"退出"动画

对象的"退出"动画是指播放画面中的对象离开播放画面的动画效果。如"擦除"动画使对象以飞出的方式离开播放画面等。设置"退出"动画的方法如下。

①选择需要设置动画效果的对象，在"动画"选项卡的"动画"功能区中单击动画效果列表框右下角的"其他"按钮，出现各种动画效果的下拉列表，如图 11-54 所示。

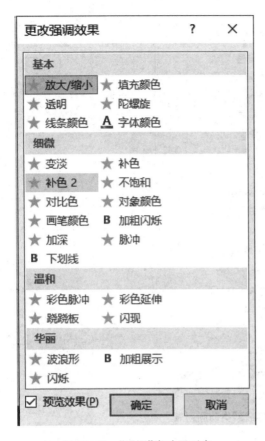

图 11-53　"强调"类动画列表　　　图 11-54　"退出"类动画列表

②在"退出"类中选择一种动画效果，如"擦除"，则所选对象被赋予该动画效果。

同样，也可以单击动画效果下拉列表下方的"更多退出效果"命令，打开"更改退出效果"对话框，选择更多类型的"退出"动画样式。

（4）"动作路径"动画

对象的"动作路径"动画是指播放画面中的对象按指定路径移动的动画效果。如"八角星"动画使对象沿着指定的弧形路径移动。设置"动作路径"动画的方法如下。

①在幻灯片中选择需要设置动画效果的对象，在"动画"选项卡的"动画"功能区中单击动画效果列表框右下角的"其他"按钮，出现各种动画效果的下拉列表。

②在"动作路径"类中选择一种动画效果，如"八角星"，则所选对象被赋予该动画效果，如图 11-55 所示。可以看到图形对象的弧形路径（虚线）、路径周边的 16 个控点以及顶端的旋转手柄控点。启动动画，图形将沿着弧形路径从路径起始点移动到路径结束点。拖动路径的各控点可以改变路径，而拖动路径上方绿色控点可以改变路径的角度。

同样，还可以单击动画效果下拉列表下方的"其他动作路径"命令，打开"更改动作路径"对话框，选择更多类型的"动作路径"动画效果。

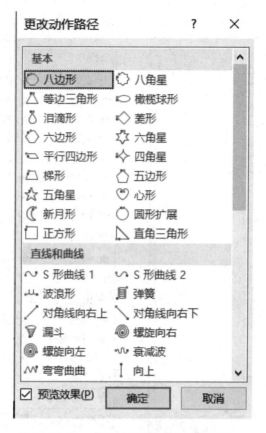

图 11-55 "更改动作路径"类动画列表

2. 设置动画属性

（1）设置动画效果选项

首先选中要设置动画的对象，单击"动画"选项卡"动画"功能区右侧的"效果选项"选项，出现各种效果选项的下拉列表，从中选择满意的效果选项，如图 11-56 所示。

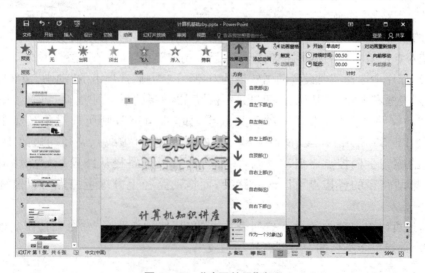

图 11-56 "动画效果"选项

（2）设置动画开始方式、动画持续时间和动画延迟时间

选中要设置动画的对象，单击"动画"选项卡"计时"功能区"开始"下拉选项，在出现的下拉列表中选择动画开始方式，如图 11-57 所示。

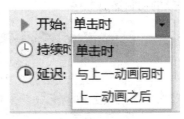

图 11-57　"飞入效果"效果选项

动画开始方式："单击时""与上一动画同时"和"上一动画之后"。设置动画开始方式为"单击时"，单击鼠标后开始播放动画；设置动画开始方式为"与上一动画同时"，播放前一动画的同时播放该动画，系统支持同时设置多个动画播放效果；设置动画开始方式为"上一动画之后"，前一动画播放之后下一个动画自动播放。

动画的播放持续时间，通过单击"动画"选项卡"计时"功能区"持续时间"栏进行调整。

动画在触发后的延迟时间，可以单击"动画"选项卡"计时"功能区"延迟"选项调整动画延迟时间。

（3）设置动画音效

选择需要设置动画音效的对象（该对象已设置"飞入"动画），单击"动画"选项卡"动画"功能区右下角的"显示其他效果选项"选项，弹出"飞入"动画效果选项对话框，如图 11-58所示。在对话框的"效果"选项卡中单击"声音"栏的下拉选项，在出现的下拉列表中选择一种音效，如"打字机"等。

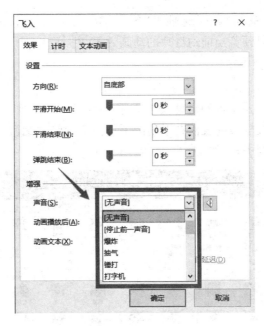

图 11-58　"增强"效果列表

（4）调整动画播放顺序

单击"动画"选项卡"高级动画"功能区的"动画窗格"选项，在工作区右侧弹出动画窗格菜单，如图 11-59 所示。动画窗格显示所有动画对象，它左侧的序号表示该对象在这一页幻灯片中动画播放的序号，与幻灯片中的动画对象左侧显示的序号一致。选择动画对象，可以通过单击动画窗格上方的▽和△选项或者拖动动画对象放置目标位置，可以改变该对

象的动画播放顺序。

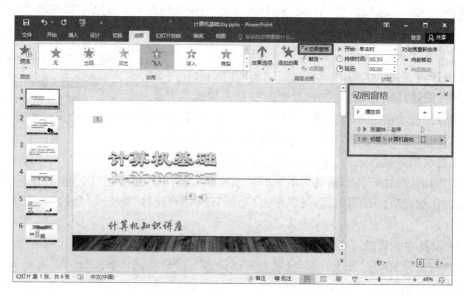

图 11-59　"动画窗格"列表

（5）预览动画

动画设置完成后。单击"动画"选项卡"预览"功能区的"预览"选项或单击动画窗格上方的"播放自"选项，即可预览当前幻灯片的动画效果。

3．设置幻灯片切换方式

（1）设置切换方式

打开演示文稿，选择要设置幻灯片切换效果的幻灯片。在"切换"选项卡"切换到此幻灯片"功能区中单击切换样式列表框右下角的下拉箭头，弹出"细微型""华丽型"和"动态内容"等各类切换样式的列表，如图 11-60 所示。

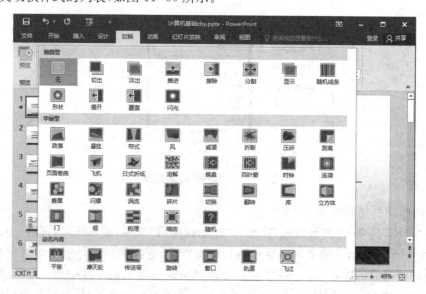

图 11-60　"切换"效果列表

在切换样式列表中选择一种切换样式(如"淡入/淡出")即可。设置的切换样式对所选幻灯片(功能区)有效,如果希望全部幻灯片均采用该切换样式,可以单击"计时"功能区的"全部应用"按钮。

(2) 设置切换属性

单击"切换"选项卡"切换到此幻灯片"功能区中选择"效果选项"选项,在弹出的下拉列表中选择一种切换效果,如图11-61所示。

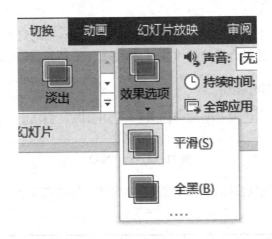

图 11-61 "切换"效果选项列表

4．设置幻灯片超链接

幻灯片超链接可以实现本幻灯片到其他幻灯片、文件、程序的跳转,设置方法如下。

①选中幻灯片中想要建立超链接的对象。

②单击"插入"选项卡上的"链接"功能区中,选择"超链接"选项,打开"插入超链接"对话框,如图11-62所示。

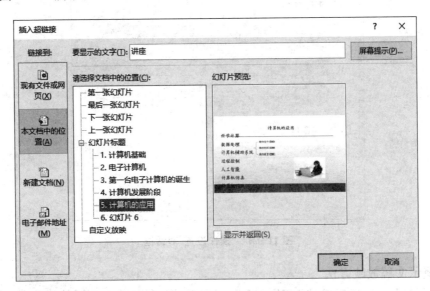

图 11-62 "插入超链接"对话框

③在左侧的"链接到"下方选择链接类型,在中间指定链接的文件、幻灯片或电子邮件等。

④单击"确定"选项,就在指定的文本或对象上添加了超链接(按住【Ctrl】键,当鼠标指针移动到该对象上时会出现手指点击的形状),在放映状态下单击该链接即可实现跳转。

5．设置动作按钮

动作按钮作为演示文稿中特殊功能区主要功能是,当点击或鼠标指向这个选项时实现特殊效果,例如跳转到某一张幻灯片、打开某个文件、播放音乐、视频、运行某个程序等,设置方法如下。

①单击"插入"选项卡上的"插图"功能区的"形状"命令,在幻灯片指定位置插入形状。

②在弹出的列表中选择合适的动作按钮,如图 11-63 所示,插入幻灯片中。

图 11-63　动作按钮

③绘制完成动作按钮后,弹出"操作设置"对话框,勾选所需操作命令,点击"确定"按钮,如图 11-64 所示。

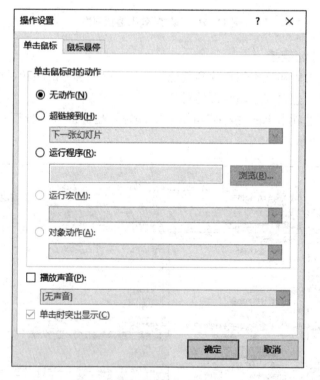

图 11-64　"操作设置"对话框

6．演示文稿放映方法

演示文稿制作完成后,根据播放的场景不同,系统提供了 3 种不同的放映方式:演讲者放映(全屏幕)、观众自行浏览(窗口)和展台浏览(全屏幕),设置方法如下。

①打开演示文稿，单击"幻灯片放映"选项卡"设置"功能区的"设置幻灯片"选项，在弹出的"设置放映方式"对话框进行设置，如图 11-65 所示。

图 11-65　"设置放映方式"对话框

②在"放映类型"栏中，可以选择"演讲者放映（全屏幕）""观众自行浏览（窗口）"和"在展台浏览（全屏幕）"3 种方式之一。若选择"演讲者放映（全屏幕）"，则用户可根据演讲进度自行调整播放进度。

③在"放映幻灯片"栏中，可以确定幻灯片的放映范围（全部或部分幻灯片）。如果只放映部分幻灯片，可以设置放映幻灯片开始和截止的序号。也可以自定义选择需要放映的幻灯片序号。

📖 **任务实施**

（1）对演示文稿"计算机基础"设置幻灯片动画效果。

步骤 1：打开"计算机基础"演示文稿，选择第 2 张幻灯片，单击"动画"选项卡。

【扫码观看操作视频】

步骤 2：单击文本区，选择"高级动画"的"添加动画"中的"浮入"选项，单击"效果选项"选项，选择"方向"为下浮，"序列"为按段落。

步骤 3：选择图片，单击"动画"功能区中的"其他"下拉箭头，在动画"进入"区选择"出现"。

步骤 4：单击"高级动画"功能区中的"动画窗格"选项，在幻灯片右侧弹出动画窗格菜单。

步骤 5：单击"高级动画"组中的"添加动画"按钮，在"动作路径"区选择"形状"动画，调整路径方向，如图 11-66 所示。

步骤5：单击动画窗格中的"播放所选项"或"预览"功能区中的"预览"选项观看动画设置效果。如果对动画播放效果不满意，可以在动画窗格菜单中调整动画序号。

图 11-66　"设置动画窗格"列表

步骤7：选择第5张幻灯片，单击标题文本区，单击"高级动画"功能区中的"添加动画"选项，在动画"进入"区选择"飞入"单击"效果选项"选项，选择"方向"为"自顶部"。

步骤8：选择第5张幻灯片，单击正文文本区，单击"高级动画"功能区中的"添加动画"选项，在动画"进入"区选择"擦除"，单击"效果选项"选项，选择"方向"为"自左侧"，选择"序列"为"作为一个对象"。

步骤9：选定左大括号，按住【Ctrl】键再单击其右边的文本，单击"高级动画"功能区中的"添加动画"选项，在动画"进入"区选择"擦除"，在"计时"组"开始"列表框中选择"上一动画之后"启动动画，如图 11-67 所示。

图 11-67　组合对象的动画设置

步骤 10：单击图片，添加动画"轮子"。

步骤 11：单击"高级动画"功能区中的"动画窗格"选项，在幻灯片右侧弹出动画窗格菜单，鼠标左键选中"动画 3"，向上拖动放置于"动画 2"之前，完成动画播放顺序调整，如图 11-68 所示。

图 11-68 设置动画顺序

（2）对演示文稿"计算机基础－动画"设置幻灯片切换效果。

步骤 1：切换到幻灯片浏览视图，选定全部幻灯片。

步骤 2：选择"切换"选项卡，选择"切换到此幻灯片"功能区中的"擦除"切换方式，单击"效果选项"设置为"自右侧"。

步骤 3：在"计时"功能区，换片方式区勾选"单击鼠标时"复选框，单击"全部应用"按钮，则所有幻灯片都按此方式进行切换，如图 11-69 所示。

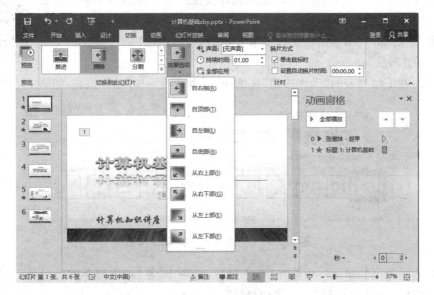

图 11-69 设置切换效果

（3）插入超链接。

在演示文稿"计算机基础"中插入超链接，要求从第5张幻灯片链接到第6张幻灯片。

步骤1：单击第5张幻灯片，选定"计算机辅助系统"。

步骤2：选择"插入"选项卡"链接"功能区中的"超链接"命令，弹出"插入超链接"菜单。

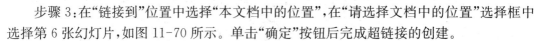

步骤3：在"链接到"位置中选择"本文档中的位置"，在"请选择文档中的位置"选择框中选择第6张幻灯片，如图11-70所示。单击"确定"按钮后完成超链接的创建。

图11-70 "插入超链接"对话框

（4）添加动作按钮。

对演示文稿"计算机基础"，要求使用动作按钮从第6张幻灯片链接到第1张幻灯片后结束放映。

步骤1：在幻灯片浏览窗格中选中第6张幻灯片，单击"插入"选项卡"插图"功能区的"形状"命令。

步骤2：在下拉列表的"动作按钮"区选择"后退或前一项"动作按钮，如图11-71所示。

图11-71 "前进或下一项"动作按钮

步骤3：在弹出的对话框中选择"单击鼠标"选项卡，在"单击鼠标时的动作"区选择"超链接到"，在下拉列表中选择"第一张幻灯片"，如图11-72所示。

图 11-72　超级链接动作按钮设置

步骤 4：在幻灯片浏览窗格中选中第 1 张幻灯片，单击"插入"选项卡的"插图"功能区的形状，在下拉列表框中选择"结束"动作按钮。

步骤 5：在弹出的"操作设置"对话框选择"单击鼠标"选项及"超链接到"，在列表框中选择"结束放映"，如图 11-73 所示。

图 11-73　设置结束按钮超链接

（5）设置幻灯片放映。

将演示文稿"计算机基础"设置为在展台浏览放映方式。

步骤 1：打开演示文稿"计算机基础"。

步骤 2：选择"幻灯片放映"选项卡"设置"功能区中的"设置幻灯片放映"命令，屏幕弹出"设置放映方式"对话框，

【扫码观看操作视频】

步骤3:在"放映类型"区选择"在展台浏览(全屏幕)"选项,在"放映幻灯片"范围中选择"全部",单击"确定"完成幻灯片放映方式的设置,如图11-74所示。

图11-74 设置放映方式

 项目总结

通过本项目的学习,用户能够掌握演示文稿的基本制作方法,在内容制作上,主要介绍了如何在幻灯片中插入文本、图片、形状、艺术字、表格、SmartArt图形等对象;在外观设计上,主要介绍了幻灯片主题和背景的设置。为了达到良好的放映效果,项目介绍了动画设计、幻灯片切换、超链接、放映方式等方法。

本项目着力于让用户掌握PowerPoint 2016的基本操作,如需设计更加精美的演示文稿,还需要学习PowerPoint 2016的其他功能。

 项目拓展

制作毕业设计答辩演示文稿

现有用户李同学,完成毕业论文设计后,准备进行毕业答辩,答辩演示文稿要求如下。

①新建并保存一个名为"×××毕业答辩"的空白演示文稿。

②演示文稿包含标题页和目录页。

③内容结构：选题背景及意义、研究现状、研究方法、研究结论、论文总结。

④其他几页幻灯片可以通过目录页的超链接跳转。

⑤选择适当的幻灯片版式，使用图文表混排功能区组织内容（包括艺术字、文本框、图片、文字、自选图形、表格、图表等），要求版面协调美观。

⑥为幻灯片添加切换效果和动画方案，以播放方便适用为主，使得演示文稿放映更具吸引力。

⑦合理组织功能区信息内容，逻辑严谨、过程清晰。

 思政小课堂

徽标，企业的文字名称的设计，就其构成而言，可分为图形徽标、文字徽标和复合徽标三种。航院标识如图 11-75 所示。

图 11-75 航院标识

徽标整体以"飞翔、成长、梦想"为原点，以"飞机、跑道、五角星"为形象来源。徽标主体将"飞机、跑道"和"五角星"巧妙结合，突显了"航空职业技术学院"作为新兴学科的一颗新星，备受瞩目。"即将冲上跑道的飞机"作为一个起点的象征，预示着学院无限发展于未来！在色彩上采用了象征着蓝天、智慧的天蓝色，体现出鲜明的航空特色。寓意着学院师生的睿智和活力，预示着学院在高职教育的蓝天上腾飞；同时昭示与寄托着学校所蕴藏的新兴生命力和未来的远大发展空间。校徽整体图案以其磅礴的气势和灵动的姿态相结合，呈现出奋发向上、无限延展的态势，表现了学院以"培养每名学生展开翅膀，帮助他们实现飞翔的梦想"的坚定理念，以及不断创新发展的豪迈气概。

学完本单元后，请使用 PowerPoint 软件为自己的学校设计一个徽标，并写出包含的寓意。徽标要反映大学生正确的世界观、人生观、价值观。

参考文献

［1］教育部考试中心.全国计算机等级考试一级教程——计算机基础及 MS Office 应用(2022 年版)［M］.北京:高等教育出版社,2022.

［2］教育部考试中心.全国计算机等级考试一级教程——计算机基础及 MS Office 应用上机指导(2022 年版)［M］.北京:高等教育出版社,2022.

［3］眭碧霞.计算机应用基础任务化教程(Windows 10 ＋Office 2016)［M］.4 版.北京:高等教育出版社,2020.

［4］孔德瑾,孔令德.大学信息技术基础［M］.北京:高等教育出版社,2020.

［5］陈开华,王正万.计算机应用基础项目化教程［M］.北京:高等教育出版社,2020.

［6］李妹燕,曹志斌,韩彦龙.计算机应用基础［M］.上海:同济大学出版社,2018.

［7］何淑娟,邹晓莺,陈虹.计算机应用基础项目化教程［M］.北京:航空工业出版社,2023.